教育部职业教育与成人教育司推荐教材
中等职业学校计算机技术专业教学用书

动画设计综合实训
（Flash CS3）

韩雪涛　主　编
吴　瑛　韩广兴　副主编

電子工業出版社
Publishing House of Electronics Industry
北京 · BEIJING

内容简介

本书是根据教育部关于《中等职业学校计算机应用与软件技术专业领域技能型紧缺人才培养培训指导方案》编写而成的。本书通过具体的项目实例，以“图解”的形式系统地介绍了动画的设计及制作方法。

本书按照动画的表现效果，将动画分成平面位移动画、逐帧动画、文字动画、综合动画和游戏动画五个基本动画模块。每个模块中又根据动画制作技法的不同分成若干典型的子项目实例，具体讲解时由动画设计、分析入手，通过制作环节的逐步“图解”，最终使学习者能够轻松快速地掌握动画的设计思路和制作技法。本书在实例的选取上也充分考虑了学习者的年龄特点和实例本身的特色及知识点，使实例能够充分涵盖基本的制作手法，同时又不失趣味性和观赏性，力求让学习者在愉悦的状态下轻松、快速地完成学习，并且具备拓展的能力。

本书可作为中等职业学校学生学习计算机动画、多媒体技术、广播电视的教学用书，也可以供多媒体、广告、广播电视、计算机等专业的工程技术人员阅读使用。

图书在版编目（CIP）数据

动画设计综合实训：Flash CS3/韩雪涛主编．—北京：电子工业出版社，2010.3
教育部职业教育与成人教育司推荐教材．中等职业学校计算机技术专业教学用书
ISBN 978-7-121-10167-0

Ⅰ．动…　Ⅱ．韩…　Ⅲ．动画－设计－图形软件，Flash CS3－专业学校－教材
Ⅳ．TP391.41

中国版本图书馆 CIP 数据核字（2009）第 243397 号

策划编辑：关雅莉
责任编辑：白　楠
印　　刷：北京丰源印刷厂
装　　订：三河市鹏成印业有限公司
出版发行：电子工业出版社
　　　　　北京市海淀区万寿路 173 信箱　邮编 100036
开　　本：787×1 092　1/16　印张：15.5　字数：396.8 千字
印　　次：2010 年 3 月第 1 次印刷
印　　数：4 000 册　定价：24.50 元

凡所购买电子工业出版社图书有缺损问题，请向购买书店调换。若书店售缺，请与本社发行部联系，联系及邮购电话：（010）88254888。

质量投诉请发邮件至 zlts@phei.com.cn，盗版侵权举报请发邮件至 dbqq@phei.com.cn。

服务热线：（010）88258888。

前言

随着多媒体技术和电子信息技术的发展，动画的应用越来越广泛。无论是电视、电影，还是多媒体作品，动画作为一种特殊的媒体形式或作为多媒体中的一种媒体素材，无时无刻不在发挥着作用。也正是由于动画的存在，才使得我们周围的信息世界变得丰富多彩。

目前，随着科技的进步，动画方面人才的社会需求越来越大，为此，各中、高职院校都相继开设了动画设计与制作专业方面的课程。此类课程知识内容实践性很强，完全区别于普通的理论基础性学科，传统的教学模式和纯文本教材形式将不适合此类课程的实际教学。动画的教学不仅需要有精要的设计思路，同时更要注重实战的演练，当然，动画设计制作软件本身也充分体现了该行业的特色。

本书在制作之初对当前市场上动画设计制作方面的图书进行了充分的调研，感觉虽然市场上关于动画制作的书籍琳琅满目，但多数图书的动画讲解只停留在软件功能的顺序介绍上，真正对动画分析和设计制作的过程介绍得很少。

本书打破传统的教授观念，从社会实际需求出发，从多媒体专业的分工角度入手，将动画按照最终的表现效果分成平面位移动画、逐帧动画、文字动画、综合动画和游戏动画等基本动画模块，并通过具体的项目，从动画的设计思路入手，按照动画设计制作的实际流程，经过项目实例、项目要求、项目分析，首先完成整个动画项目的策划，然后，在实际操作部分，选择目前流行的动画制作软件，以具体项目制作为主线，一步一步完成整个动画的制作过程。

在讲解上，本书也摒弃了传统的以文字叙述为主的讲授习惯，通过“图解”的形式将整个动画的制作过程全部“演示”出来，让学习者真正了解动画的制作构思、制作流程、制作方法和技巧。

本书的第1版自2005年出版至今，受到了职业院校师生和社会用户的认可和好评。但随着多媒体技术的发展，动画制作软件的升级，为使图书的内容更好地适应社会的需求，我们对该书进行了修订。

修订后的图书在动画制作软件的使用上，选择了目前应用范围很广且功能强大的Flash CS3作为主要“动画制作工具”。另外，对原有的动画实例进行了必要的删改，加入了更多的时尚元素和趣味特色，这些实例不仅提升了学习的兴趣，更重要的是将动画设计制作中的主要制作手段进行了充分诠释。

总之，希望改版后的图书能够更好地体现技能特色，使读者能够迅速掌握基本动画的制作技法，领悟动画设计和制作的理念，最终在动画制作方法和行业规范两方面得到提升。

本书由天津市涛涛多媒体技术有限公司韩雪涛主编，参加本书编写的还有吴瑛、张丽梅、郭海滨、刘秀东、孟雪梅、张明杰、马楠、孙涛、李雪、卢雅辉、韩雪冬、吴玮。天津市广播电视大学韩广兴教授对全书进行了审校。

随着计算机技术和多媒体技术的发展，不断有新技术和功能更强大的动画制作软件诞生，图书的出版往往跟不上读者的需求，因此，在本书的内容方面如果有什么意见和要求，欢迎与作者直接交流（联系地址：天津市华苑新技术产业园区榕苑路4号天发科技园8-1-401天津市涛涛多媒体技术有限公司　邮政编码：300384　联系电话022-83718162/83715667）。

由于作者水平有限，错误和不妥之处，敬请广大读者和同行批评、指正。

编者

2010年1月

目　录

项目一　平面位移动画的设计与制作

平面位移动画是动画中最常见的一种动画效果。例如，在动画片中我们看到的人物走动、汽车行驶等都属于平面位移动画。

平面位移动画的制作相对简单，它主要通过对动画内容主体的移动来产生动画效果。目前在计算机动画制作领域，几乎所有的动画制作软件甚至多媒体制作软件都可以实现位移动画。然而不同的制作软件在制作位移动画时，不论是制作思路、制作手法还是适用范围和最终效果都有所不同。在制作平面位移动画前，应明确动画的制作目的和应用范围。

子项目1　制作直线位移动画

实训目的：

了解平面位移动画效果的应用，掌握 Flash 中直线位移动画的制作方法。

项目实例：

本实例中，将制作一架飞机飞过大厦的直线位移动画。

项目要求：

如图 1－1 所示为制作后的最终效果。本实例的设计为飞机在 3 秒钟的时间内由大楼的左下方斜向右上方飞过大楼，且随着掠过大楼飞机逐渐变小，最终飞出画面。

图 1－1　最终效果

项目分析：

整个实例中，飞机飞过大楼且逐渐变小，实际上为两个简单动画的应用，即平面直线位移与放大/缩小动画的结合。

制作步骤：

步骤1：启动Flash CS3程序，在其初始界面中选择“创建新项目”栏目中的“Flash文件（ActionScript2.0）”选项，如图1－2所示。

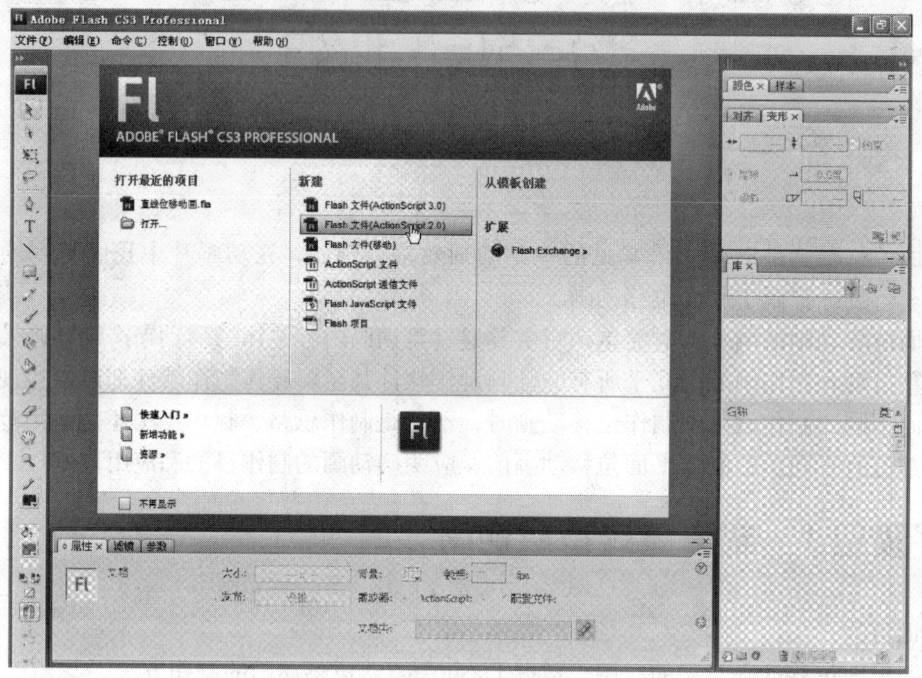

图1－2　Flash CS3的初始界面

步骤2：在Flash CS3操作界面中执行“文件→导入→导入到库”，如图1－3所示。

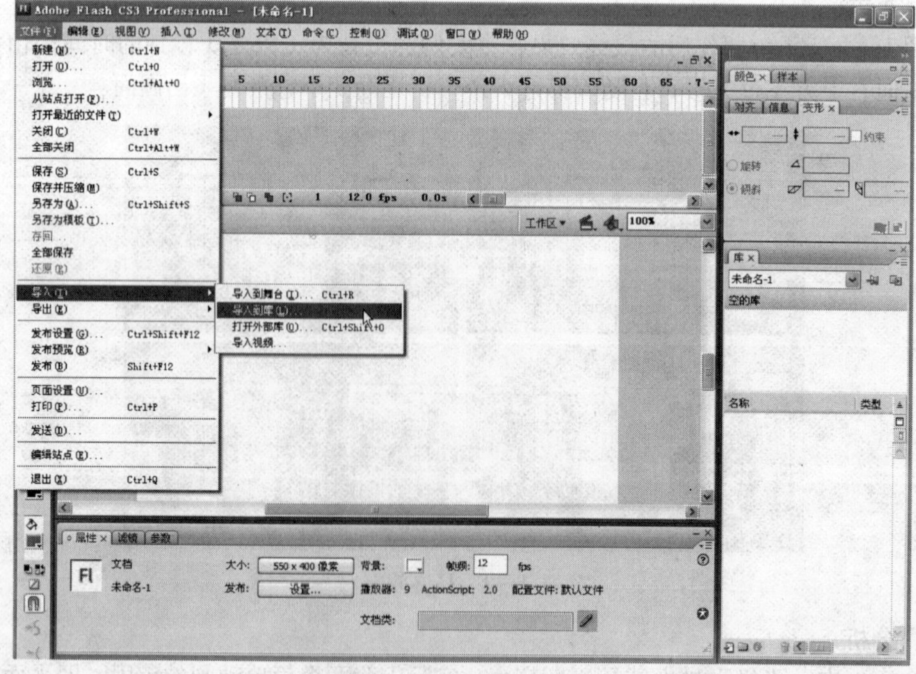

图1－3　将素材导入到库

步骤3：在弹出的“导入到库”对话框中选中要导入到库中的文件，并单击 打开(O) 按钮，即可将素材文件导入到库中，如图1－4所示。

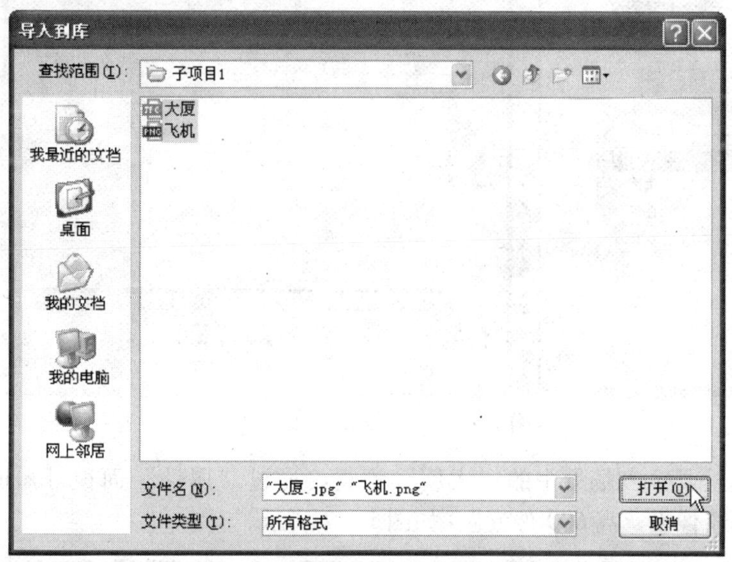

图1－4　导入素材文件到库中

步骤4：将素材文件导入到库中后，可在库面板中看到导入的素材，如图1－5所示。从图中可看出，“飞机”素材在导入到Flash的库中时，自动生成了一个“飞机.png”的图形元件。

图1－5　库面板中的素材

步骤5：选中库面板中的“大厦”素材文件，按住鼠标左键将其拖到舞台中，如图1－6所示。

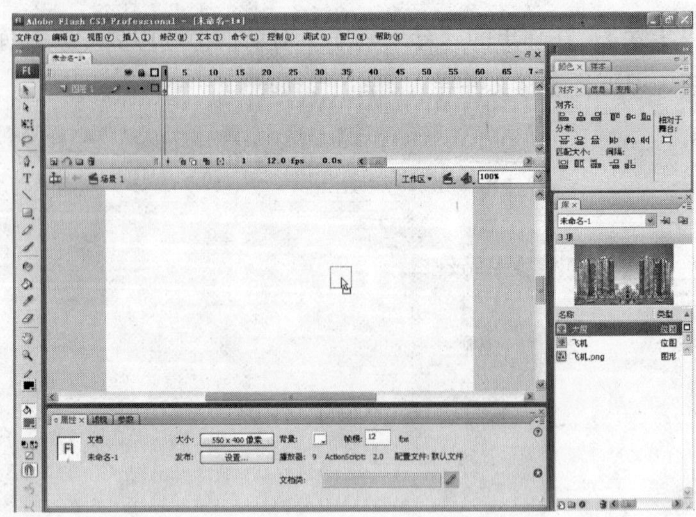

图 1－6　将“大厦”拖到场景中

步骤 6：选中导入到场景中的“大厦”素材，通过“属性”面板可知道该素材的尺寸大小为“宽 1000 像素、高 600 像素”，如图 1－7 所示。

图 1－7　通过“属性”面板查看素材属性

步骤 7：通过显示范围下拉列表选择“显示全部”选项，如图 1－8 所示，使素材全部显示。

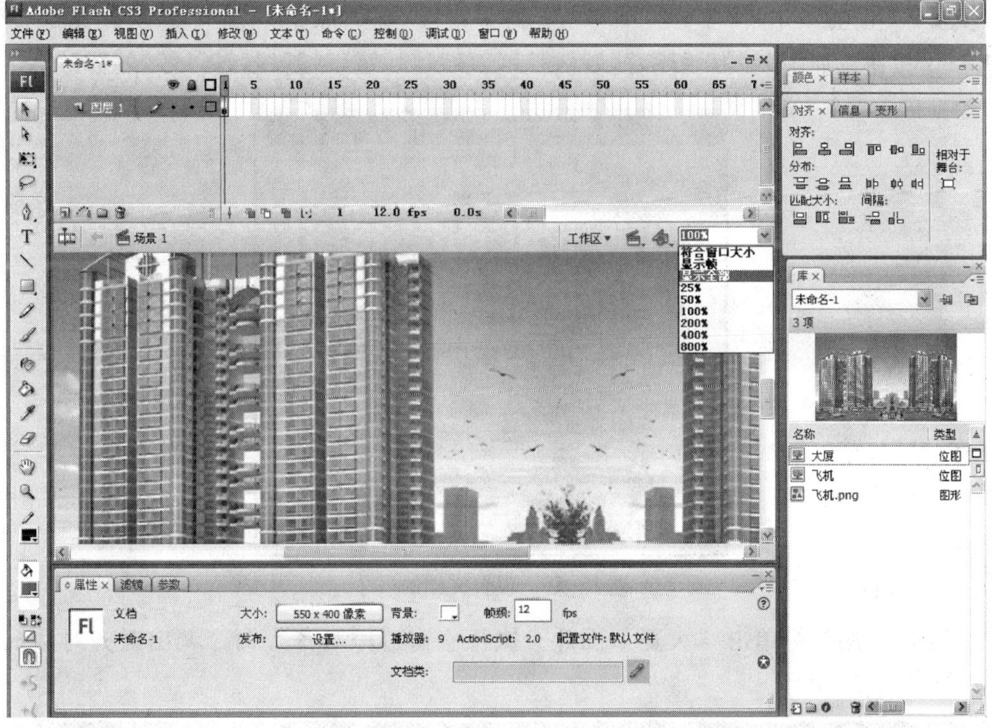

图1-8　设置显示范围

步骤8：用鼠标单击舞台，并单击“属性”面板中的“大小”选项设置文档尺寸，如图1-9所示。

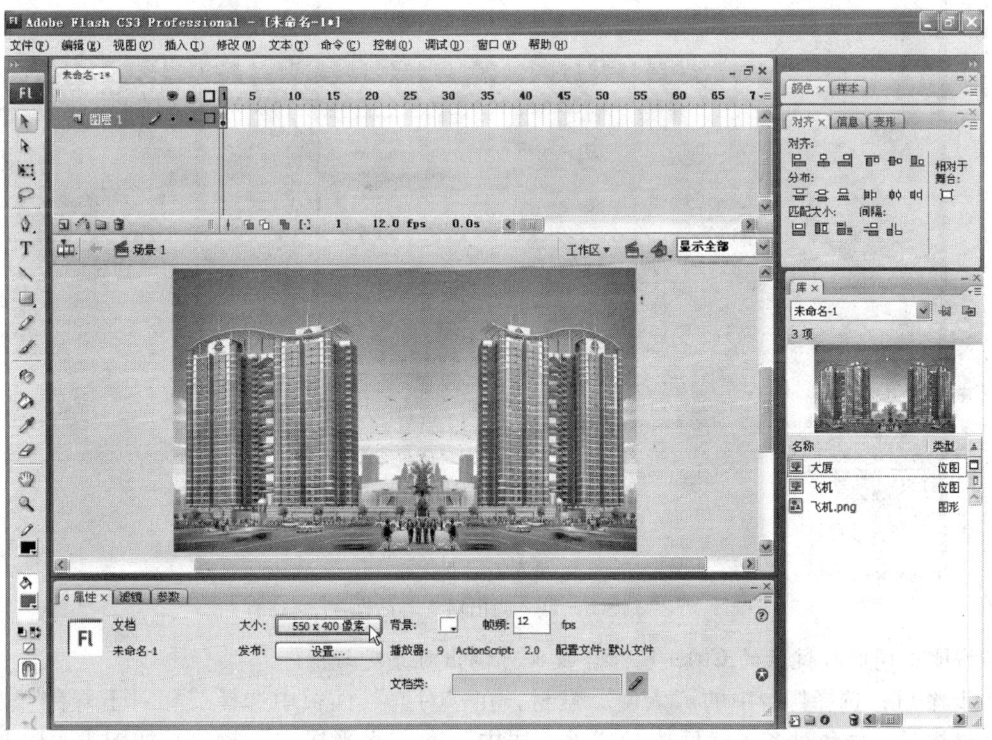

图1-9　设置文档尺寸

步骤 9：设置文档尺寸为“1000 像素（宽）×600 像素（高）”，设置完成后单击 确定 按钮，如图 1－10 所示。

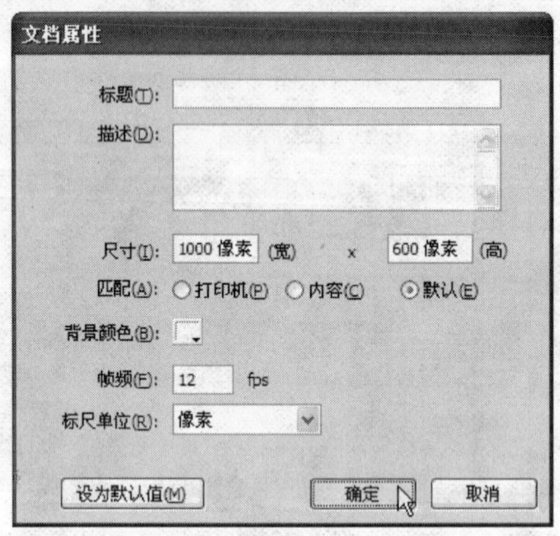

图 1－10　设置文档的尺寸

步骤 10：用鼠标单击“大厦”图片，执行“窗口→对齐”命令调出对齐对话框，如图 1－11 所示。

图 1－11　调出对齐对话框

说明：同时按键盘的 Ctrl＋K 组合键也可调出对齐对话框。

步骤 11：选择舞台中的“大厦”素材，在“对齐”面板中选择“相对于舞台”按钮，使素材相对于舞台对齐，然后执行“垂直居中”和“水平居中”操作，如图 1－12 所示，此时舞台中的“大厦”素材便与舞台完全对齐。

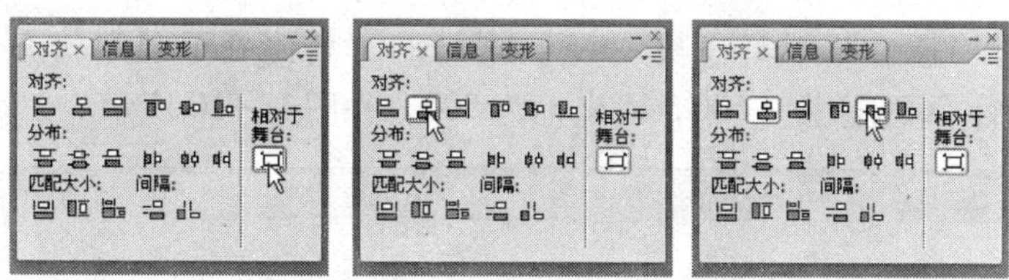

图1－12　设置素材的对齐属性

步骤12：双击图层1的名称，将其更改为“背景”，并将其锁定，如图1－13所示。

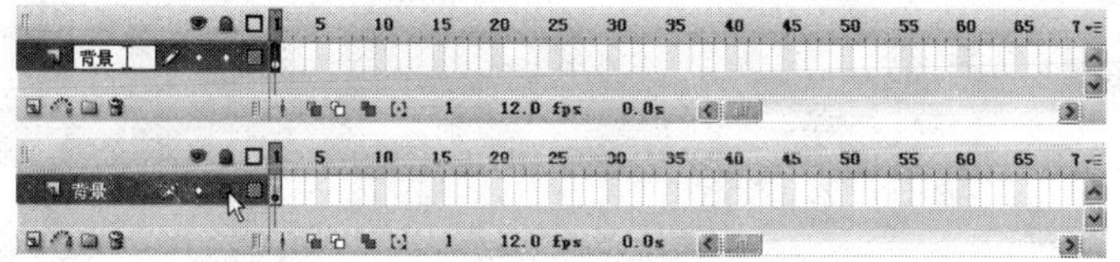

图1－13　更改图层名称并锁定图层

步骤13：用鼠标单击“插入图层”按钮插入新图层，并将其命名为“飞机”，如图1－14所示。

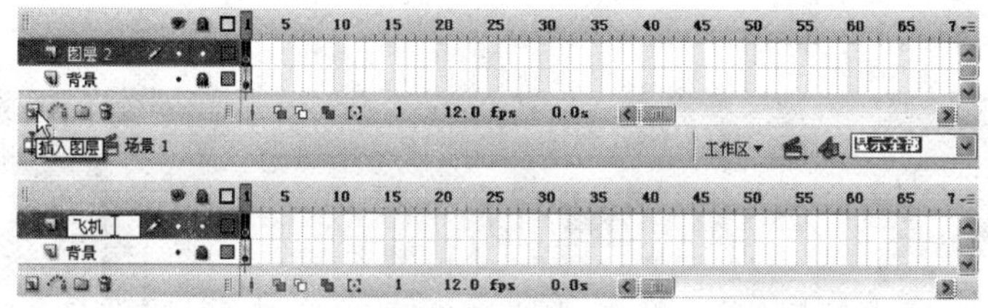

图1－14　新建图层并命名

步骤14：选择库面板中的“飞机.png”图形元件，并将其拖拽到舞台上，如图1－15所示。

图1－15　将“飞机.png”图形元件拖拽到舞台中

步骤 15：确保“属性”中“飞机 . png”素材的宽高比处于锁定状态，设置其宽度为 600，高度为 165. 4，X 坐标为 -600，Y 坐标为 500，如图 1 - 16 所示。

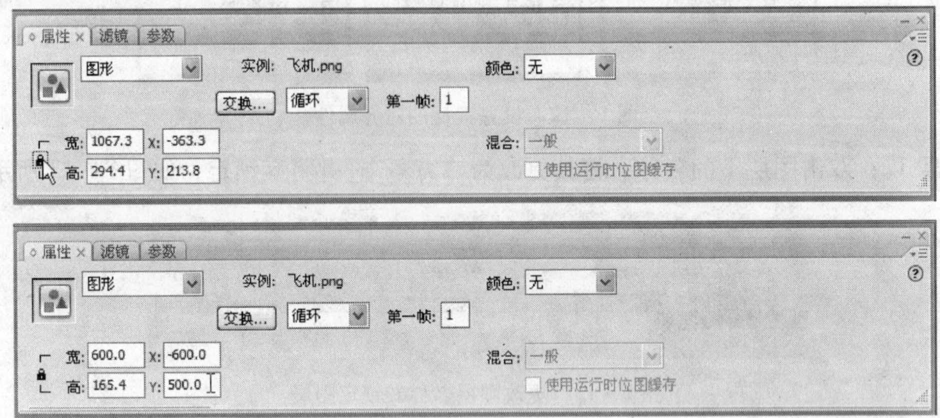

图 1 - 16　设置“飞机 . png”图形元件的属性

步骤 16：在时间线窗口中，选择“飞机”图层的第 36 帧，并单击鼠标右键，执行“插入关键帧”命令，如图 1 - 17 所示。

图 1 - 17　插入关键帧

说明：按键盘的 F6 键也可插入关键帧。

步骤 17：在“背景”图层的第 36 帧处也执行“插入关键帧”命令，如图 1 - 18 所示。

步骤 18：选择“飞机”图层的第 36 帧，在“属性”面板中修改“飞机 . png”图形元件的尺寸为“宽 200，高 55. 2”，并设置其 X 坐标为 1000，Y 坐标为 -50，如图 1 - 19 所示。

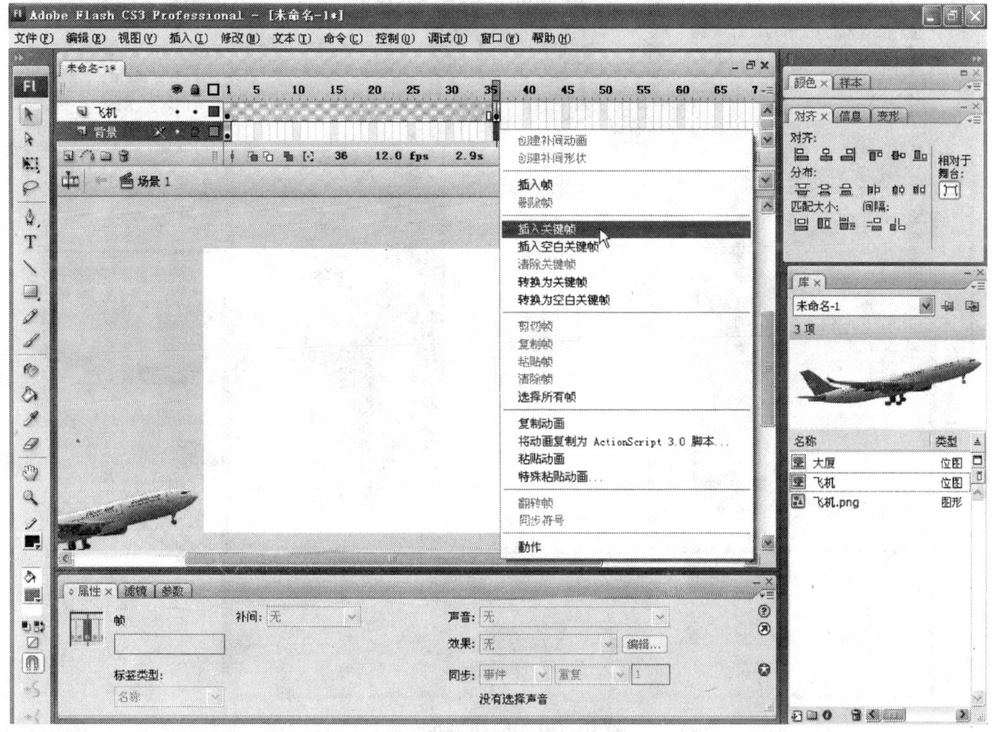

图 1－18　插入关键帧

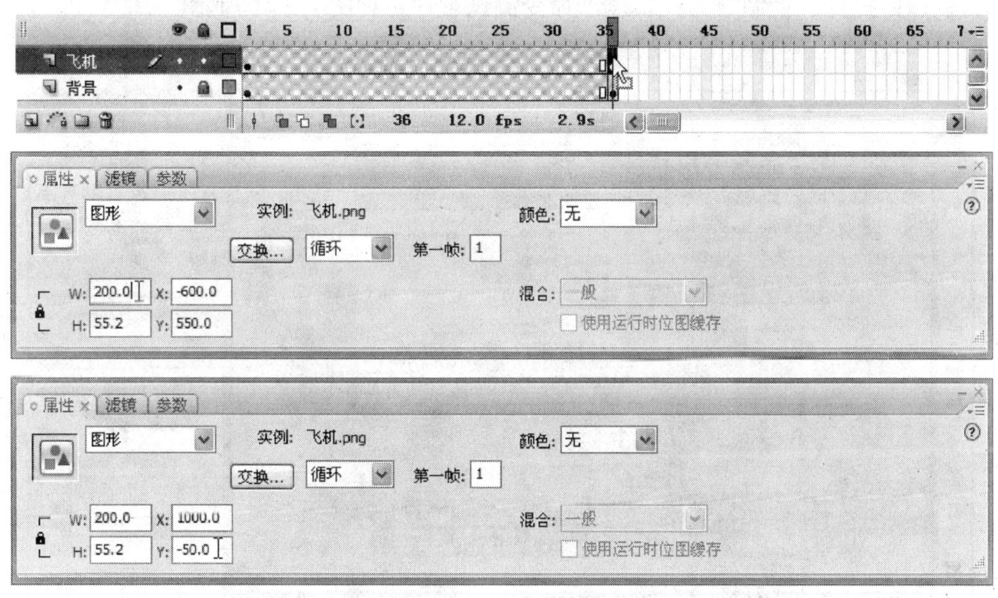

图 1－19　设置“飞机 . png”图形元件第 36 帧的属性

步骤 19：在“飞机”图层第 1 帧到第 36 帧间的任一位置单击鼠标右键，执行“创建补间动画”命令创建补间动画，如图 1－20 所示。

图 1－20　创建补间动画

步骤 20：执行“控制→测试影片”命令测试影片，如图 1－21 所示。

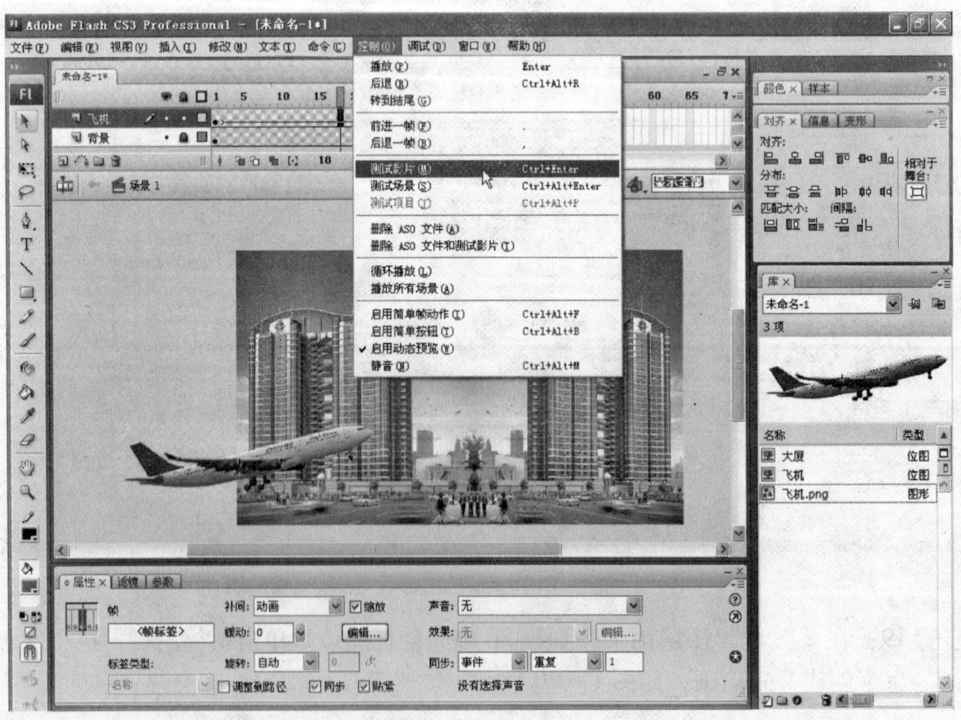

图 1－21　测试影片

说明：按键盘的 Ctrl＋Enter 组合键也可执行“测试影片”命令。

步骤 21：执行“文件→导出→导出影片”命令导出影片，如图 1－22 所示。

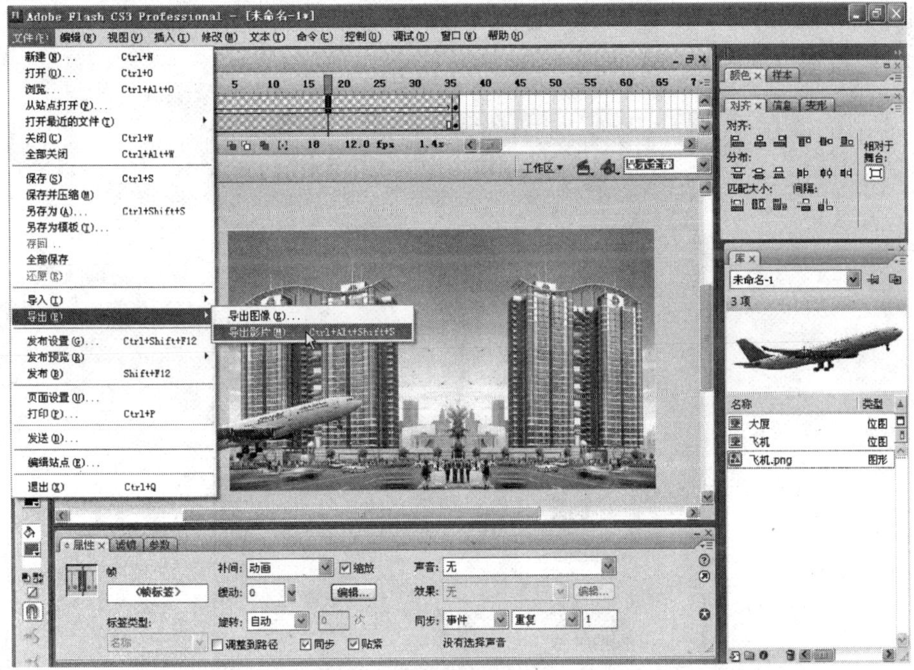

图 1－22　执行“导出影片”命令

说明：可通过按键盘的 Ctrl + Shift + Alt + S 组合键执行“导出影片”命令。

步骤 22：在弹出的“导出影片”对话框中设置导出文件的名称为“直线位移动画”，设置保存类型为“Flash Movie（＊.swf）”，设置完成后单击 保存(S) 按钮，如图 1－23 所示。

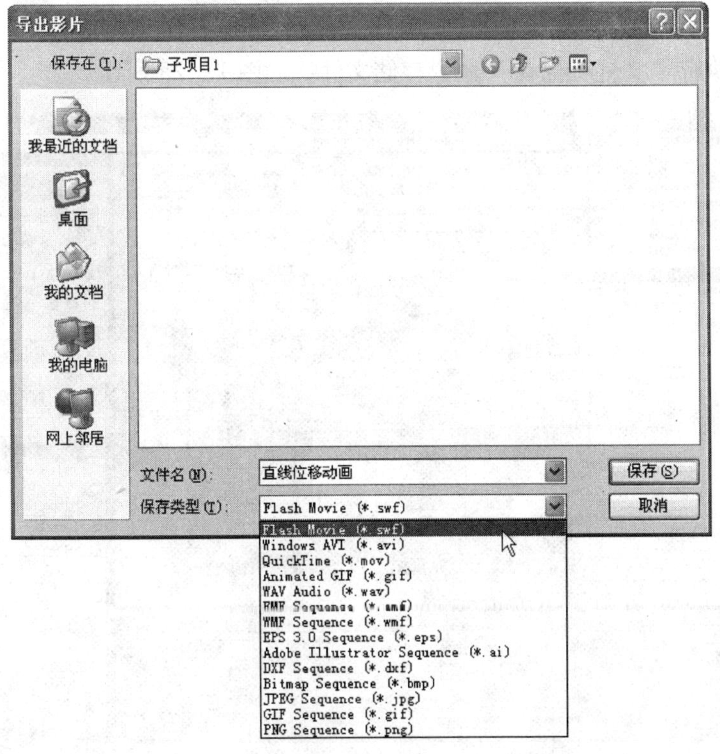

图 1－23　设置导出文件的名称及类型

步骤 23：在弹出的“导出 Flash Player”对话框中，设置“Jpeg 品质”为 100，然后单击 确定 按钮，如图 1－24 所示。

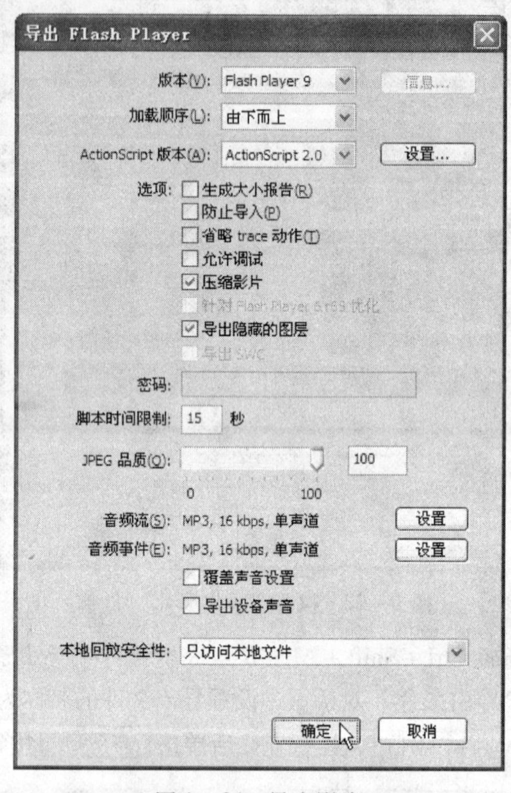

图 1－24　导出影片

步骤 24：执行“文件→保存”命令存储文件，如图 1－25 所示。

图 1－25　存储文件

说明：也可按键盘的 Ctrl + S 组合键存储文件。

步骤 25：在弹出的“另存为”对话框中设置存储文件的名称为“直线位移动画”，单击 保存(S) 按钮进行保存，如图 1 – 26 所示。

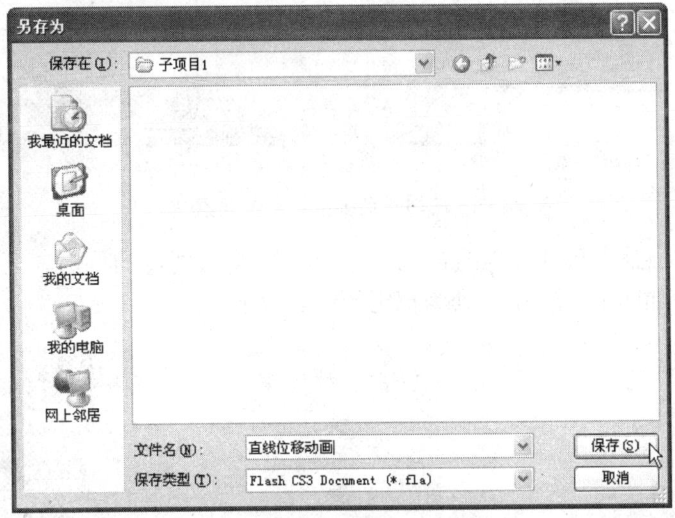

图 1 – 26　保存文件

子项目 2　制作曲线位移动画

实训目的：

了解“路径移动”在动画作品中的应用，掌握用 Flash CS3 制作路径位移动画的基本方法。

项目实例：

运用移动产生的动态效果制作一段以影碟机为主题的开篇动画。如图 1 – 27 所示，这是为该动画效果设计的背景，其尺寸为 640px × 480px。

图 1 – 27　动画的背景

图1－28所示是该动画中的主要元素。设计的动画效果为：在动画一开始，主要元素——影碟机从背景中的光盘深处飞出，由远及近、由小变大，在背景营造的空间效果中划过一条弧线后，最终显示在整个界面的右下角。

图1－28　动画素材主要元素

另外，为了增强整个动画过程的视觉效果，在影碟机划过的同时，还要为其设计“拖尾”的特技效果。如图1－29所示即为拟定的示意效果。

图1－29　示意效果

项目要求：

该动画要求既能够直接以视频动画的格式输出，也能够作为基本的动画素材元素应用到其他多媒体作品中。

项目分析：

首先，该动画在制作上也属于位移动画类型，它的位移路线较一般的平移路线稍微复杂了一些，因此需要为动作的主体对象专门设定位移的路径。

其次，该动画在动态效果上也并不是单纯的移动，除了制作移动效果外，在移动的过程中，主体对象还会发生角度和大小的变化。

最后，该动画要能够以多种形式输出。这就要求动画制作软件在动画的输出环节上提供多选择输出方式。

所以，最终确定该动画的制作由 Adobe Flash CS3 专业动画制作软件完成。

制作步骤：

步骤1：启动Flash CS3程序，用鼠标单击菜单栏上的“修改”选项，如图1－30所示，并在弹出的下拉列表中单击选择“文档”命令选项（该命令也可直接按键盘上的 Ctrl + J 组合键实现）。

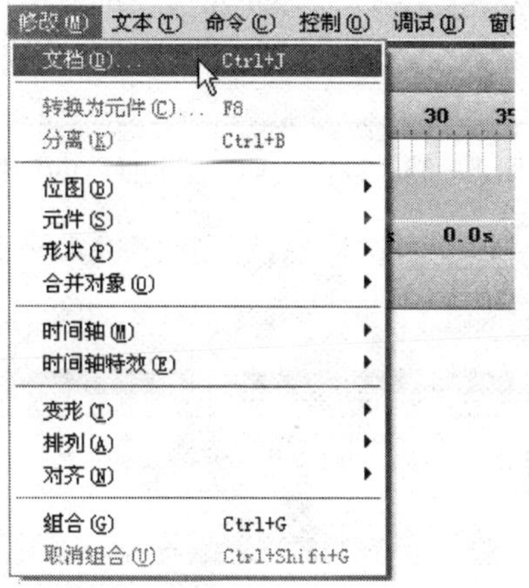

图 1 - 30　执行“修改”选项中的“文档”命令选项

步骤 2：在弹出的“文档属性”对话框中设置尺寸为 640 像素 × 480 像素，帧频为 25fps，具体设置如图 1 - 31 所示。设置完成，单击 确定 按钮。

图 1 - 31　设置文档属性

步骤 3：设置好动画基本属性后，用鼠标单击菜单栏上的“插入”选项，并在随即弹出的下拉列表中选择“新建元件”命令选项，如图 1 - 32 所示。

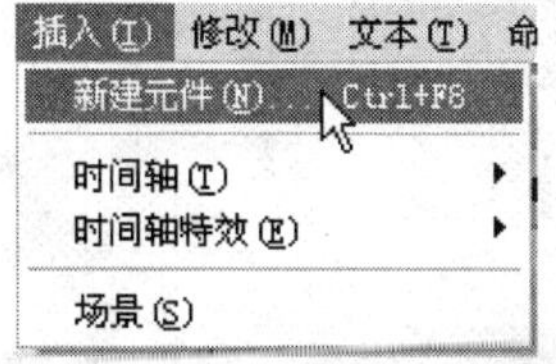

图 1 - 32　执行“插入”选项中的“新建元件”命令选项

步骤 4：弹出“创建新元件”对话框，如图 1 - 33 所示，在“名称”输入栏中输入“影碟机”字样，然后选择“类型”为“图形”。

图 1－33 设置“创建新元件”对话框

步骤 5：设置完成单击 确定 按钮确认。程序进入“影碟机元件”编辑窗口，如图 1－34 所示。

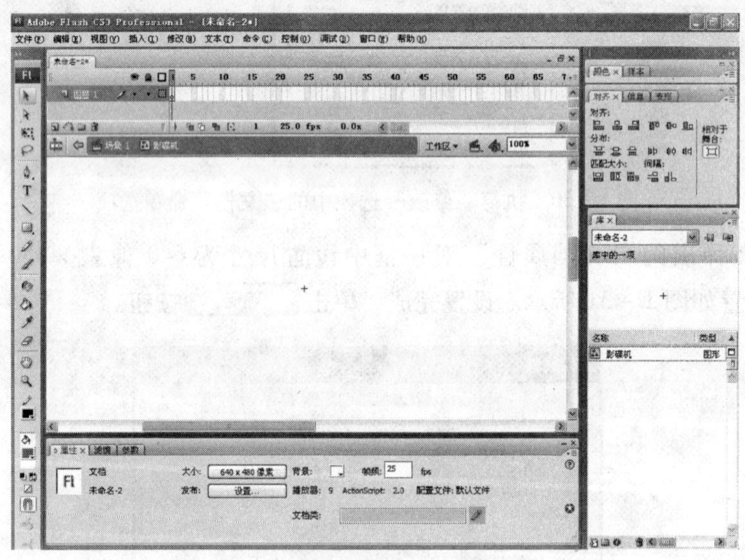

图 1－34 “影碟机”元件编辑窗口

步骤 6：这时，将鼠标移至菜单栏的“文件”选项处，单击鼠标并在弹出的下拉列表中选择“导入→导入到舞台”命令选项，如图 1－35 所示。

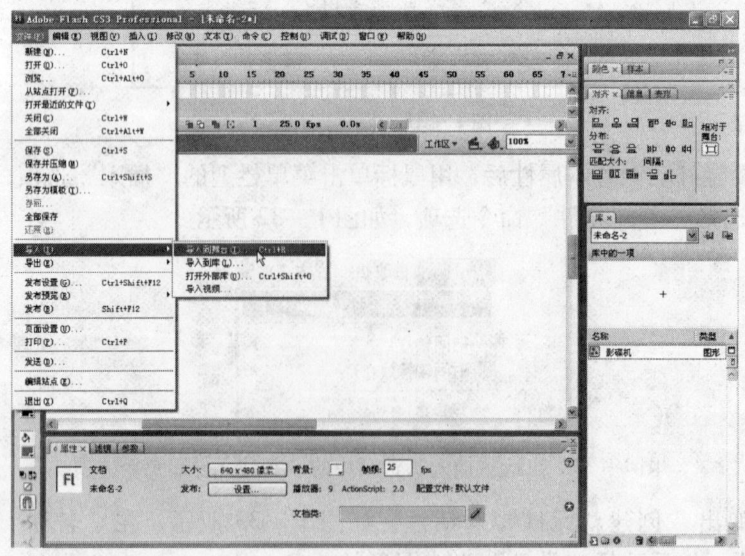

图 1－35 执行“导入到舞台”命令选项

步骤7：在弹出的“导入”对话框中按设定的路径找到事先存储的图像文件。如图1－36所示，用鼠标单击选择“影碟机.PNG”图像文件，然后单击 打开(O) 按钮导入该图片。

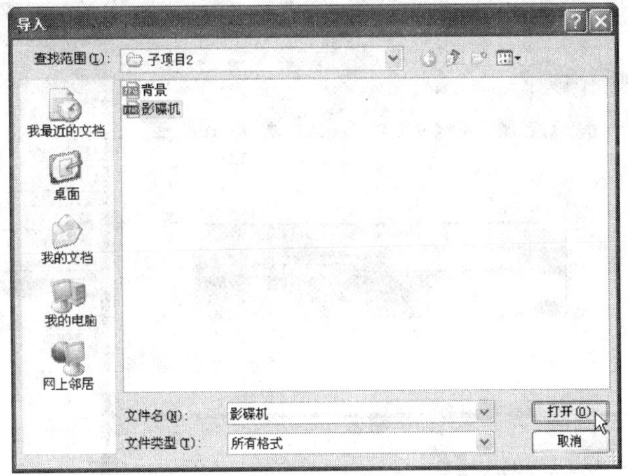

图1－36　通过“导入”对话框导入“影碟机.PNG”图像文件

步骤8：此时由于元件的名称与导入的素材名字相同，因此会弹出对话框询问是否替换元件，如图1－37所示，选择“不要替换现有项目”选项。

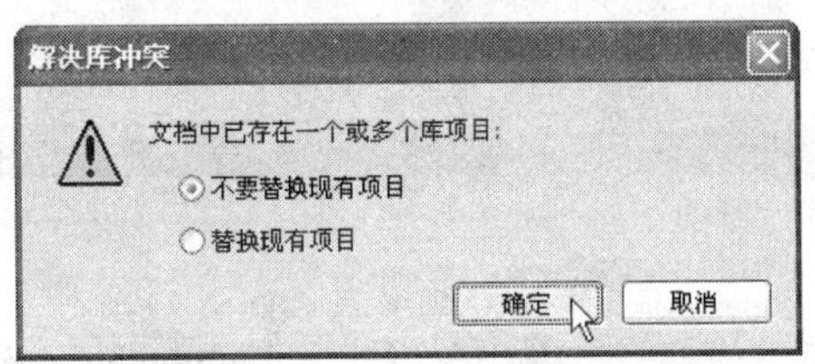

图1－37　“Flash CS3”提示对话框

步骤9：这时，我们单击 确定 按钮确认即可。如图1－38所示，影碟机图像已经被导入到当前“影碟机元件”编辑窗口中了。

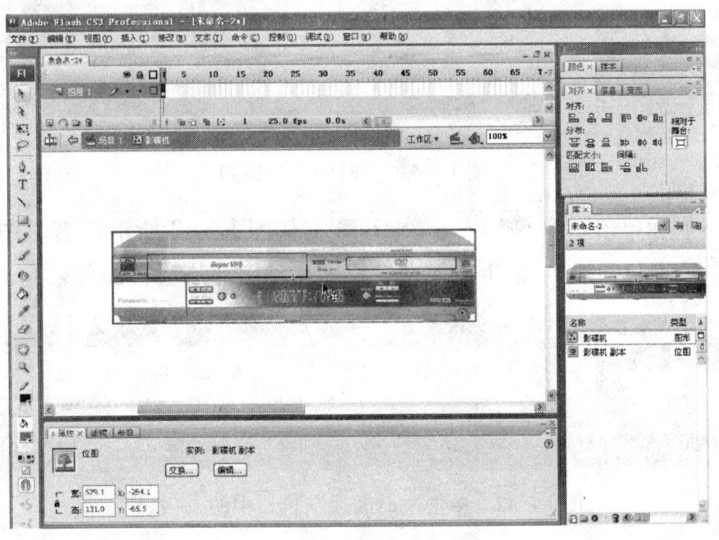

图1－38　“影碟机元件”编辑窗口

步骤 10：“影碟机”元件导入完成，单击编辑窗口上方的“场景 1”图标，将编辑窗口切换到“场景 1”中，如图 1－39 所示。

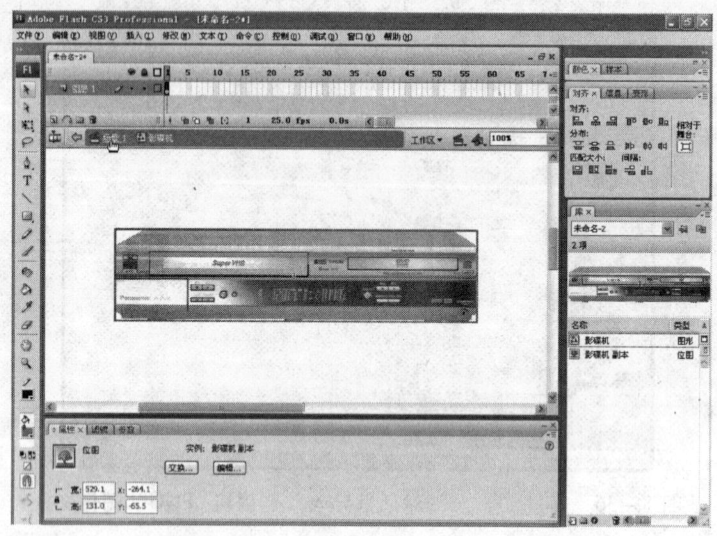

图 1－39　切换当前编辑窗口

步骤 11：将鼠标移至“场景 1”编辑窗口上方的“时间线”窗口，单击“时间线”窗口中的按钮插入新图层，如图 1－40 所示。

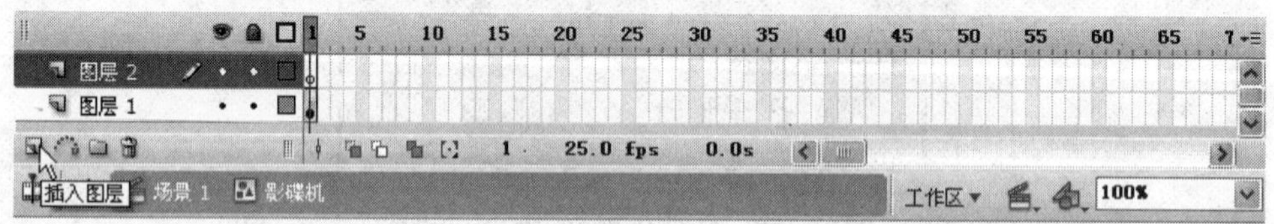

图 1－40　插入新图层

步骤 12：如图 1－41 所示，当执行了插入新图层命令后，“时间线”窗口中就新增了一个新图层——“图层 2”。

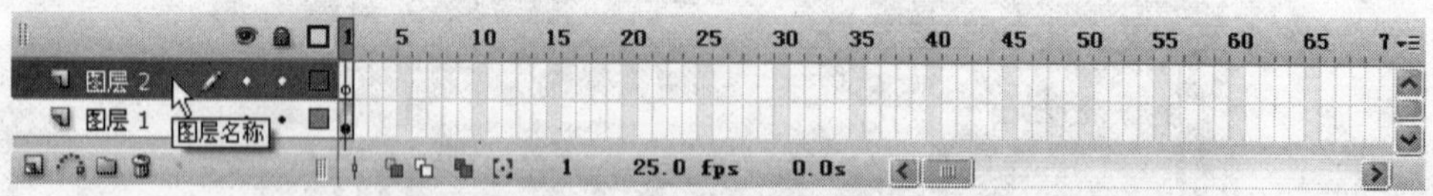

图 1－41　“时间线”窗口

步骤 13：用鼠标单击“图层 2”，如图 1－42 所示，当“图层 2”处于选中状态时，单击位于“时间线”窗口下方的“添加运动引导层”按钮。

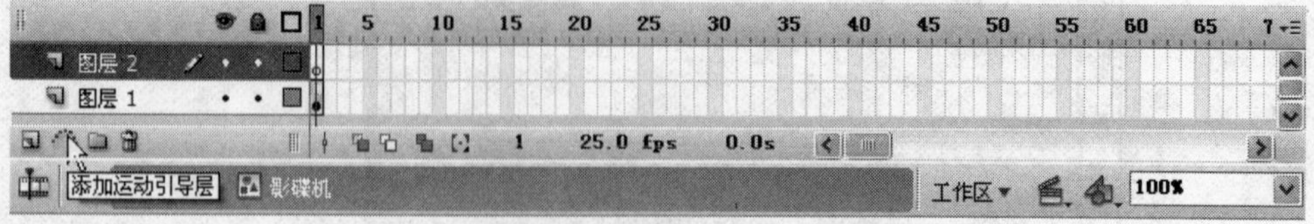

图 1－42　单击“时间线”窗口中的按钮

如图 1－43 所示，当单击“添加运动引导层”按钮后，在“图层 2”的上方又多了一个新的图层——“引导层：图层 2”。

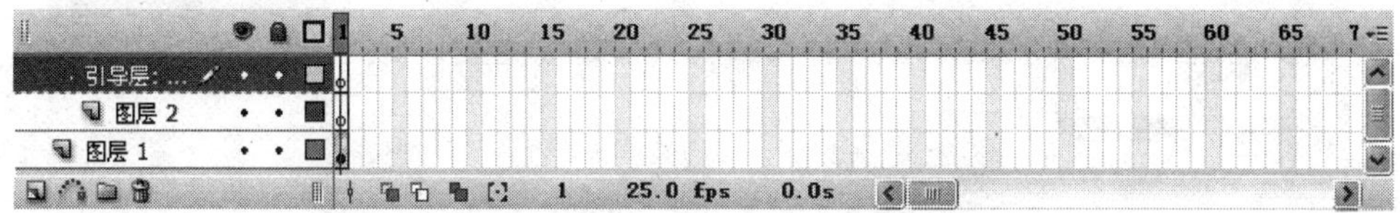

图 1 – 43　“时间线”窗口中的“引导层：图层 2”

步骤 14：用鼠标单击 图层 1 ，如图 1 – 44 所示，使“图层 1”处于当前选中状态。

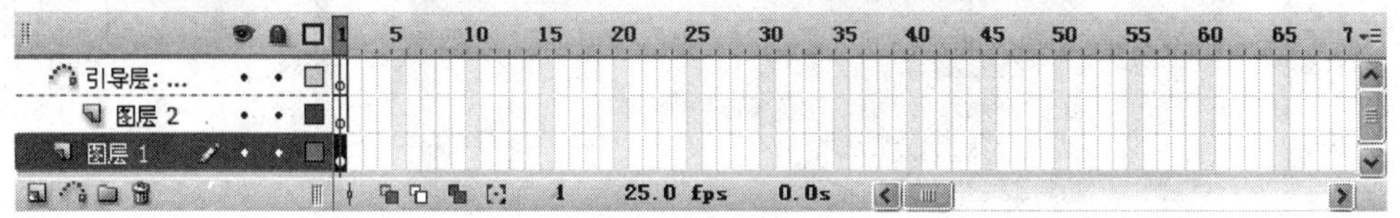

图 1 – 44　用鼠标单击选择“图层 1”

步骤 15：然后，按步骤 6 的操作，在“文件”选项列表中选择“导入到舞台”命令选项，如图 1 – 45 所示，在弹出的“导入”对话框中按事先设定的路径找到“背景 . jpg”图像文件，选择并单击 打开(O) 按钮。

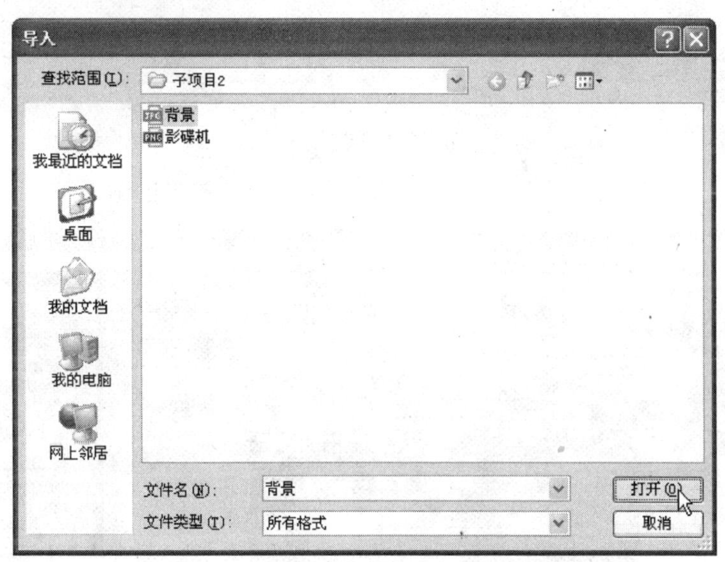

图 1 – 45　导入“背景 . jpg”图像文件

如图 1 – 46 所示，执行完导入操作后，背景图片即被导入到当前编辑窗口中了。值得注意的是，当前导入的图像一定要在“图层 1”选中的状态下进行，换句话说就是要将背景图像导入到“图层 1”图层中。

步骤 16：背景图像导入后，用鼠标单击“时间线”窗口中的 引导层: ... ，如图 1 – 47 所示，使“引导层：图层 2”处于选中状态。

步骤 17：然后，将鼠标移至位于“时间线”窗口右侧的“工具”面板处，如图 1 – 48 所示，单击 铅笔工具。

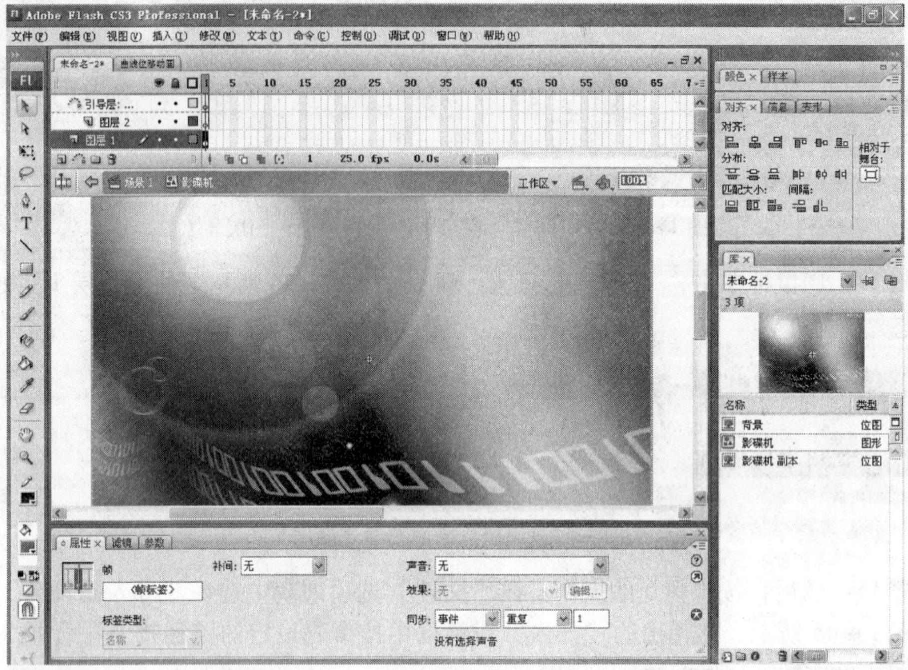

图1－46　编辑窗口中的导入图像效果

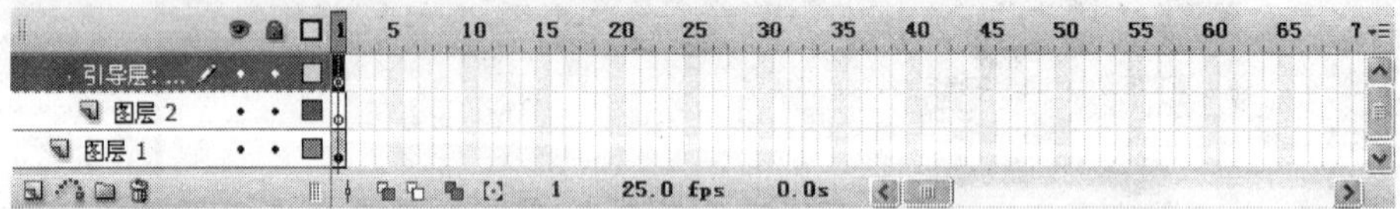

图1－47　将“引导层：图层2”设为选中状态

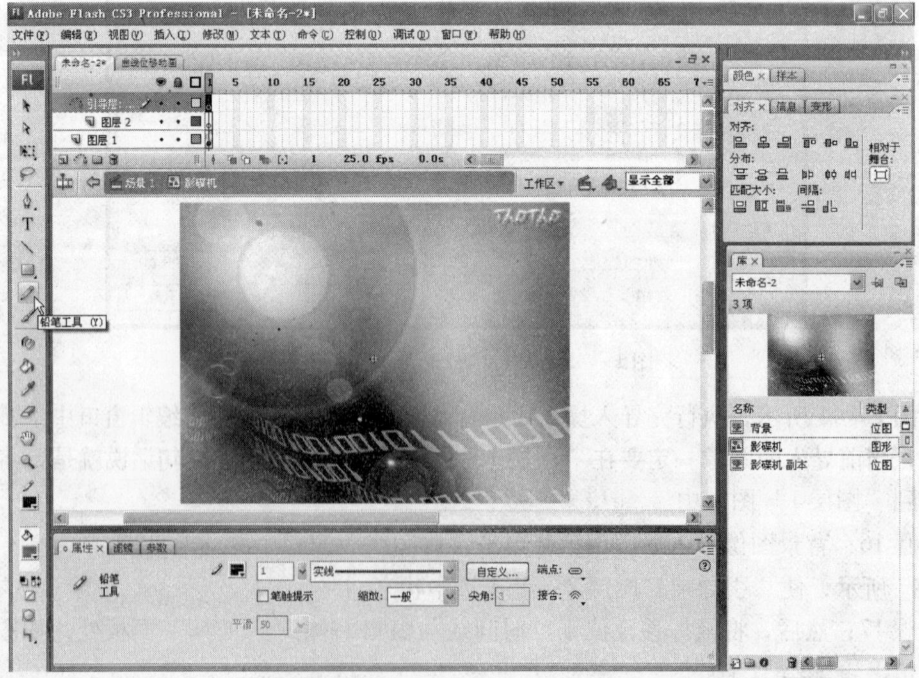

图1－48　单击铅笔工具

步骤18：单击铅笔工具后，在“工具”面板下方会给出“铅笔模式”选项，如图1－49所示，单击 按钮，并在弹出的子选项中选择“ ”平滑模式。

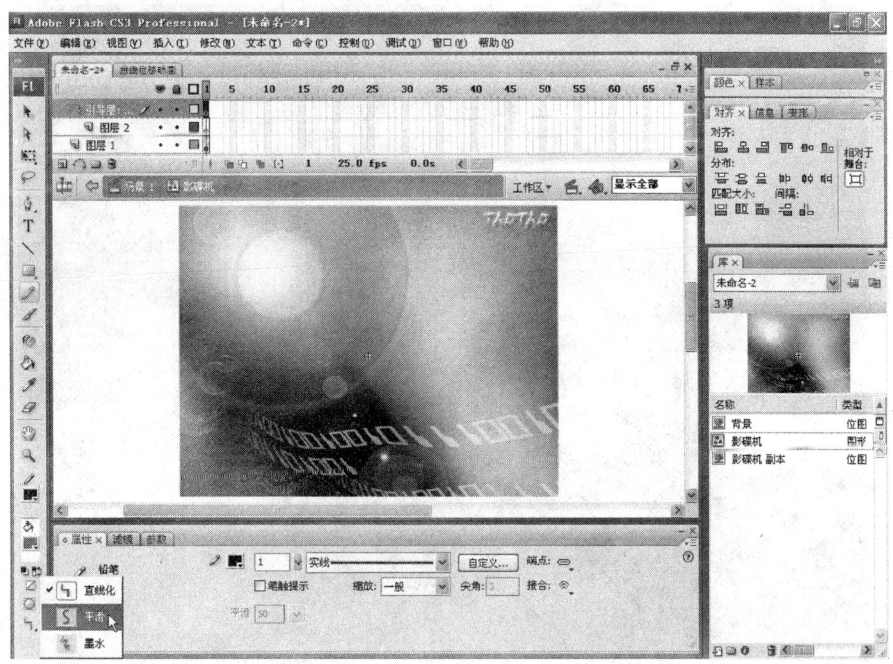

图1－49　设定铅笔为“平滑”模式

步骤19：然后，将鼠标移至编辑窗口的背景图之上，此时鼠标呈“ ”状。从背景的光盘圆心处开始，按住鼠标左键并拖动，直至在背景图上绘制出一条弧线，如图1－50所示。值得注意的是，弧线的绘制一定要在“引导层：图层2”处于选中的状态下完成。

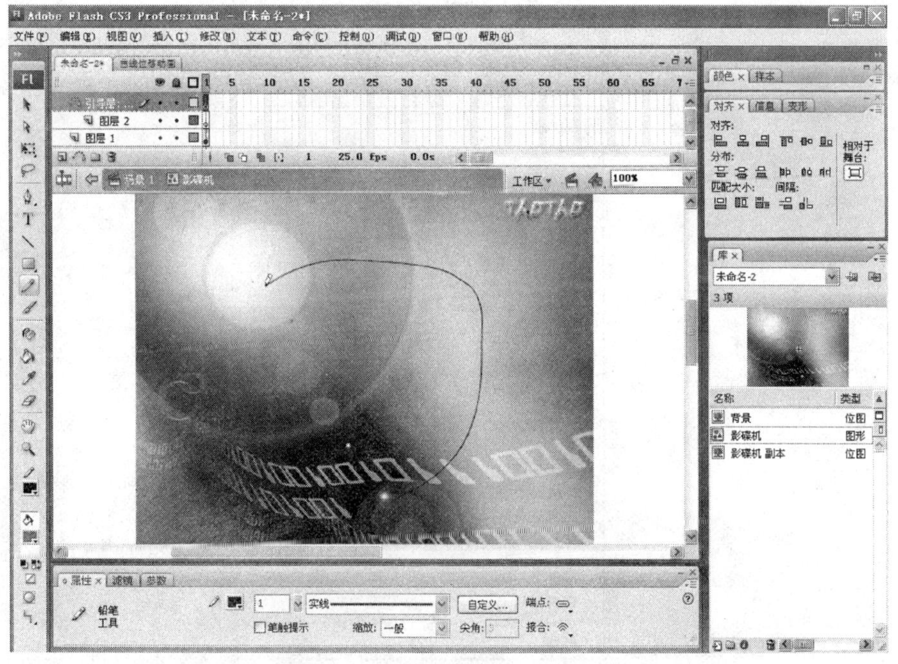

图1－50　在背景图上绘制弧线

如图 1－51 所示为最终的绘制效果。这条弧线就是将来影碟机“移动”的轨迹，因此，弧线要尽量保证平滑。

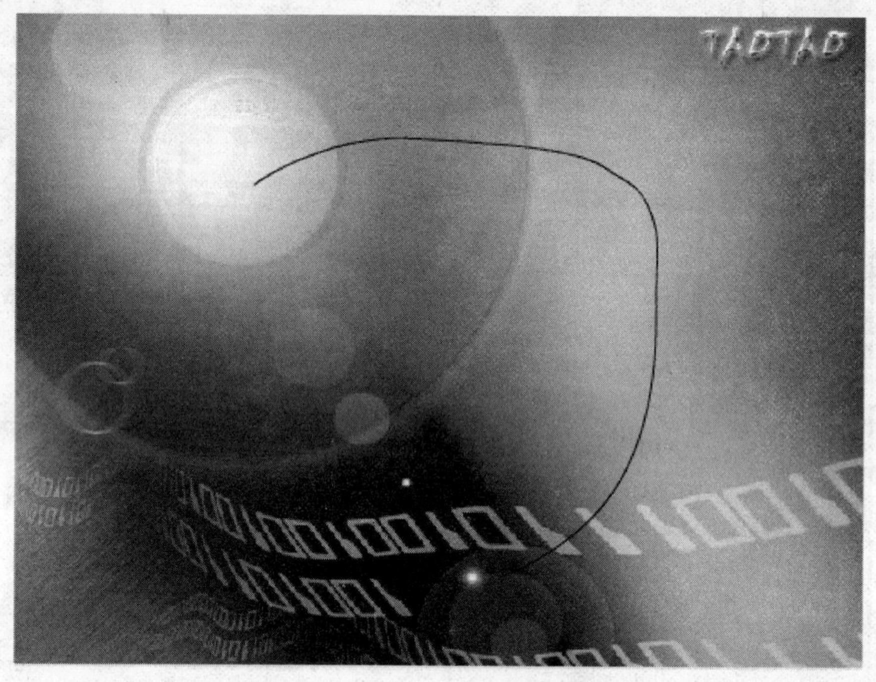

图 1－51　弧线的最终绘制效果

步骤 20：弧线绘制好后，将鼠标移至“时间线”窗口，在“引导层：图层 2”的第 65 帧处单击鼠标右键，如图 1－52 所示，在弹出的选项列表中选择“插入关键帧”命令选项。

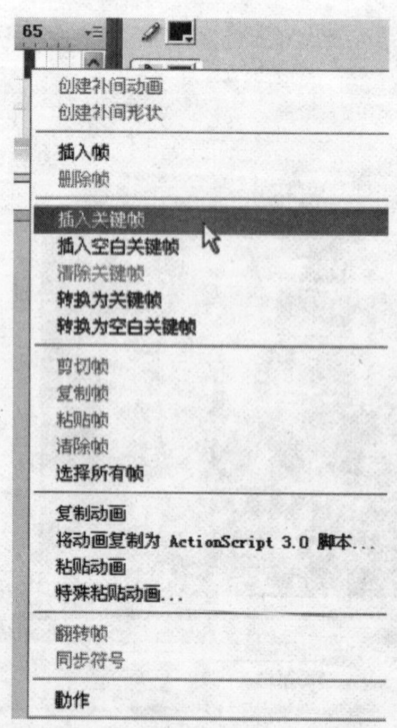

图 1－52　在“引导层：图层 2”第 65 帧处执行“插入关键帧”命令选项

如图 1－53 所示为插入帧后的效果，可以看到当前“时间线”窗口中的红色时间线位于第 65 帧处，编辑窗口中的背景图也消失了。

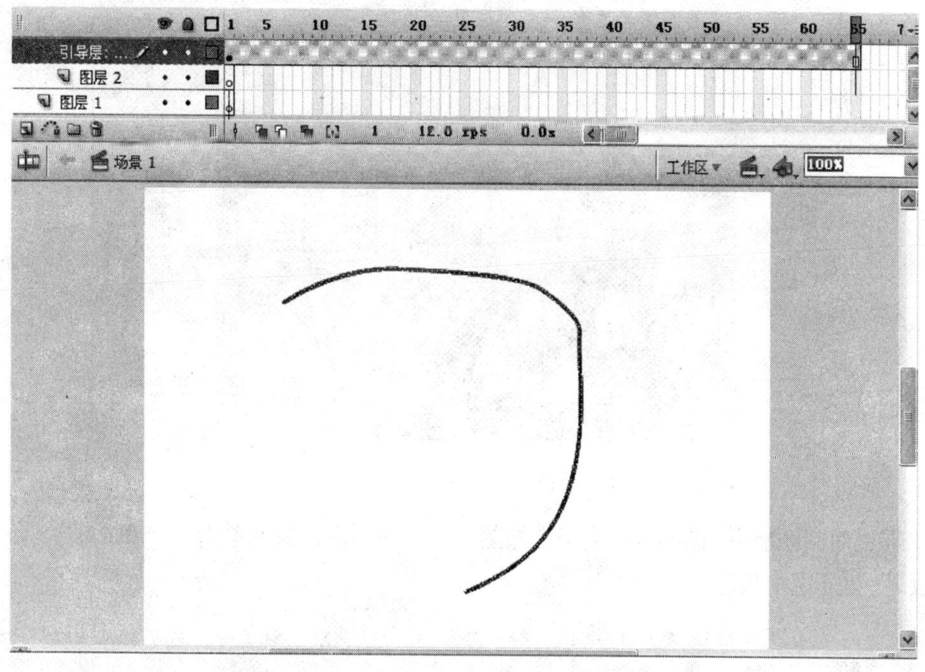

图 1－53　“引导层：图层 2”执行插入帧后的效果

步骤 21：用鼠标单击 图层 1，如图 1－54 所示，使“图层 1”处于选中状态，然后，用同样方法，在“图层 1”的第 65 帧处单击鼠标右键，执行“插入帧”命令。

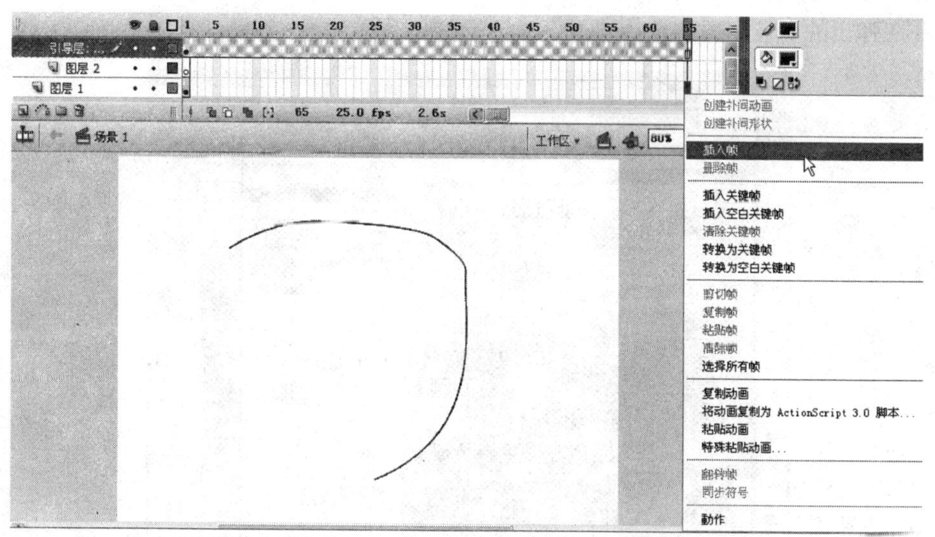

图 1－54　在“图层 1”的第 65 帧处执行“插入帧”命令

效果如图 1－55 所示，可以看到背景图案又重新显示在编辑窗口中了。

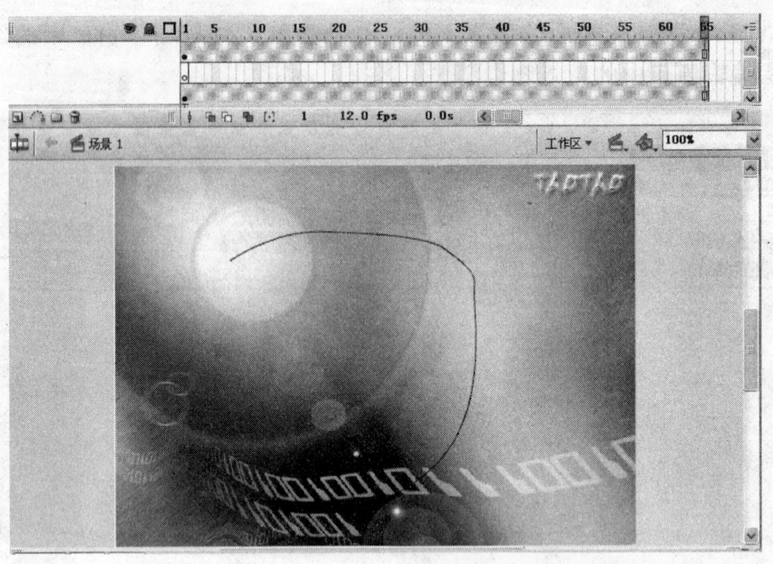

图 1－55 “图层 1”执行插入帧后的效果

步骤 22：对“图层 1”的帧设置完毕，如图 1－56 所示，用鼠标单击 图层 2 ，使“图层 2”处于选中状态。

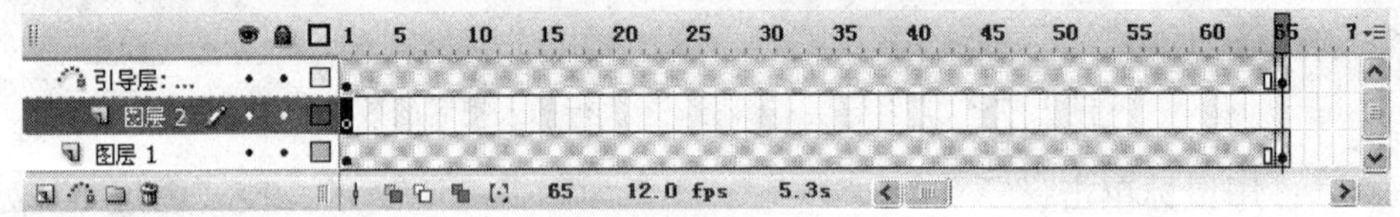

图 1－56 单击选中“图层 2”

步骤 23：当确认“图层 2”处于选中状态后，单击菜单栏上的“窗口”选项，如图 1－57 所示，并在弹出的下拉列表中选择“库”命令选项。

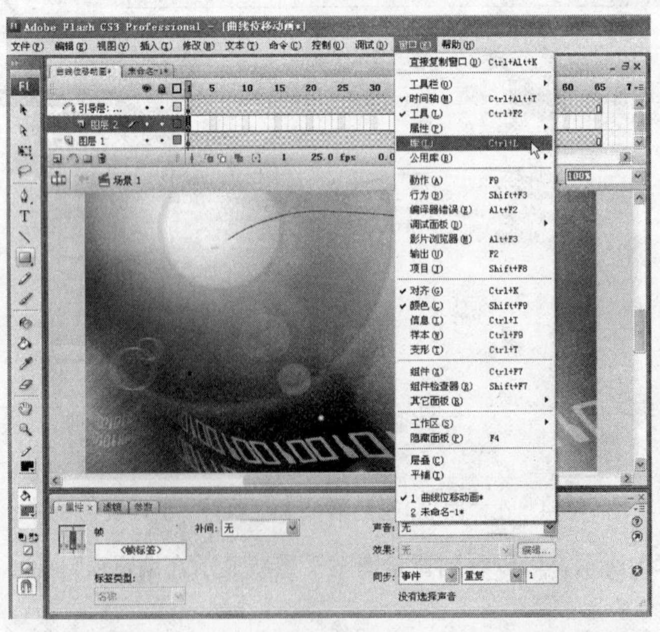

图 1－57 执行“窗口”选项中的“库”命令选项

此时，如图 1－58 所示的程序界面中会弹出一个“库”窗口。下面我们要将编辑好的“影碟机元件”导入到当前编辑窗口中。

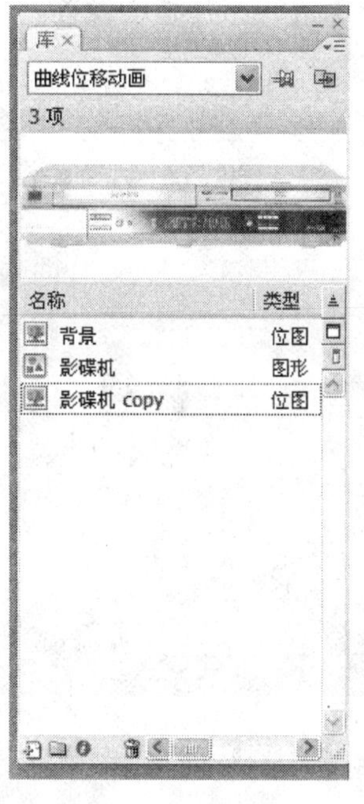

图 1－58　“库”窗口

步骤 24：在导入“影碟机元件”之前，首先确认“时间线”窗口中的“图层 2”为选中状态，然后，如图 1－59 所示，将位于第 65 帧处的红色时间线拖拽到第 1 帧。

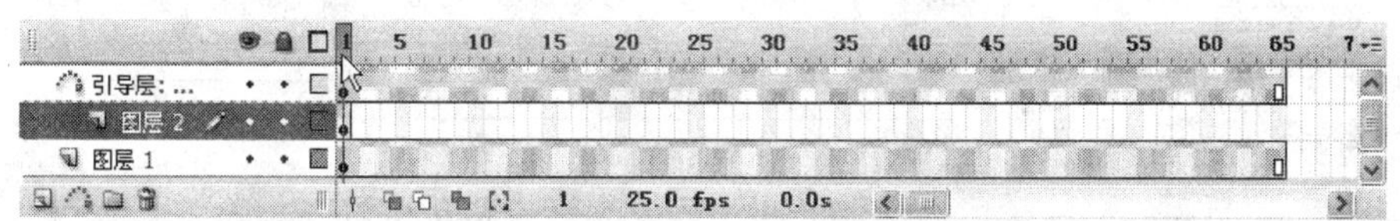

图 1－59　拖拽红色时间线到第 1 帧

步骤 25：然后，将鼠标移至“库”窗口中，选中“影碟机元件”后拖拽到当前编辑窗口中，如图 1－60 所示。

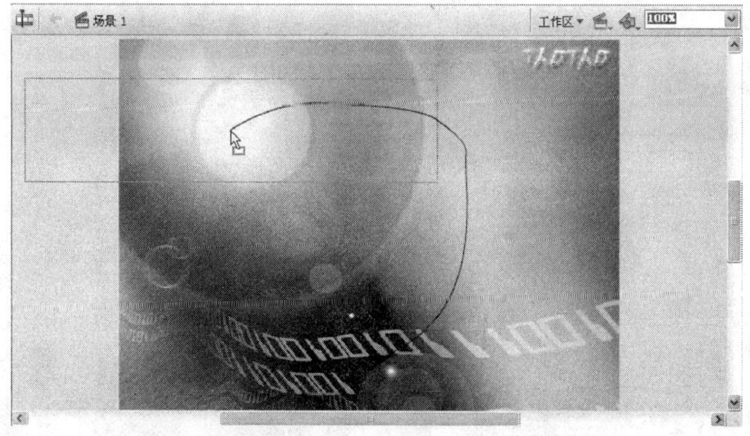

图 1－60　拖拽“影碟机元件”至当前编辑窗口

拖动到适当位置后，松开鼠标左键，如图 1－61 所示，“影碟机元件”就出现在当前编辑窗口中了。值得注意的是，之所以要确认“图层 2”为选中状态，实际上就是要将影碟机元件拖拽到“图层 2”中，以便下面进行路径移动设置。

图 1－61　影碟机拖拽到当前编辑窗口中的图像效果

步骤 26：用鼠标单击“图层 2”的第 1 帧，如图 1－62 所示，在“工具”面板中选择“ ”选择工具。

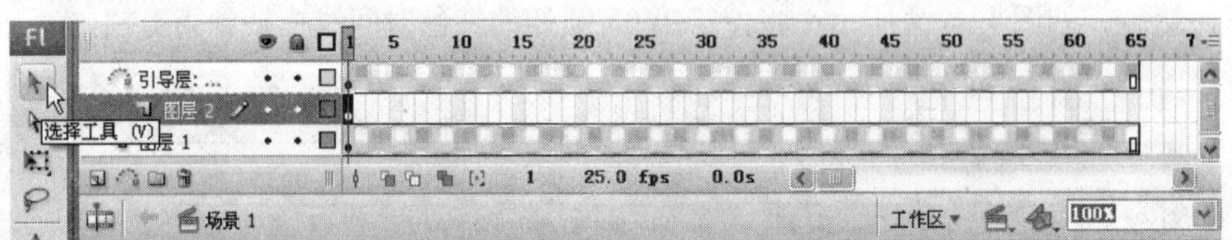

图 1－62　单击选择“箭头”工具选项

步骤 27：选择工具选中后，将鼠标移至编辑窗口中影碟机图像的中心处，如图 1－63 所示，此时鼠标呈“ ”状态。

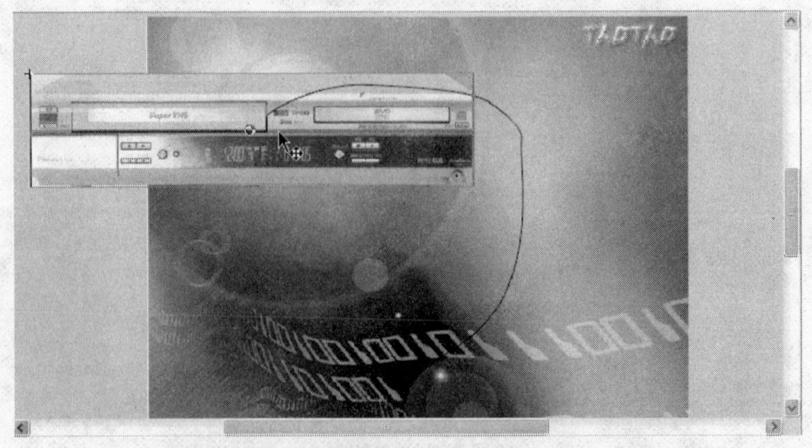

图 1－63　将鼠标移至影碟机图像的中心

用鼠标在影碟机图像上按压左键同时拖动鼠标，此时即可实现对影碟机图像的移动，如图 1 – 64 所示，将影碟机的中心点与弧线路径的顶点重合（当影碟机中心点靠近路径顶点时，影碟机的中心点会自动“跳至”路径顶点处）。

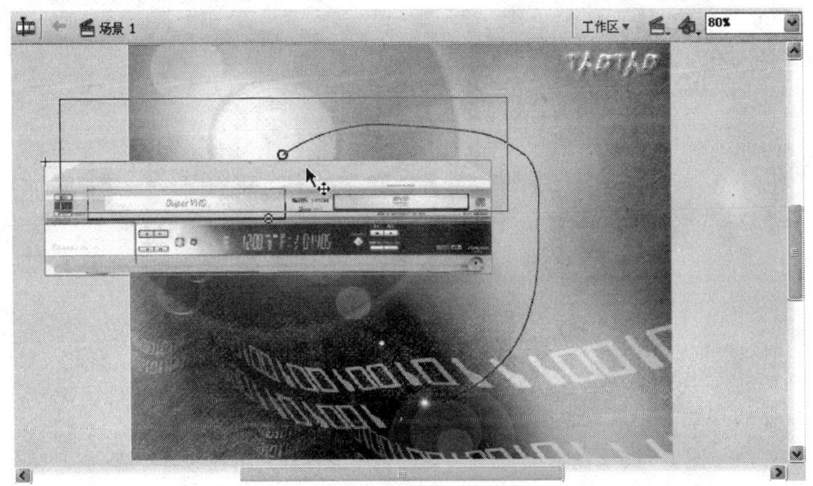

图 1 – 64　移动影碟机图像至路径顶点

步骤 28：移动完毕，将鼠标移至“时间线”窗口，如图 1 – 65 所示，在“图层 2”的第 45 帧处单击鼠标右键，并在弹出的选项列表中选择“插入关键帧”命令选项。

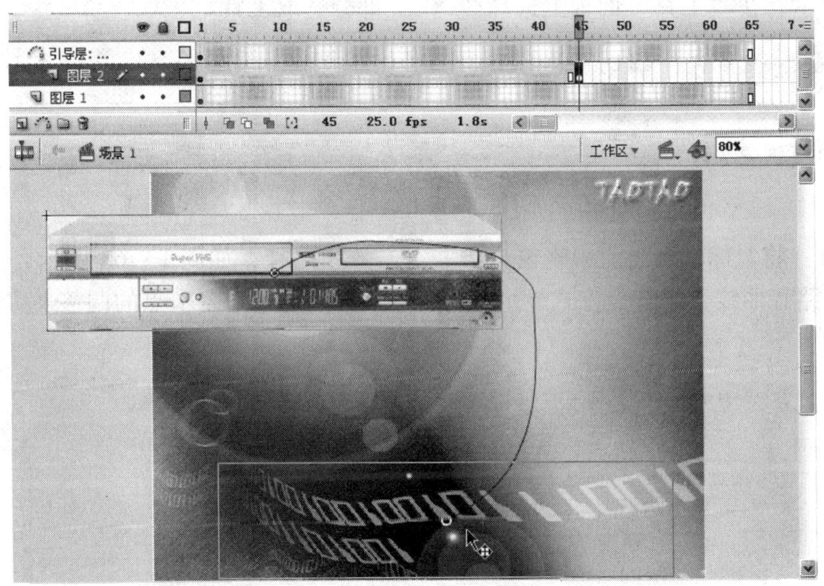

图 1 – 65　在“图层 2”第 45 帧处执行“插入关键帧”命令选项

步骤 29：执行了插入关键帧操作后，红色时间线位于第 45 帧处，此时按第 27 步操作，将影碟机图像移动到弧线路径的另一端，如图 1 – 66 所示，使影碟机的中心位置与路径另一端的顶点重合。

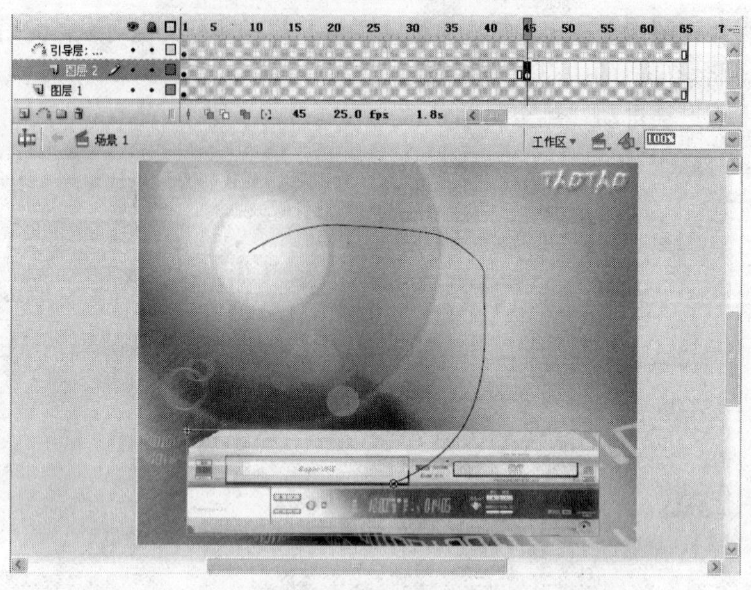

图 1－66　在第 45 帧处将影碟机图像移动到路径的另一端

步骤 30：当影碟机的中心位置自动与路径重合后，由于绘制路径时没有参照影碟机进行，因此，这时影碟机可能不会正好显示于背景图像的右下方。

如果出现影碟机超出背景图范围的情况，我们还要对弧线路径进行进一步的调整，如图 1－67 所示，在“工具”面板上选择“ ”部分选取工具。

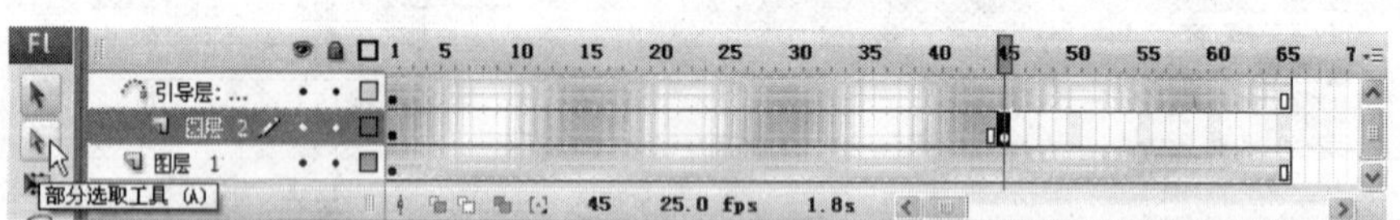

图 1－67　在“工具”面板上选取“部分选取工具”选项

步骤 31：将鼠标移到当前编辑窗口中，点击弧线路径，如图 1－68 所示，当弧线路径被选中后，路径曲线会以节点方式显示。这时用户可以通过对各节点的调整来实现对弧线路径的修改。

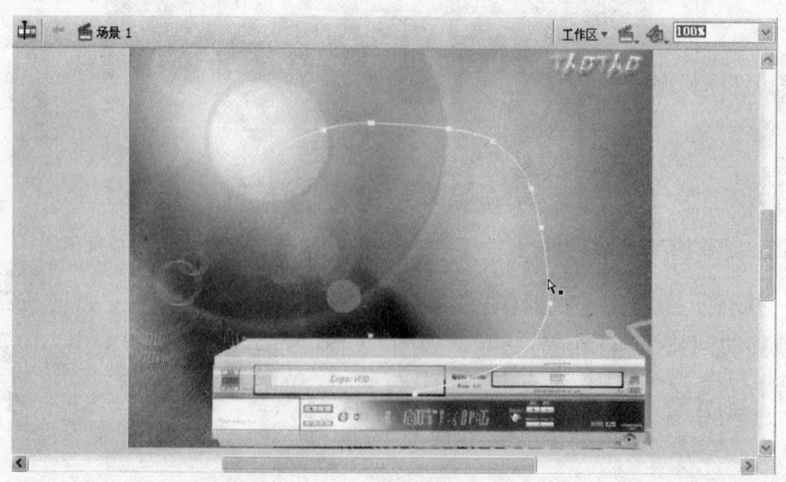

图 1－68　路径被选取后的效果

如图 1－69 所示为路径调整后的效果。

图 1－69　路径调整后的效果

步骤 32：路径调整好后，在“工具”面板中再次选择选择工具，如图 1－70 所示，再次对影碟机图像进行移动操作，使其与编辑后的路径顶点再次重合。

图 1－70　根据编辑后的路径重新调整影碟机

步骤 33：第 45 帧调整完毕，重新将红色时间线拖至第 1 帧，如图 1－71 所示。这时，在“工具”面板上选择“ ”任意变形工具对第 1 帧的图像进行编辑修改。

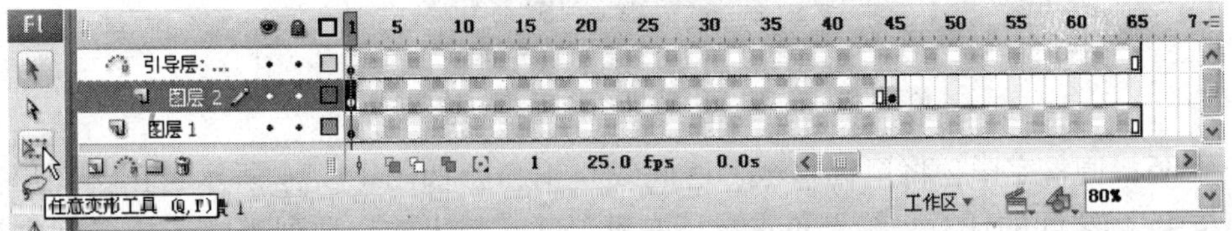

图 1－71　在第 1 帧处选择“任意变形工具”选项

步骤 34：当“任意变形工具”选中后，编辑窗口中的影碟机图像的周围便出现了一个矩形调整框，将鼠标移至调整框右下角的顶点处，然后按住左键并向左上方拖动鼠标，将影碟机图像缩小至如图 1－72 所示状态。

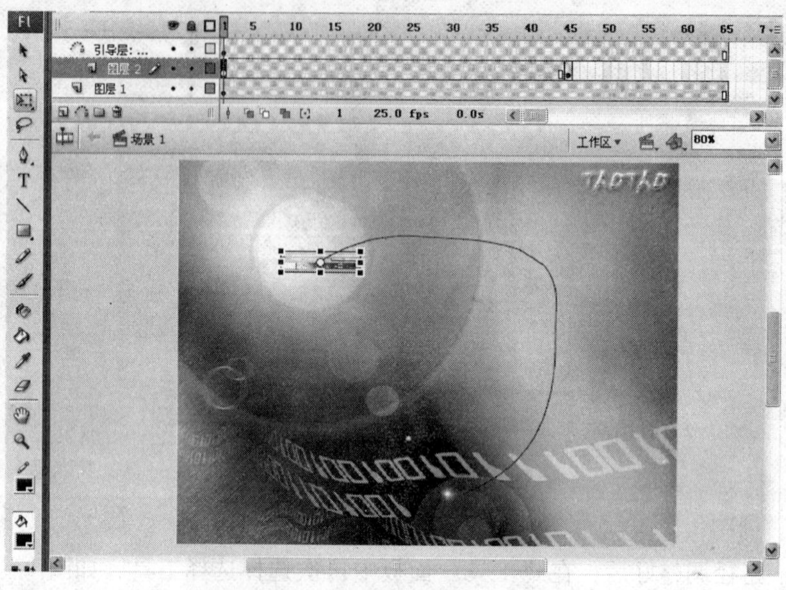

图 1－72　影碟机图像缩小后的效果

步骤 35：影碟机大小调整完毕，再将鼠标移到调整框的左上角顶点处，当鼠标稍稍离开顶点位置，可以看到，鼠标呈“↻”状，此时可对影碟机的角度进行调整。如图 1－73 所示，将影碟机旋转至当前状态。

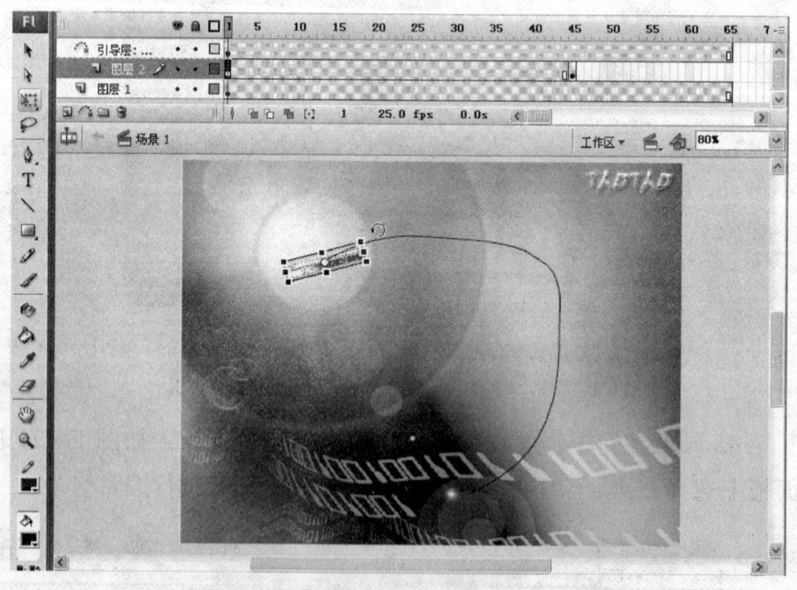

图 1－73　影碟机图像旋转后的效果

步骤 36：调整完毕，将鼠标移至“时间线”窗口，如图 1－74 所示，在“图层 2”的第 1 帧与 45 帧之间的任意一帧上单击鼠标右键，并在弹出的选项列表中选择“创建补间动画”命令选项。

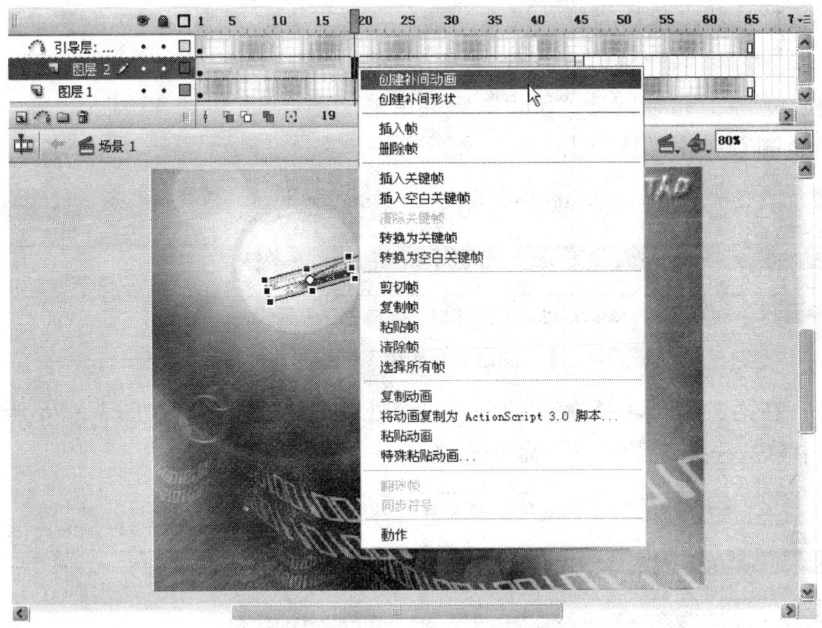

图 1 - 74　在“图层 2”执行“创建补间动画”命令

影碟机的路径移动动画就制作好了，如图 1 - 75 所示，“图层 2”中，一条带箭头的指示线从第 1 帧开始，一直指向第 45 帧。

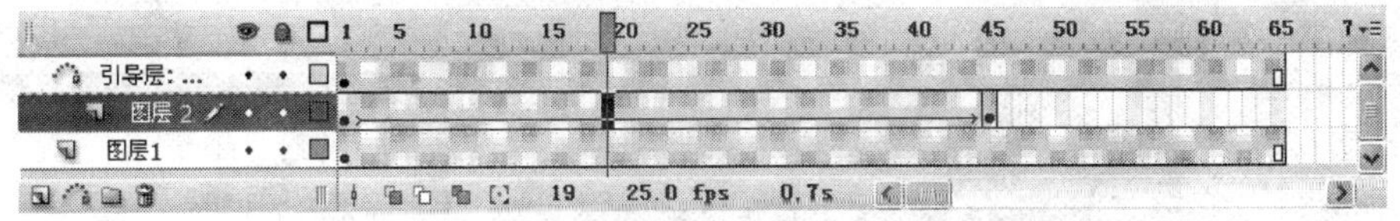

图 1 - 75　补间动画创建后的效果

步骤 37：这时，按键盘上的 Ctrl + Enter 组合键即可测试动画效果。如图 1 - 76 所示为动画过程中某一帧图像的效果。

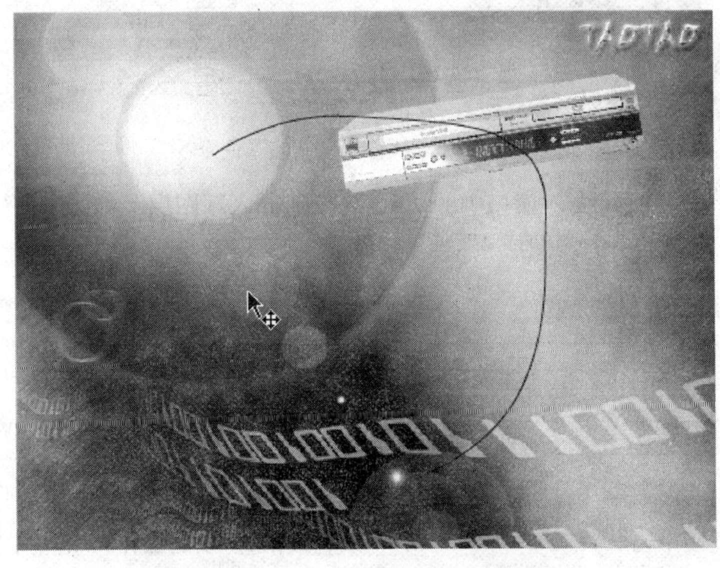

图 1 - 76　动画过程中某一帧的图像效果

步骤 38：确认路径移动的过程没有问题后，接下来就要为影碟机的移动添加“拖尾”的特技效果了。关闭预览窗口返回程序编辑界面。如图 1－77 所示，用鼠标先单击“图层 2”的第 1 帧，然后，按住键盘“Shift”键并单击“图层 2”的第 45 帧。这样“图层 2”从第 1 帧到第 45 帧就被全部选中了。

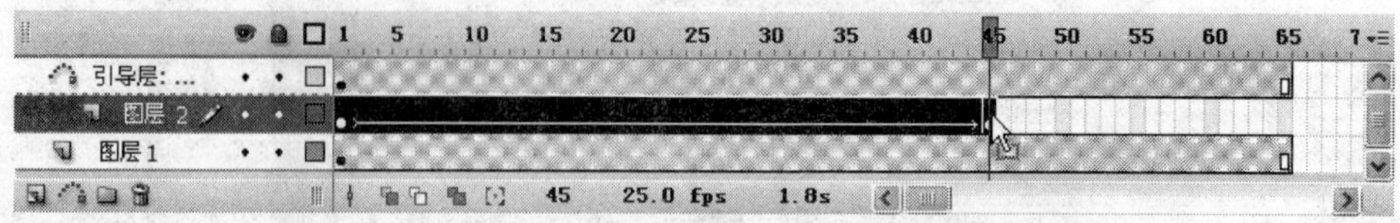

图 1－77　将“图层 2”从第 1 帧到第 45 帧全部选中

步骤 39：在第 1 帧到第 45 帧间的任意一帧处单击鼠标右键，如图 1－78 所示，在弹出的列表选项中单击选择“复制帧”命令选项。

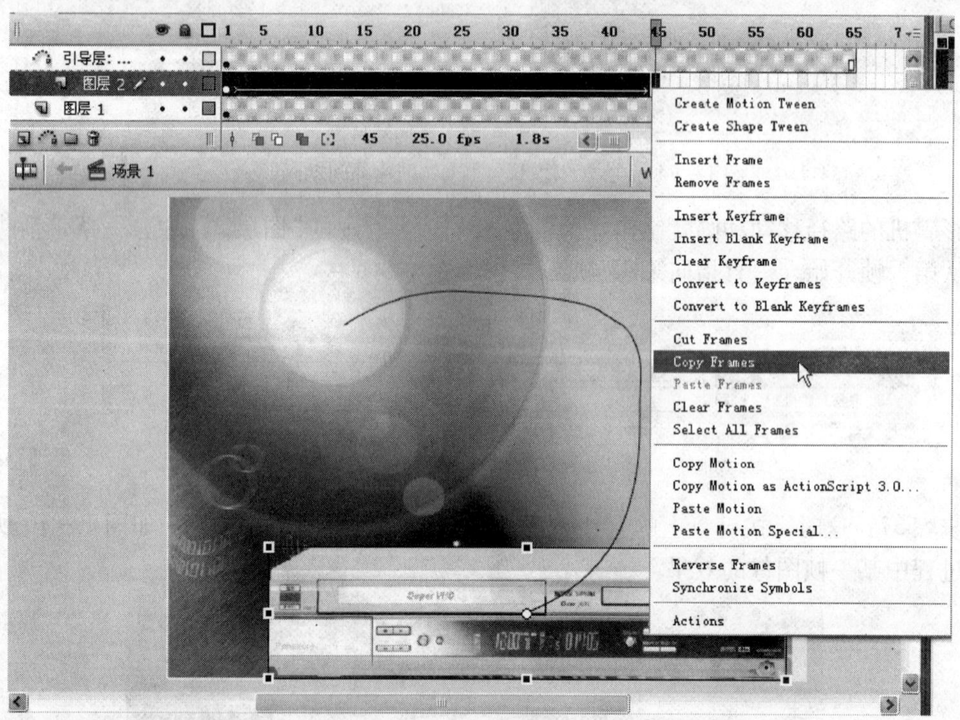

图 1－78　执行“复制帧”命令

步骤 40：单击“时间线”窗口中的“ ”按钮插入新图层。如图 1－79 所示，在“图层 2”的上面又新增了一个“图层 4”。

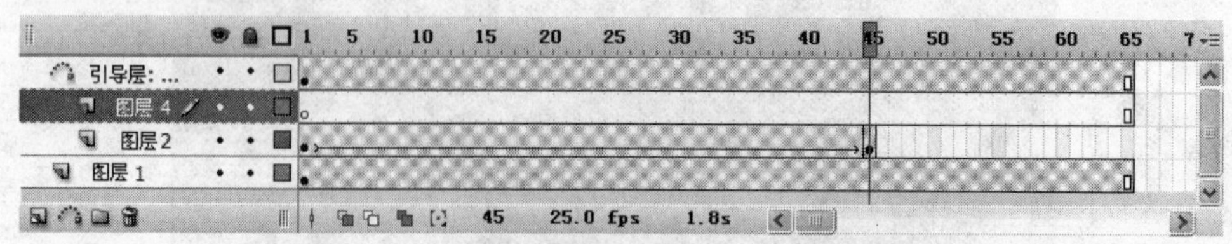

图 1－79　新增“图层 4”后的“时间线”窗口

步骤 41：直接单击 图层 4 或者按第 37 步的操作（先点中第 1 帧，然后按住 Shift 键同时点中第 65 帧），将“图层 4”从第 1 帧到第 65 帧全部选中，如图 1－80 所示。

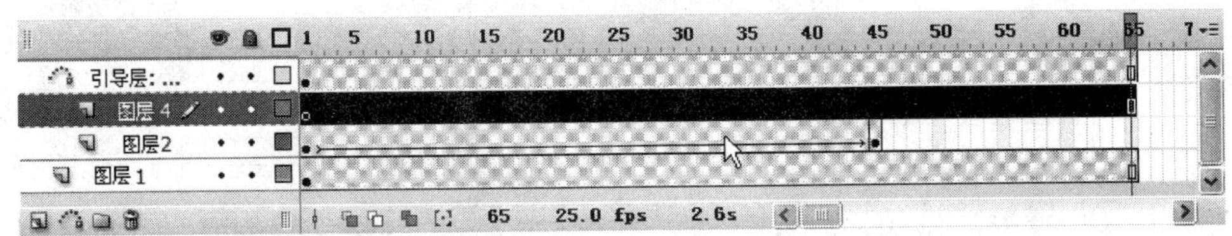

图 1－80　将“图层 4”中第 1 帧到第 65 帧全部选中

步骤 42：然后用鼠标点击菜单栏上的“编辑”选项，如图 1－81 所示，并在弹出的下拉列表中选择“删除帧”命令选项（也可直接按键盘上的 Shift＋F5 组合键），将所选帧全部删除。

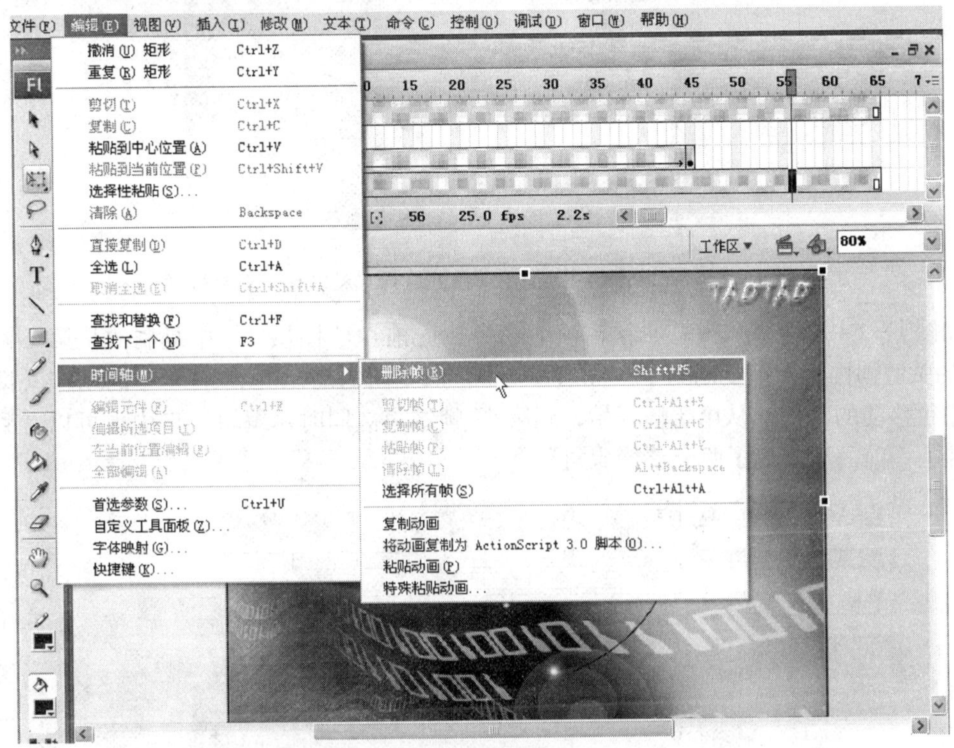

图 1－81　执行“删除帧”命令选项

如图 1－82 所示，此时“图层 4”中的关键帧即被全部删除了。

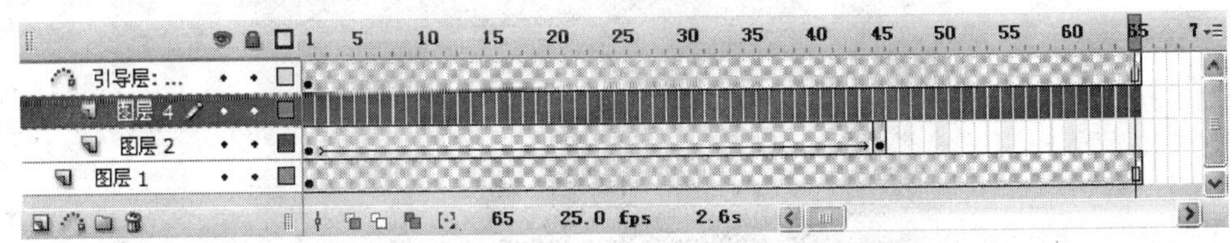

图 1－82　删除关键帧后的效果

步骤 43：将鼠标移至“图层 4”的第 3 帧处，单击鼠标右键，如图 1－83 所示，在弹出的列表选项中执行“粘帖帧”命令选项。

图 1-83 在“图层 4”的第 3 帧处执行“粘帖帧”命令选项

如图 1-84 所示，执行完“粘帖帧”命令后先前在“图层 2”中复制的从第 1 帧到第 45 帧的关键帧内容即被复制到了“图层 4”中，所不同的是，“图层 4”中的动作（即影碟机沿路径移动的动作）从第 3 帧开始，到第 47 帧结束。同时在编辑窗口中也可以看到在移动路径上一前一后出现了两个“影碟机”。

图 1-84 “图层 4”执行粘贴帧命令后的效果

步骤 44：按第 37 步对“图层 2”选取关键帧的方法，将“图层 4”从第 3 帧到第 47 帧全部选中，如图 1-85 所示。

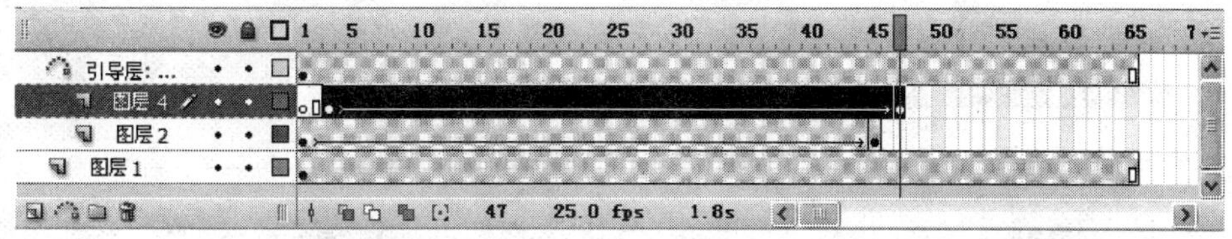

图 1－85　将“图层 4”从第 3 帧到第 47 帧全部选中

步骤 45：确定当前“时间线”中的红色时间线位于第 47 帧处，然后将鼠标移至编辑窗口中单击位于该层的影碟机图像（即当前窗口中唯一的影碟机图像），此时位于编辑窗口下方的“属性”面板切换至“图形”设置状态，用鼠标单击“颜色”设置选项处的“ ”下拉列表按钮，在弹出的选项列表中选择“Alpha”选项，然后，在“Alpha”数量输入框中设置“Alpha”数量为“80%”，如图 1－86 所示。

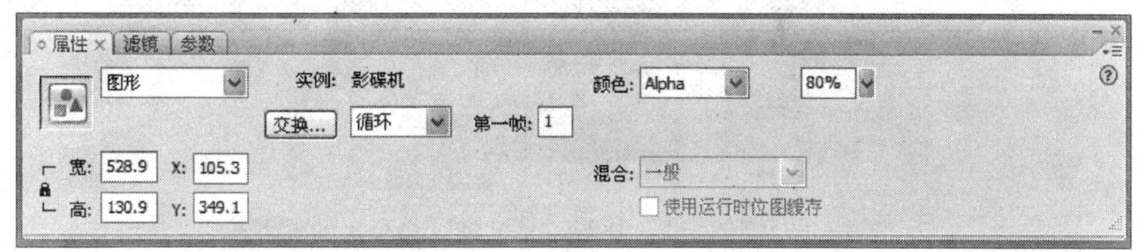

图 1－86　设置“Alpha”选项

步骤 46：设置好后，将鼠标移回到“时间线”窗口，如图 1－87 所示，再单击“ ”按钮插入新图层。

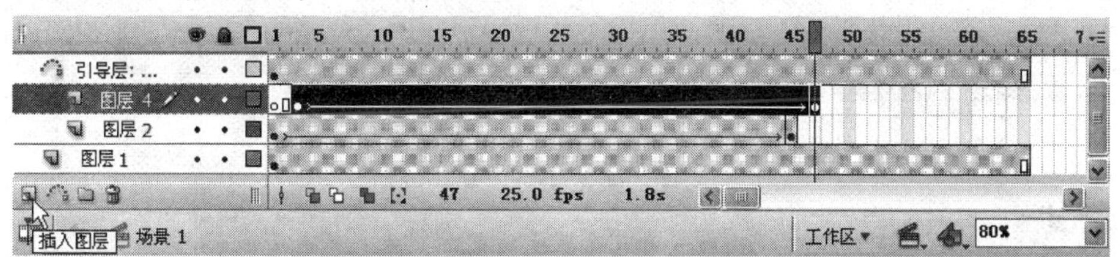

图 1－87　单击“ ”按钮新建图层

步骤 47：插入新图层后，在“图层 4”的上面又新增了一个“图层 5”，将“图层 5”从第 1 帧到第 65 帧全部删除。效果如图 1－88 所示。

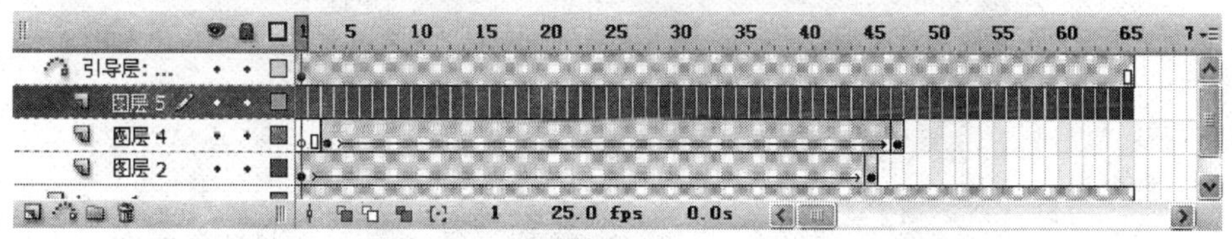

图 1－88　“图层 5”删除帧后的效果

步骤 48：在“图层 5”的第 5 帧处单击鼠标右键，并在弹出的列表选项中选择“粘帖帧”命令选项。这样“图层 2”中的关键帧即被复制到了“图层 5”中，从第 5 帧到第 49 帧，如图 1－89 所示。同时在编辑窗口中，也可以看到在移动路径上出现了三个“影碟机”。

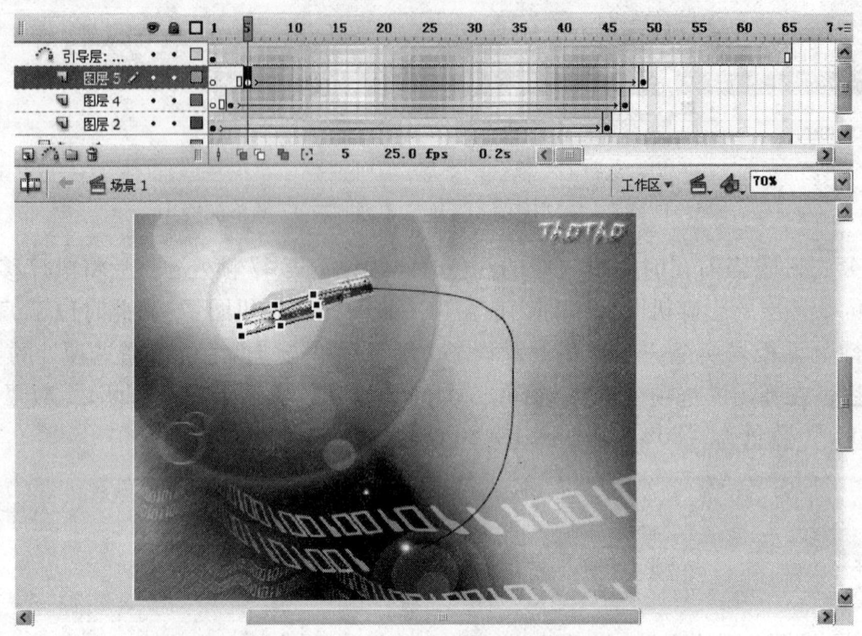

图 1 – 89 “图层 5”执行“粘帖帧”命令后的效果

步骤 49：同样，根据第 44 步对“图层 4”中影碟机对象的操作，先选中“图层 5”第 5 帧到第 49 帧，然后设置“图层 5”中的影碟机对象为“Alpha”颜色模式，“Alpha”数量为“60%”，如图 1 – 90 所示。

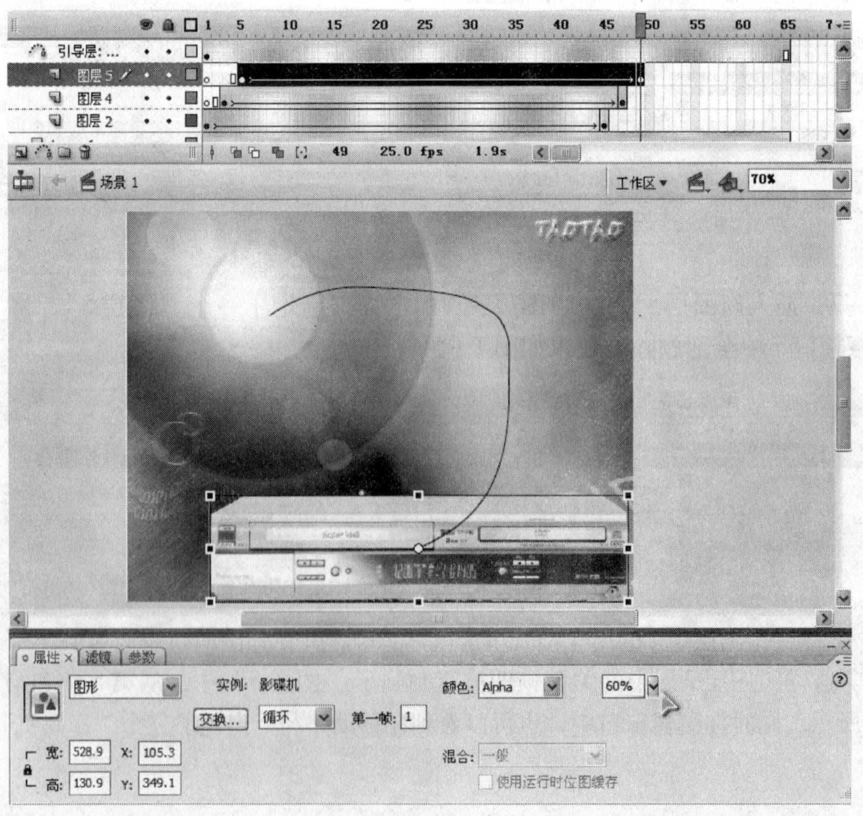

图 1 – 90 对“图层 5”中的影碟机对象进行“Alpha”设置

步骤 50：按第 45 步的操作再新建“图层 6”，将所有关键帧删除后，在第 7 帧处执行“粘帖帧”命令，将“图层 2”第 1 帧至第 45 帧的关键帧内容复制到“图层 6”的第 7 帧至第 51 帧。如图 1－91 所示，将“图层 6”从第 7 帧到第 51 帧的影碟机对象设置为“Alpha”颜色模式，“Alpha”数量为“40%”。

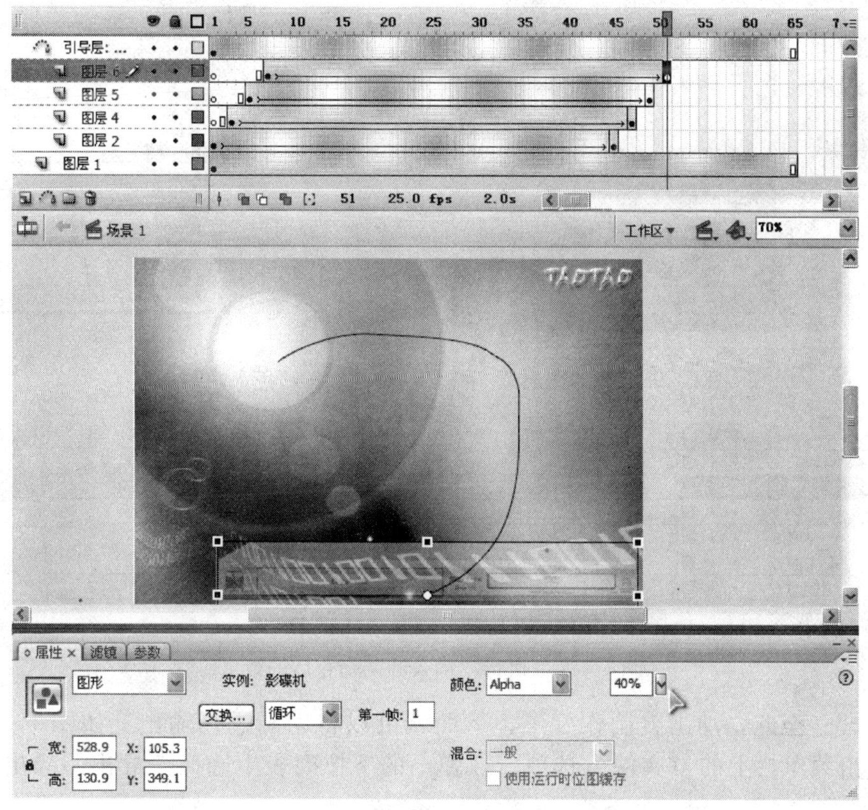

图 1－91　“图层 6”的最终设置效果

步骤 51：各图层效果全部设置完毕，接下来调整图层顺序。先用鼠标将“图层 2”拖拽到“图层 6”的上面，仅位于“引导层：图层 2”之下。然后，依次对“图层 4”、“图层 5”和“图层 6”进行调整，如图 1－92 所示为调整后的最终效果。

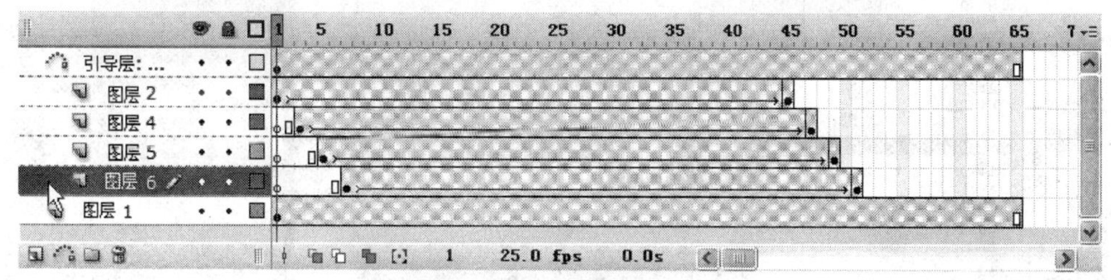

图 1－92　图层调整后的最终效果

步骤 52：调整好后，将鼠标移至“图层 2”的第 65 帧处，单击鼠标右键，如图 1－93 所示，在弹出的列表选项中选择“插入帧”命令选项。

如图 1－94 所示为执行了“插入帧”命令后的效果。

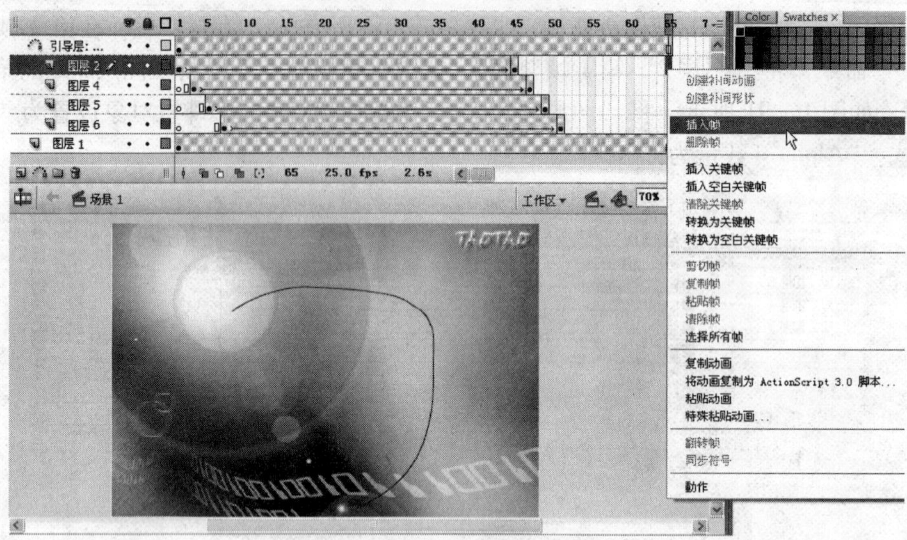

图 1－93　在“图层 2”的第 65 帧处执行“插入帧”命令

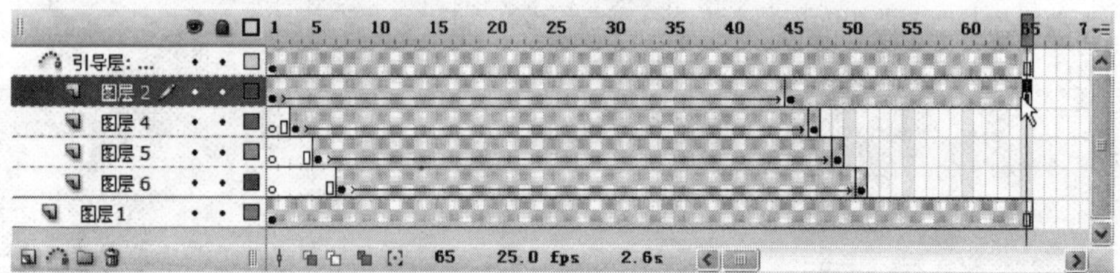

图 1－94　执行“插入帧”命令后的效果

步骤 53：至此，动画就制作好了，下面就可以将动画进行输出，如图 1－95 所示，用鼠标单击菜单栏上的“文件”选项，在弹出的下拉列表中选择“导出→导出影片”命令选项。

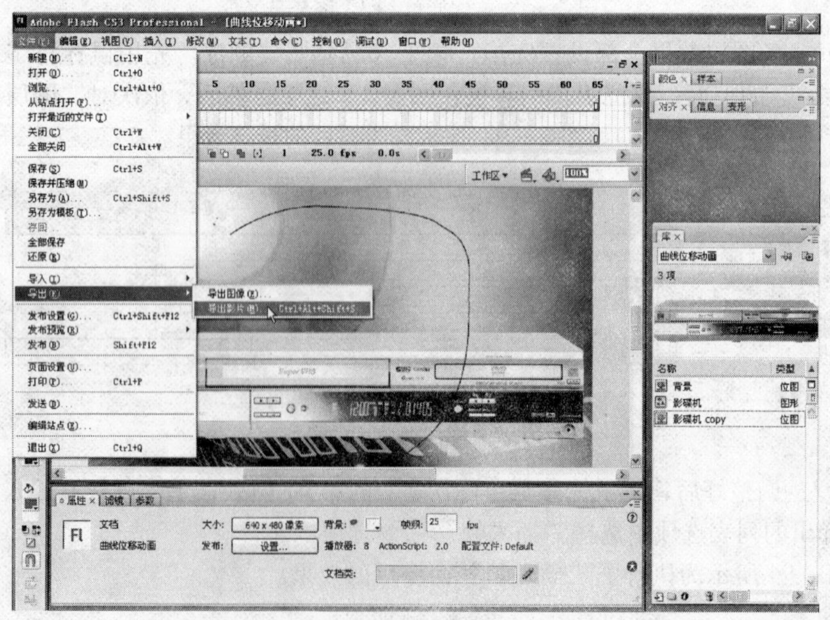

图 1－95　执行“导出影片”命令选项

步骤 54：在弹出的“导出影片”对话框中设定好存储输出路径后，根据实际需要在“保存类型”选择输入框中选择适当的输出文件类型，在此，我们选择“＊. avi”视频动画文件格式，如图 1－96 所示，最后在“文件名”输入框中输入“曲线位移动画”作为该动画的文件名。

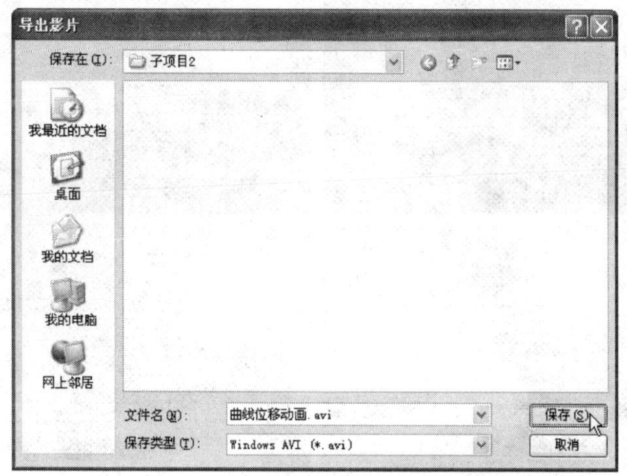

图 1－96　“导出影片”对话框

步骤 55：全部确认后单击 保存(S) 按钮。随即，程序弹出“导出窗口 Windows AVI”对话框，按图 1－97 所示对输出属性进行必要设置后，单击 确定 按钮确认。

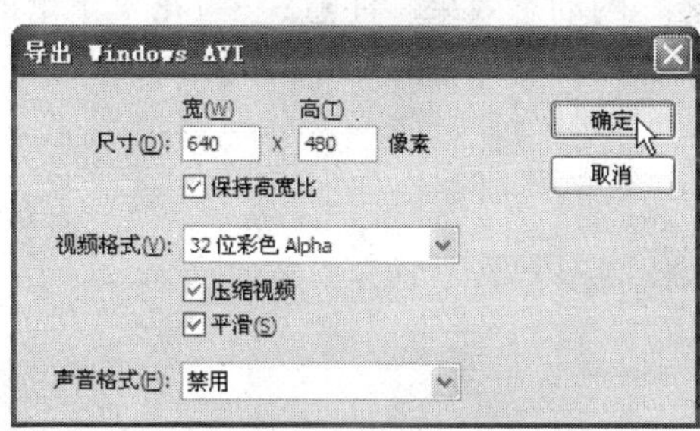

图 1－97　“导出窗口 Windows AVI”对话框

步骤 56：接下来，程序弹出“视频压缩”对话框，用鼠标点击“压缩程序”选项处的 下拉列表按钮，并从弹出下拉列表中选择相应的压缩程序（动画最终的输出品质很大程度上取决于压缩程序），如图 1－98 所示。选择好后单击 确定 按钮。

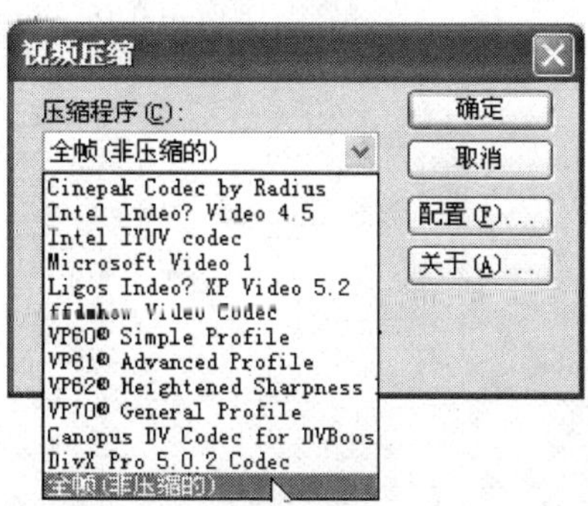

图 1－98　“视频压缩”对话框

从先前设定的输出路径中找到已经输出的“曲线位移动画.avi”视频动画文件，即可通过视频播放软件对该动画的最终效果进行预览。如图1－99所示为动画过程中的几个关键帧效果。

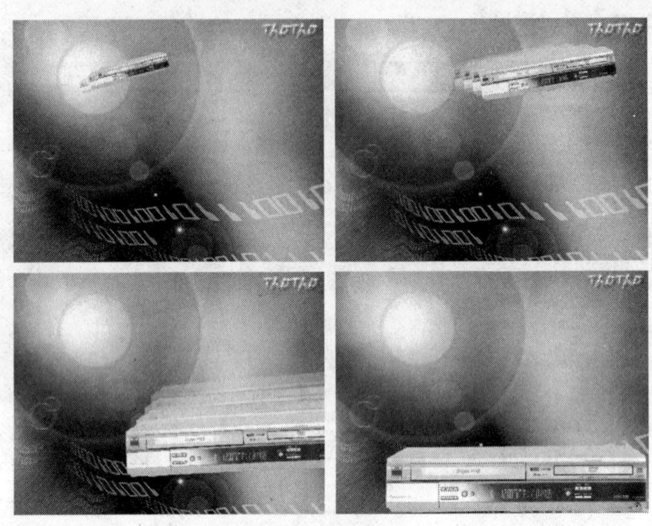

图1－99 动画过程中的几个关键帧

项目练习

1. 思考为什么在步骤50中各层效果制作完毕还要调整各层的相对位置。
2. 制作一个“雪花飘落”的动态效果。注意：“雪花”下落的状态。

项目二　逐帧动画的设计与制作

逐帧动画是动画制作中经常用到的一种动画形式，无论从制作思路上，还是从制作流程上，计算机动画和传统动画在对于逐帧动画的制作方面都存在着很多相似之处。

从本质上说，逐帧动画实际上是动画的基础，任何动画都是通过包含不同内容信息的关键帧组成的，因此，严格地说，位移动画、变形动画、文字动画和三维动画都属于逐帧动画的范畴。

我们在这里将逐帧动画作为组成动画的基本元素来介绍，主要从动画的制作方法和动画的表现类型上力求让大家通过具体的项目实例真正了解“逐帧”的概念。

子项目 1　制作“变化的图标”

项目目的：

了解应用 Flash 软件制作逐帧动画的适用范围，掌握用 Flash 制作逐帧动画的基本方法以及该软件的制作特色。

项目实例：

为了体现多媒体的特性，在许多多媒体作品中都运用了大量的媒体元素。下面，我们就针对“彩色电视机原理与维修”多媒体教学课件，运用动画制作手段为该课件制作动态按钮效果。

项目要求：

以“彩色电视机基本组成”部分为例，如图 2－1 所示是为该部分内容设计的主界面。

图 2－1　动画主界面

为了使该界面更加具有多媒体的特色，我们需要将界面中的“电视机”制作成动态效果，即当课件运行到该部分内容时，电视机中不断变换显示的图像内容。这样整个界面就显得更加生动。另外，为了增添一些时尚的元素，在电视机显示的过程中我们还会为电视机制作一些抖动的效果。

项目分析：

首先可以明确，这个动画是作为动画元素应用到多媒体作品中。从技术角度分析，其制作过程并不困难，目前，几乎所有的动画制作软件都可以完成。只有两点需要注意：第一点是作为动画素材的动画作品的容量要尽量的小，这样在调用时不会由于数据量过大而影响播放速度。因此这种动画常常以“＊. swf”或“＊. gif”格式存储，这样不仅可以保证数据量不致过大，而且也便于多媒体软件调用。第二点是在制作过程中要十分注意各帧之间电视机的位置关系，以及显示内容与电视机之间，位置关系，这是完成该子项目的难点，也是关键点。

制作步骤：

步骤1：启动 Adobe Flash CS3 程序，在其初始界面中选择“新建”栏目中的“Flash 文件（ActionScript2. 0）”选项，在 Flash CS3 操作界面中执行“文件→导入→导入到库”，在弹出的“导入到库”对话框中选择要导入到库中的文件并单击 打开(O) 按钮即可将素材文件导入到库中，如图 2－2 所示。

步骤2：素材被导入到库中后，可在“库”面板中看到导入的素材，如图 2－3 所示。

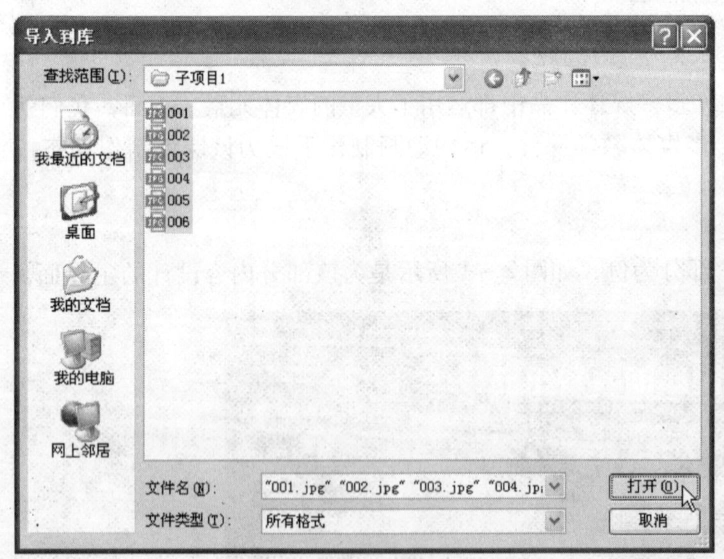

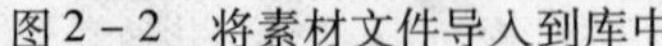
图 2－2　将素材文件导入到库中

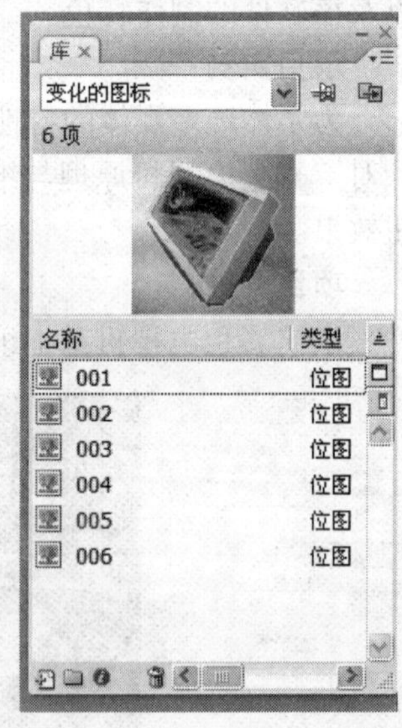

图 2－3　导入到库中的素材

步骤3：将素材 001 拖拽到舞台上，并查看该素材的属性，其尺寸为“宽 298，高 286”，如图 2－4 所示。

步骤4：将画布的尺寸修改为“宽 298，高 286”，如图 2－5 所示。

步骤5：按键盘的 Ctrl + K 组合键调出“对齐”对话框，设置 001 素材相对于舞台垂直居中、水平居中，如图 2－6 所示。

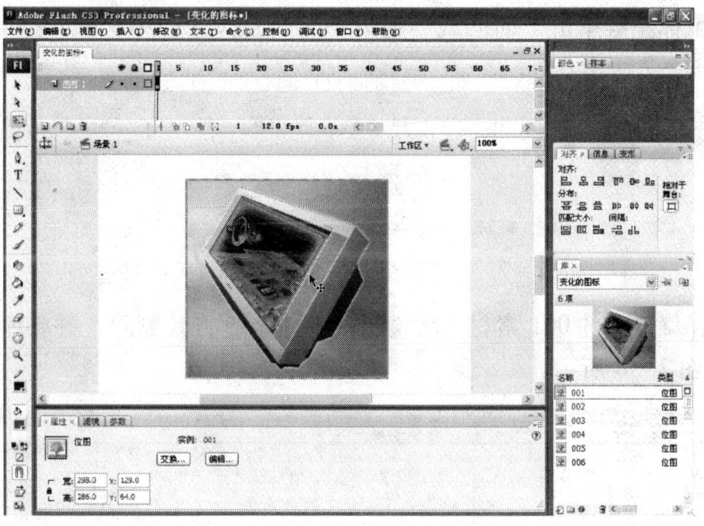

图 2 - 4　查看素材的尺寸

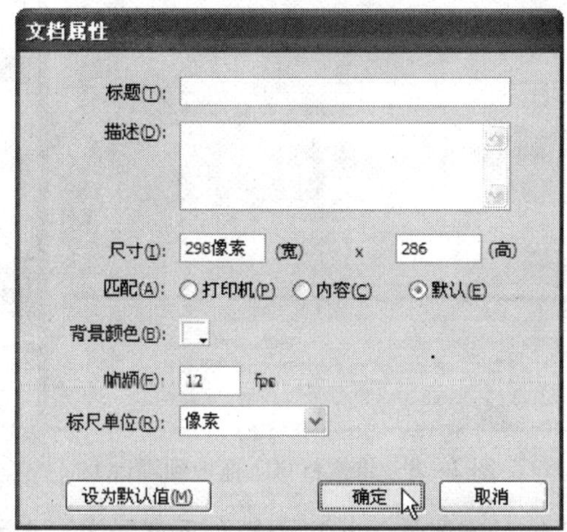

图 2 - 5　修改画布尺寸

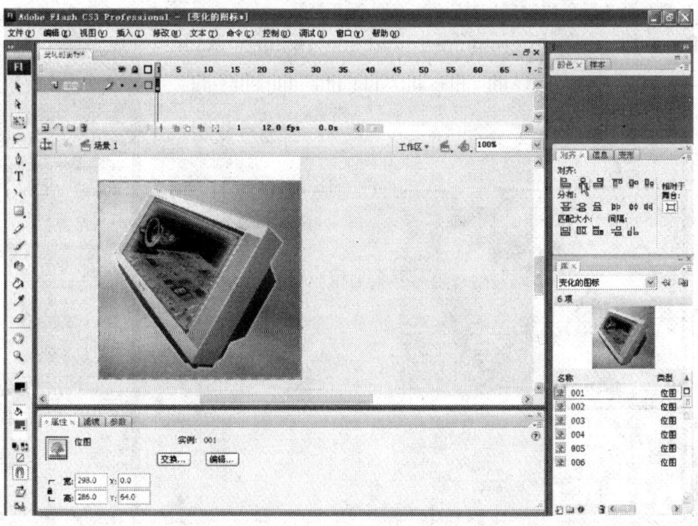

图 2 - 6　设置 001 素材的对齐属性

步骤6：用鼠标左键单击“时间线”窗口中“图层1”的第3帧，并按键盘的F6键插入关键帧，如图2-7所示。

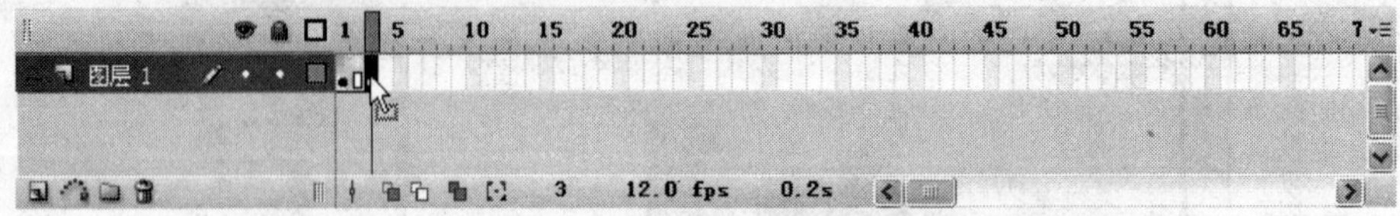

图2-7　在“图层1”第3帧处插入关键帧

步骤7：选择舞台上的001素材，按键盘的Delete键将其删除，并将库中的002素材拖拽到舞台上，如图2-8所示。

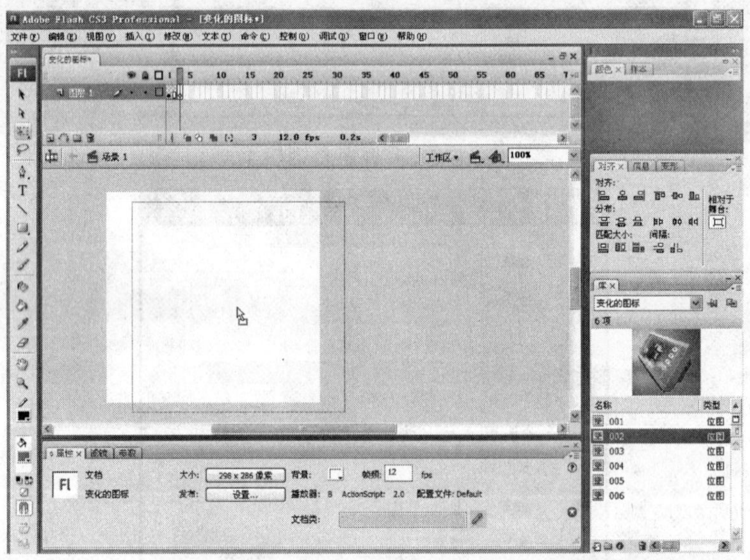

图2-8　将素材002拖拽到舞台上

步骤8：设置素材002的对齐属性为相对于舞台垂直居中、水平居中，如图2-9所示。

图2-9　设置素材002的对齐属性

步骤9：选择“时间线”窗口中“图层1”的第6帧，并按键盘的F6键插入关键帧，如图2－10所示。

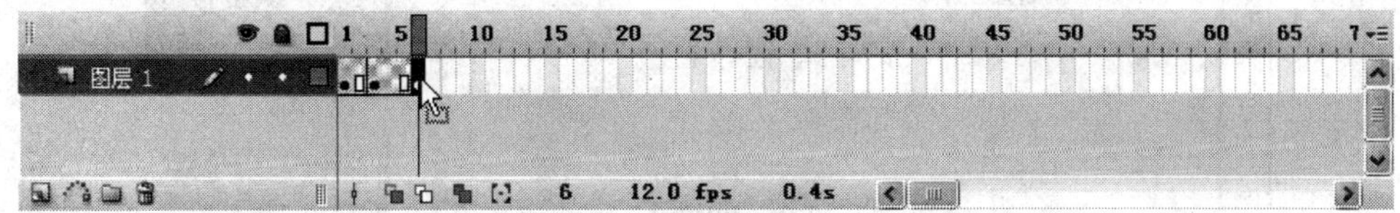

图2－10　在“图层1”第6帧处插入关键帧

步骤10：将舞台中的002素材删除，并将“库”面板中的003素材拖拽到舞台中，同样设置其对齐属性为相对于舞台水平居中、垂直居中，如图2－11所示。

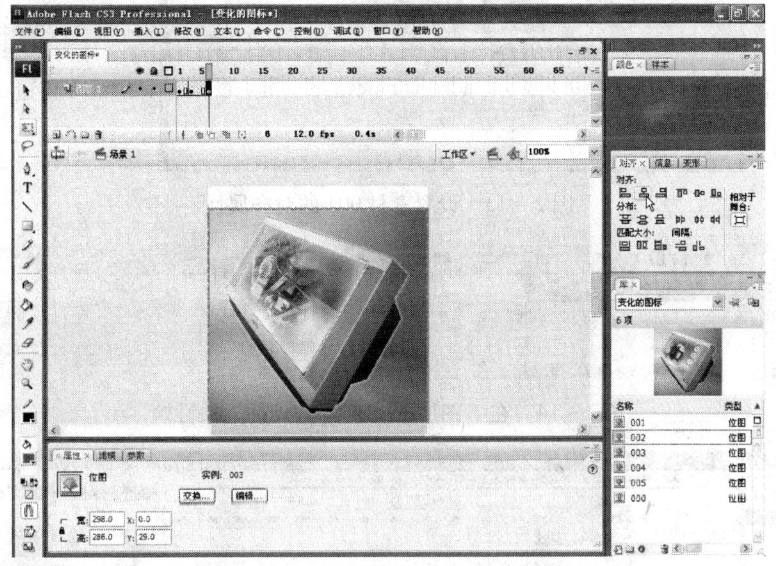

图2－11　设置素材003的对齐属性

步骤11：选择“时间线”窗口中“图层1”的第9帧，并按键盘的F6键插入关键帧，如图2－12所示。

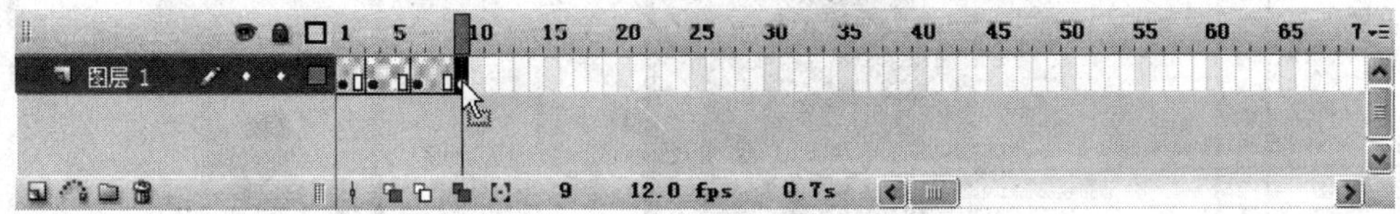

图2－12　在“图层1”第9帧处插入关键帧

步骤12：选择舞台中的素材003，并将其删除。将“库”面板中的004素材拖拽到舞台中，同样，设置它的对齐属性为相对于舞台水平居中、垂直居中，如图2－13所示。

步骤13：选择“时间线”窗口中“图层1”的第12帧，并按键盘的F6键插入关键帧，如图2－14所示。

步骤14：删除舞台中的素材004，将“库”面板中的素材005拖拽到舞台上，并设置其对齐属性为相对于舞台水平居中、垂直居中，如图2－15所示。

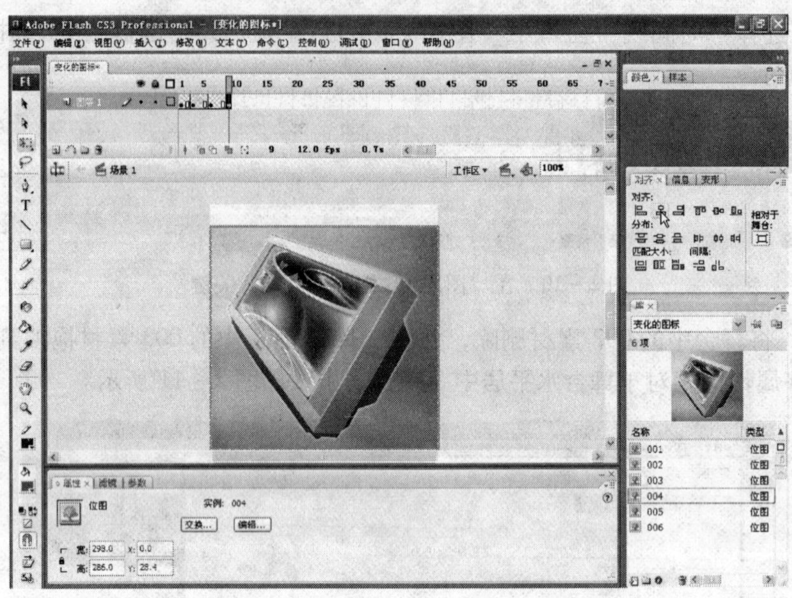

图 2 – 13　设置素材 004 的对齐属性

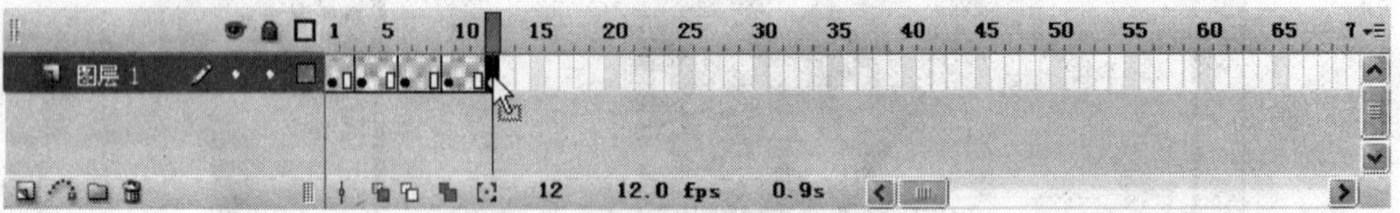

图 2 – 14　在“图层 1”第 12 帧处插入关键帧

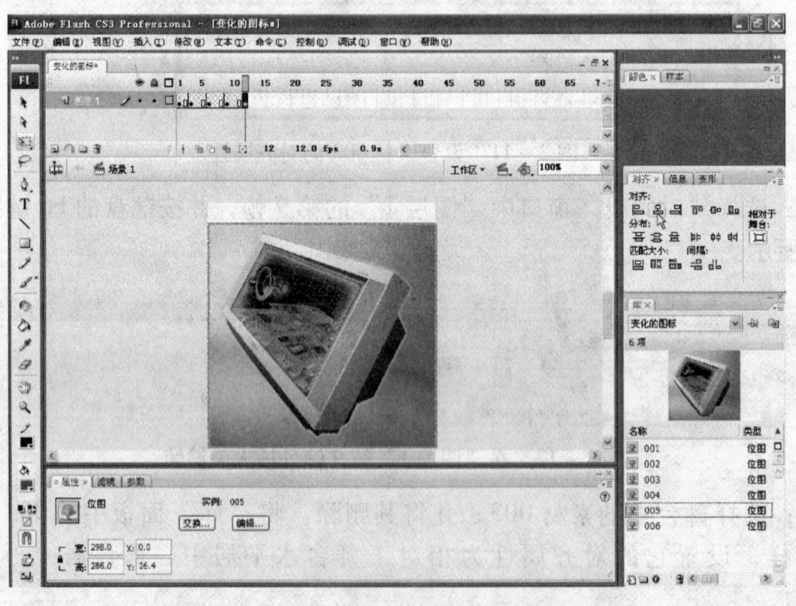

图 2 – 15　设置素材 005 的对齐属性

步骤 15：选择“时间线”窗口中“图层 1”的第 14 帧，并按键盘的 F6 键插入关键帧，如图 2 – 16 所示。

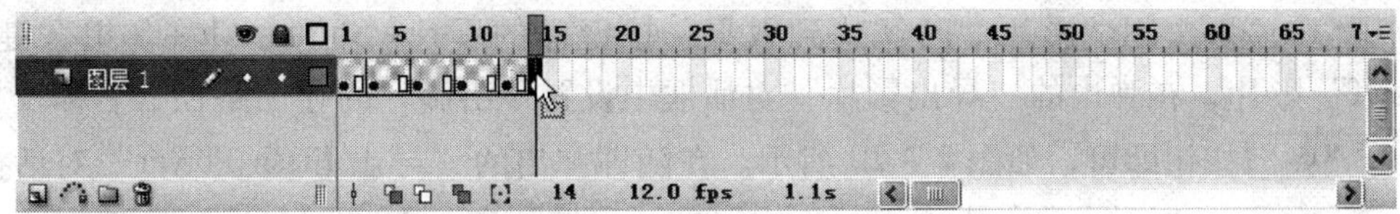

图 2－16　在"图层 1"第 14 帧处插入关键帧

步骤 16：删除舞台上的素材 005，将"库"面板中的素材 006 拖拽到舞台上，并设置其对齐属性为相对于舞台水平居中、垂直居中，如图 2－17 所示。

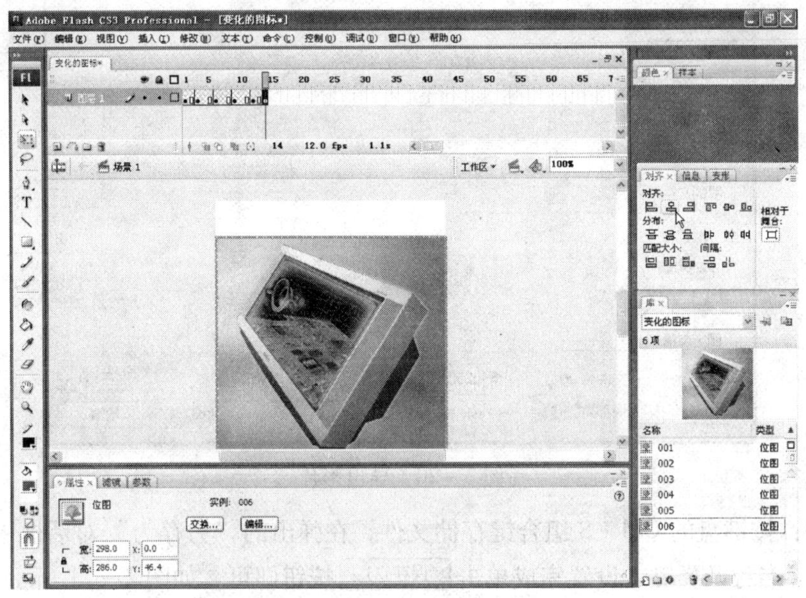

图 2－17　设置素材 006 的对齐属性

步骤 17：在"时间线"窗口中"图层 1"的第 16 帧处按键盘的 F6 键插入关键帧，如图 2－18 所示。

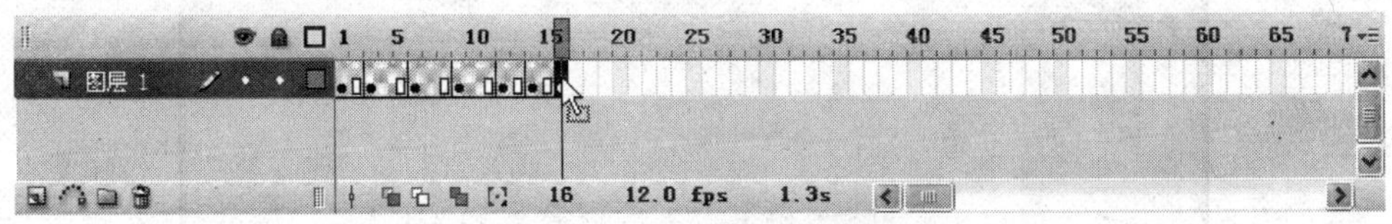

图 2－18　在"图层 1"第 16 帧处插入关键帧

步骤 18：按键盘的 Ctrl + Enter 组合键测试影片，发现影片最后的抖动效果并不理想，需要进一步调整。删除第 16 帧中舞台上的素材 006，并将"库"面板中的素材 005 拖拽到舞台中，并设置其对齐属性为相对于舞台水平居中、垂直居中。再在"时间线"窗口中"图层 1"的第 18 帧处插入关键帧，如图 2－19 所示。

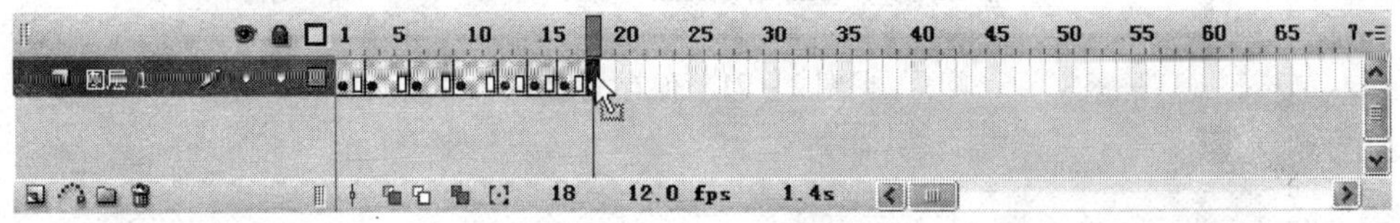

图 2－19　在"图层 1"第 18 帧处插入关键帧

步骤19：再次测试影片，已经达到效果。按键盘的Ctrl + Shift + Alt + S组合键导出“*.swf”影片，在弹出的“导出影片”对话框中设置导出影片的存储路径、名称及类型，单击 保存(S) 按钮即可，如图2－20所示。在随即弹出的“导出Flash Player”对话框中，按其默认设置，单击 确定 按钮即可导出影片。

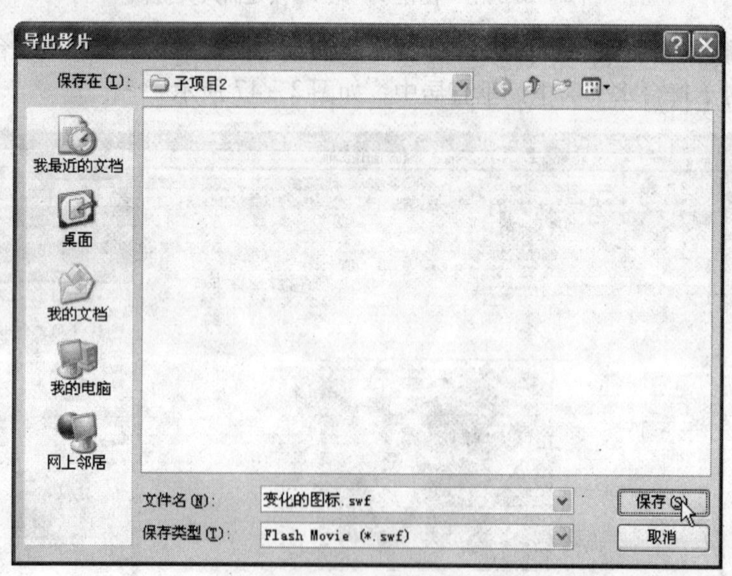

图2－20 导出影片

步骤20：按键盘的Ctrl + S组合键存储文件，在弹出的“另存为”对话框中，设置文件的存储路径、名称及类型，设置完成单击 保存(S) 按钮即可，如图2－21所示。

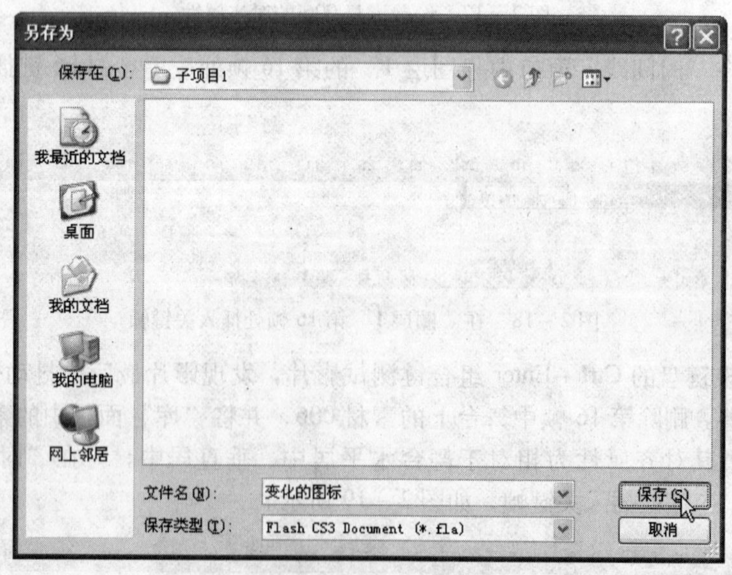

图2－21 保存文件

子项目2　制作逐帧动画

实训目的：

掌握 Flash CS3 制作逐帧动画的基本方法，通过逐帧动画与位移动画的结合应用，了解动画的基本产生过程。同时对 Flash CS3 中的层概念有更深一步的认识。

项目实例：

在许多动画作品中，都可以看到人物或动物走动的动画效果，下面，我们就制作一个人物行走的动画实例。

项目要求：

该项目可以作为动画作品直接输出或播放。如图 2－22 所示是为人物行走设计的背景图像，人物要在该背景下实现行走的动作过程。另外，为使动画内容更加丰富，还可以添加一些汽车等其他道具。

图 2－22　人物行走动画的背景示意图

项目分析：

这是一个纯动画作品。从技术角度分析，人物行走的过程实际上可以分解为两大部分，一部分就是先由人物行走的关键帧动作形成人物行走动作的动态效果；另一部分是在该行走动作的基础上通过位置移动而实现人物行走的动态过程。总的来说，该动画既包括逐帧动画也包括位移动画。

制作步骤：

步骤 1：启动 Flash CS3 程序，进入编辑界面。如图 2－23 所示，单击菜单栏上的“修改”选项，并在弹出的下拉列表中单击“文档”命令选项。

步骤 2：在弹出的“文档属性”对话框中设置尺寸为 640 × 480 像素，帧频为 7fps，如图 2－24 所示。

步骤 3：设置完毕，单击 确定 按钮，如图 2－25 所示，单击菜单栏上的“插入”选项，并在弹出的下拉列表中选择“新建元件”命令选项。

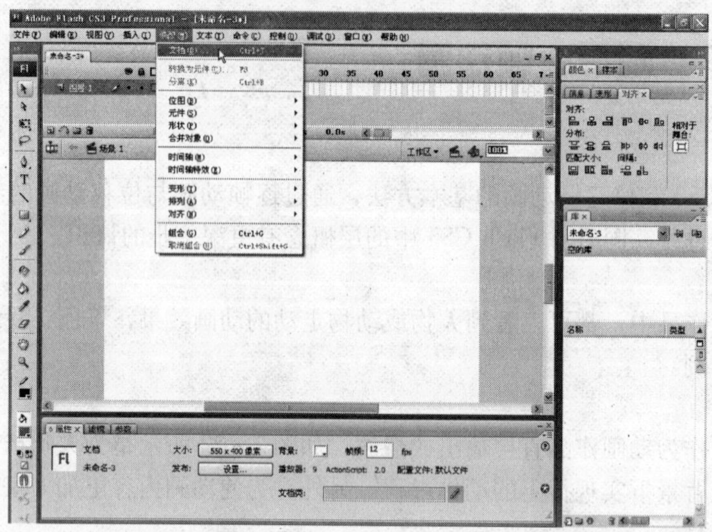

图 2－23　执行“修改”选项中的“文档”命令选项

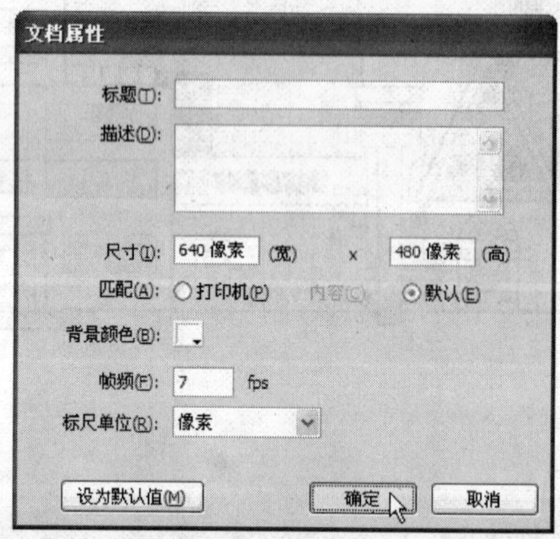

图 2－24　“文档属性”对话框

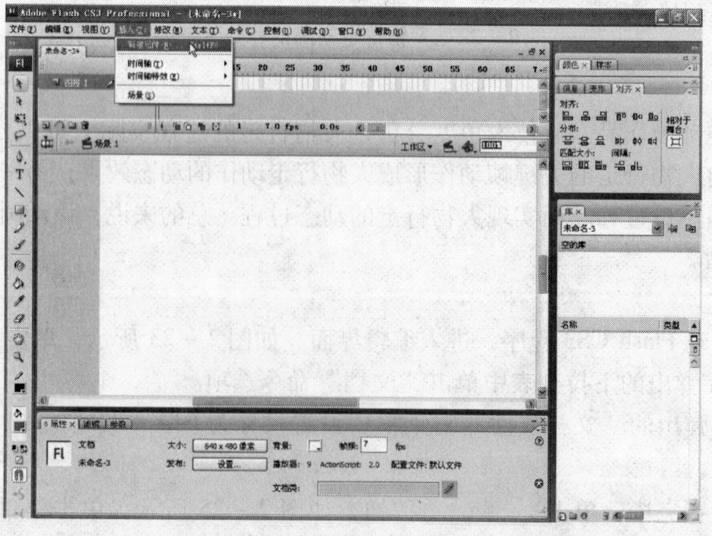

图 2－25　执行“插入”选项中的“新建元件”命令选项

步骤4：在弹出的“创建新元件”对话框中，设置“类型”为“影片剪辑”，并在“名称”输入框中输入“人物行走”，如图2-26所示。设置完毕单击 确定 按钮。

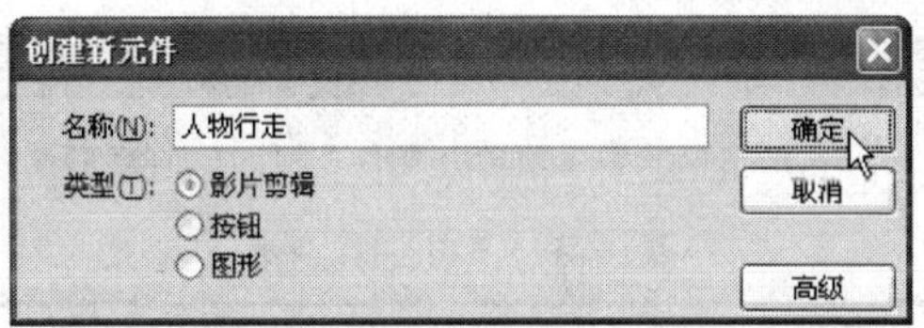

图2-26　创建名为“人物行走”的影片剪辑

步骤5：此时，程序主编辑界面切换至“人物行走”编辑窗口，如图2-27所示，单击菜单栏“文件”选项，并在弹出的列表中选择“导入→导入到舞台”命令选项。

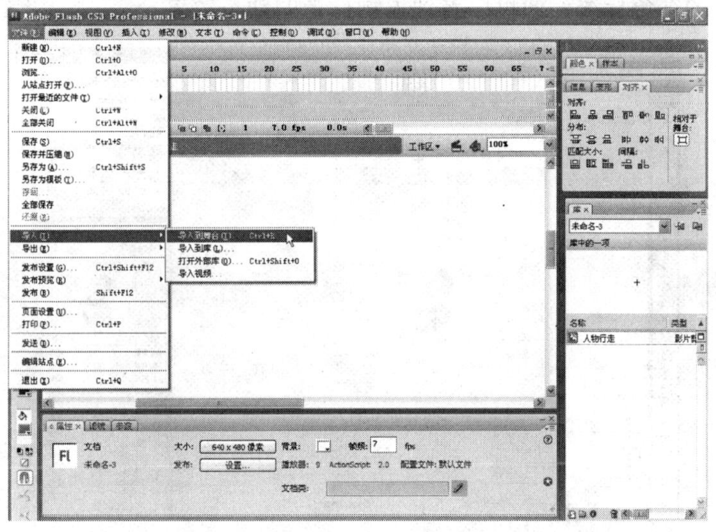

图2-27　执行“导入到舞台”命令选项

步骤6：程序随即弹出“导入”对话框，打开存储动画素材的文件夹，如图2-28所示，先用鼠标单击选中“行走001.PNG”图像文件，然后单击 打开(O) 按钮。

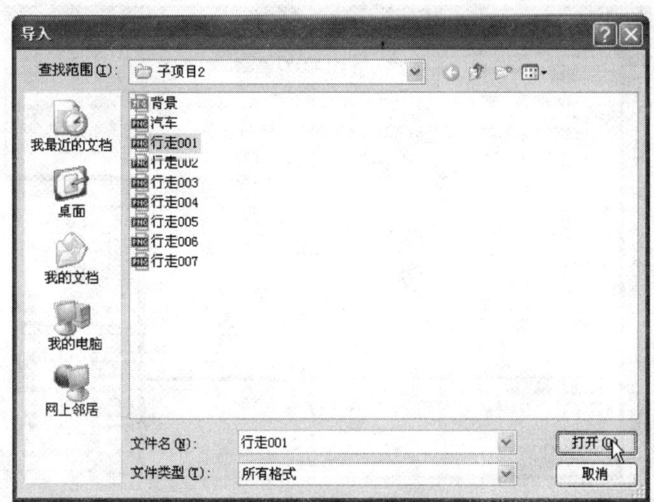

图2-28　打开“行走001.PNG”图像文件

步骤7：单击［打开(O)］按钮后，由于"行走001.PNG"图像文件是"行走"系列图片中的一张，因此，Flash会询问是否将一系列图像导入到舞台，如图2－29所示，单击［是(Y)］按钮。

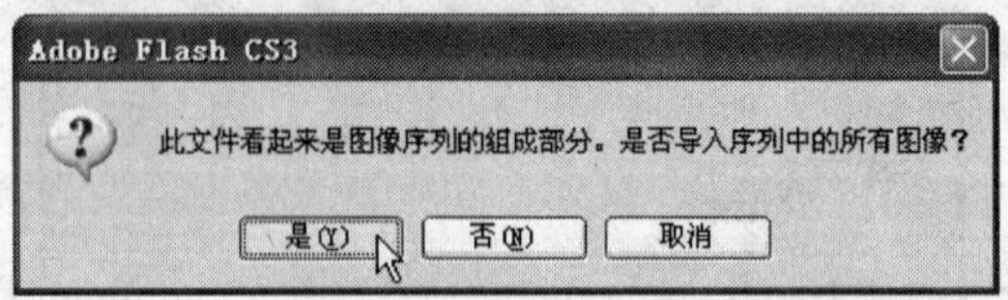

图2－29　是否导入系列图像对话框

步骤8：单击［是(Y)］按钮后，如图2－30所示为7个行走动作关键帧导入完成的效果。可以看到"时间线"窗口有7个关键帧，每一个关键帧即对应一个动作图像。如果此时拖动时间轴上的红色标线，便可以看到人物行走的动态效果。

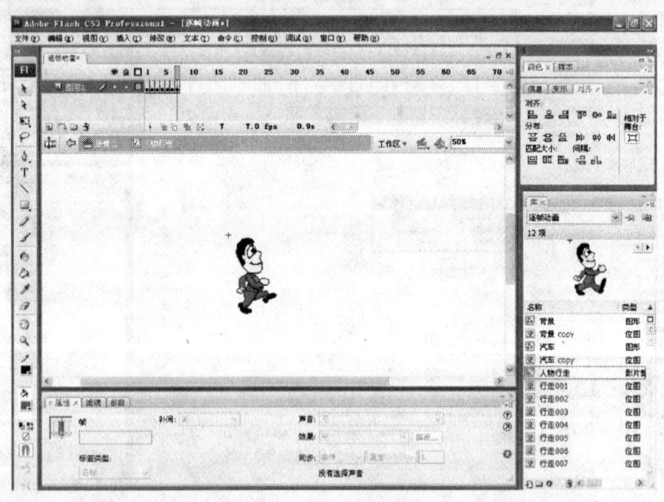

图2－30　7个动作关键帧导入后的效果

步骤9：人物行走的动态过程编辑好后，单击菜单栏上的"插入"选项，如图2－31所示，在弹出的下拉列表中再次选择"新建元件"命令选项。

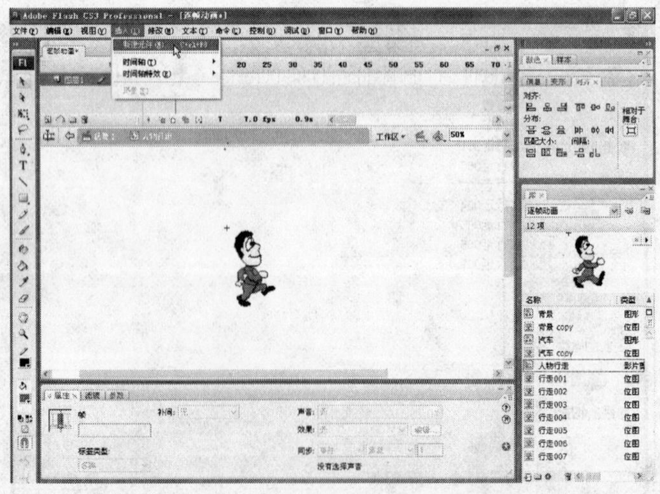

图2－31　执行"插入"选项中的"新建元件"命令选项

步骤 10：在弹出的“创建新元件”对话框中输入“名称”为“背景”，然后将“类型”设置为“图形”。具体设置如图 2－32 所示，设置好后单击 确定 按钮。

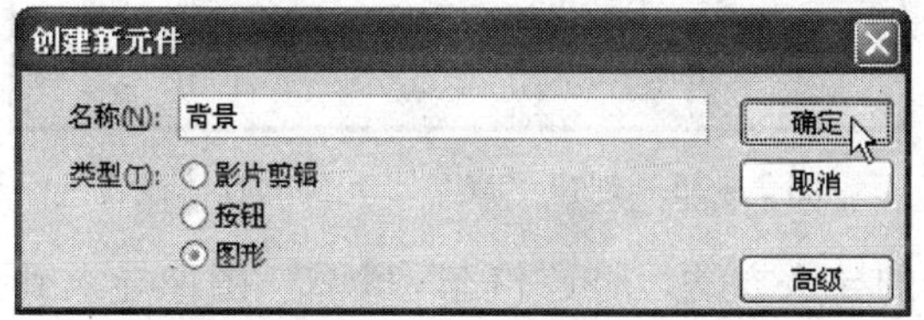

图 2－32　创建“背景”元件的具体设置

步骤 11：由于元件的名称与导入的素材的名字相同，因此会弹出对话框询问是否替换元件，如图 2－33 所示。选择上面一个选项即可。

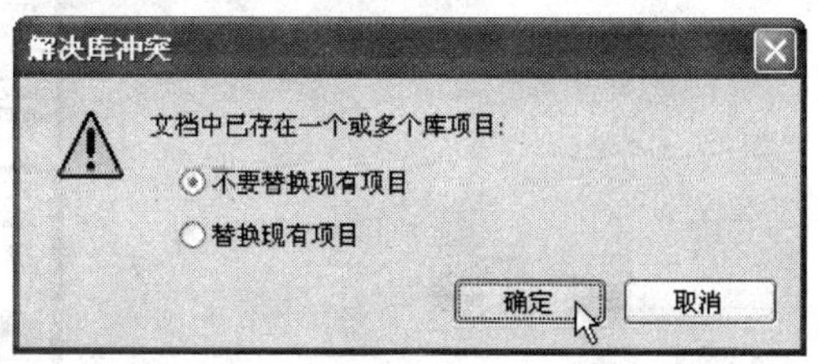

图 2－33　提示对话框

步骤 12：此时，程序主编辑界面切换至“背景”编辑窗口，按第 5 步的操作方法，执行导入命令，将“背景 . jpg”图像文件导入到当前编辑窗口中，如图 2－34 为导入后的效果。

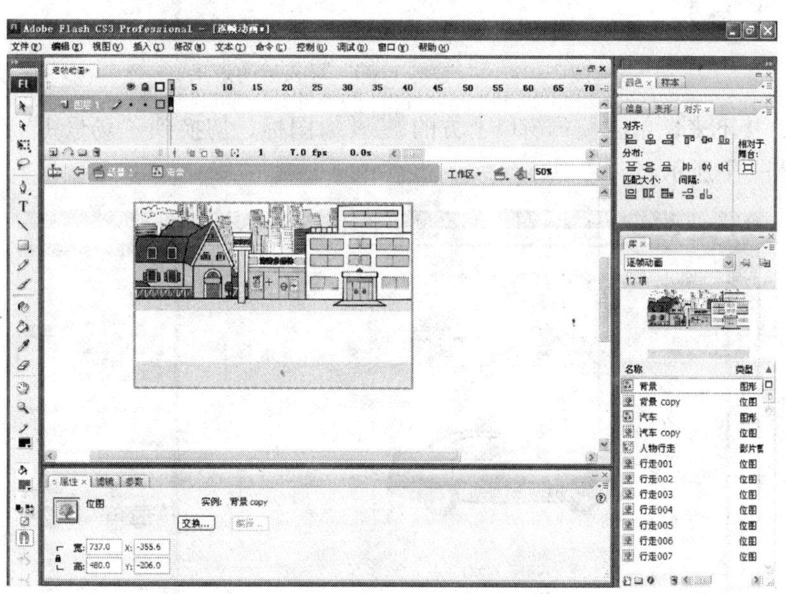

图 2－34　“背景 . jpg”图像导入后的效果

步骤 13：“背景”元件编辑完成，再次执行“新建元件”命令操作，在弹出的“创建新元件”对话框中输入“名称”为“汽车”，“类型”设置为“图形”。具体设置如图 2－35 所示，设置好后单击 确定 按钮。

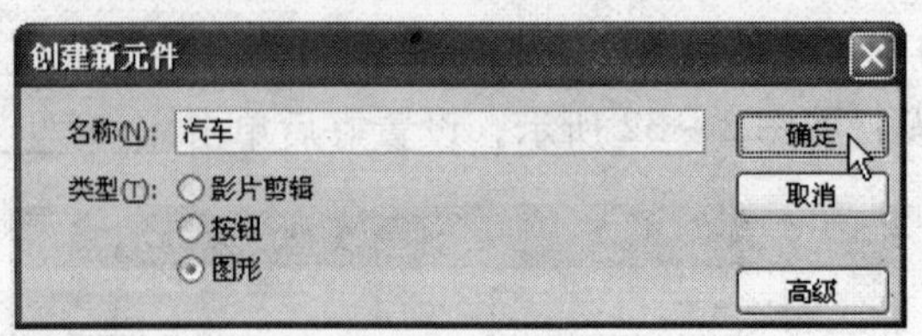

图 2－35　创建“汽车”元件的具体设置

步骤 14：按第 5 步的导入方法，将“汽车 . PNG”图像导入到当前的“汽车”编辑窗口中，如图 2－36 所示为导入后的效果。

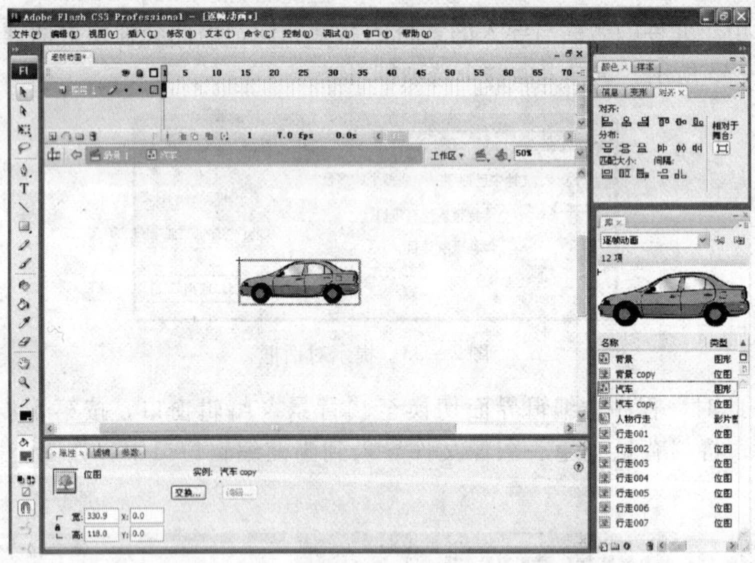

图 2－36　“汽车 . PNG”导入后的效果

步骤 15：接下来，单击编辑窗口上方的 场景 1 图标，切换到“场景 1”编辑窗口。具体操作如图 2－37 所示。

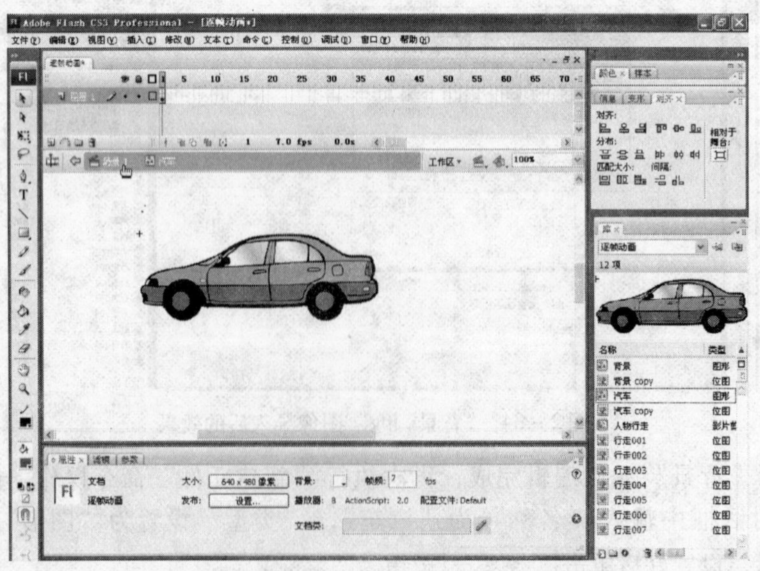

图 2－37　将程序切换至“Scene 1”编辑窗口

步骤16：在“场景1”编辑窗口中，选择菜单栏上的“窗口”选项，如图2-38所示，并在弹出的下拉列表中选择“库”命令选项（或直接按键盘的F11键）。

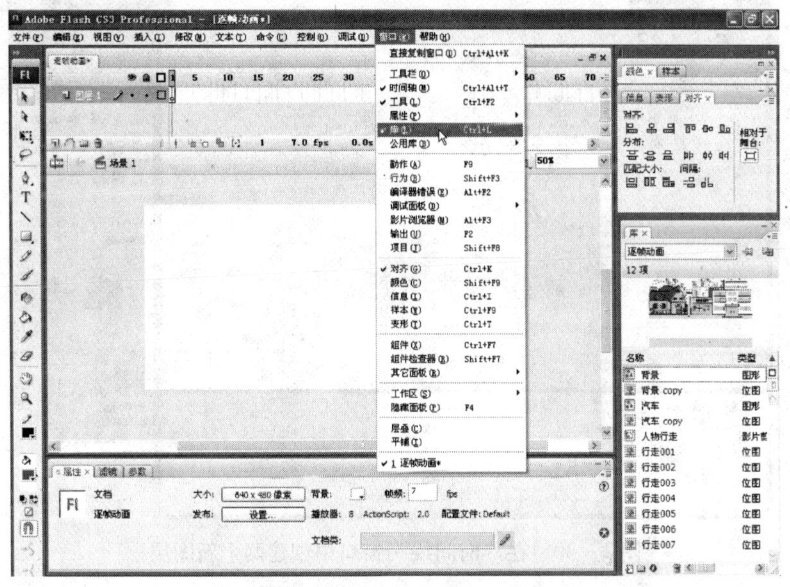

图2-38 执行“窗口”选项中的“库”命令选项

步骤17：随即，在程序界面中弹出“库”面板，如图2-39所示，先前创建的“背景”、“汽车”及“人物行走”元件都位于该面板中。

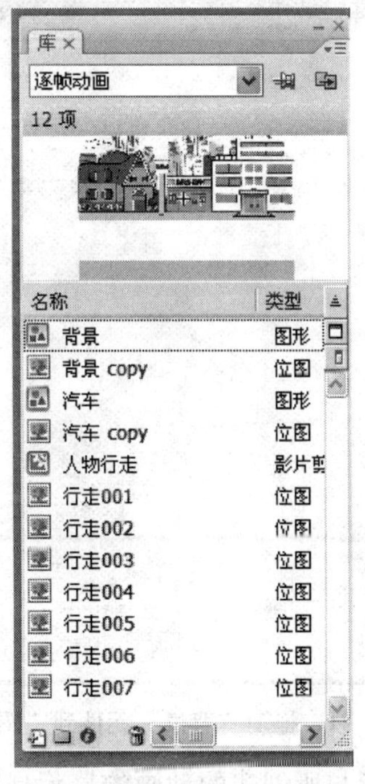

图2-39 “库”面板

步骤18：在调用“库”面板中的元件之前，将鼠标移至“时间线”窗口，单击两次图标，如图2-40所示，在“时间线”窗口中就新增了两个图层——“图层2”和“图层3”。

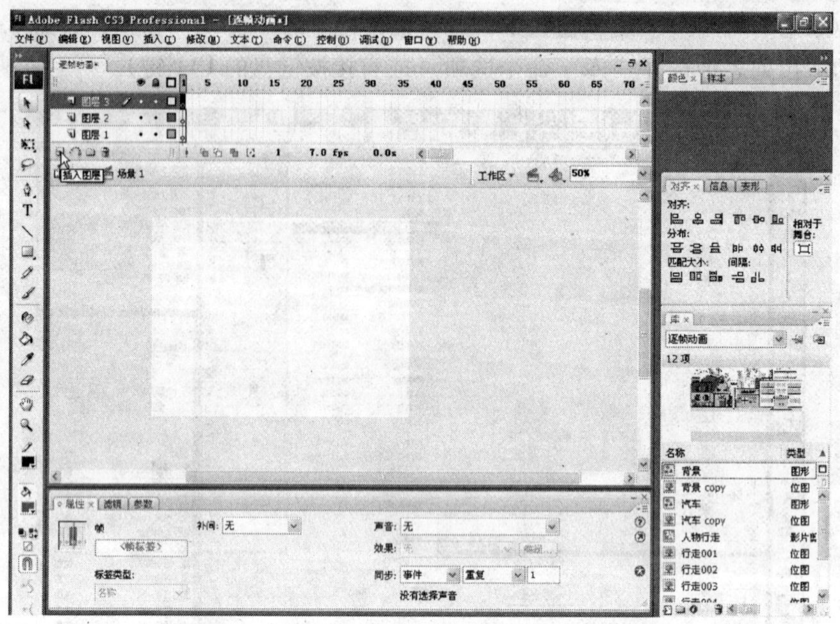

图2-40 在“时间线”窗口中创建两个新图层

步骤19：单击 图层1 ，使“图层1”处于当前选中状态，然后，将鼠标移至“库”面板，单击选择“背景”元件后，按左键并拖动鼠标，将“背景”元件直接拖动到当前编辑窗口中，如图2-41所示。

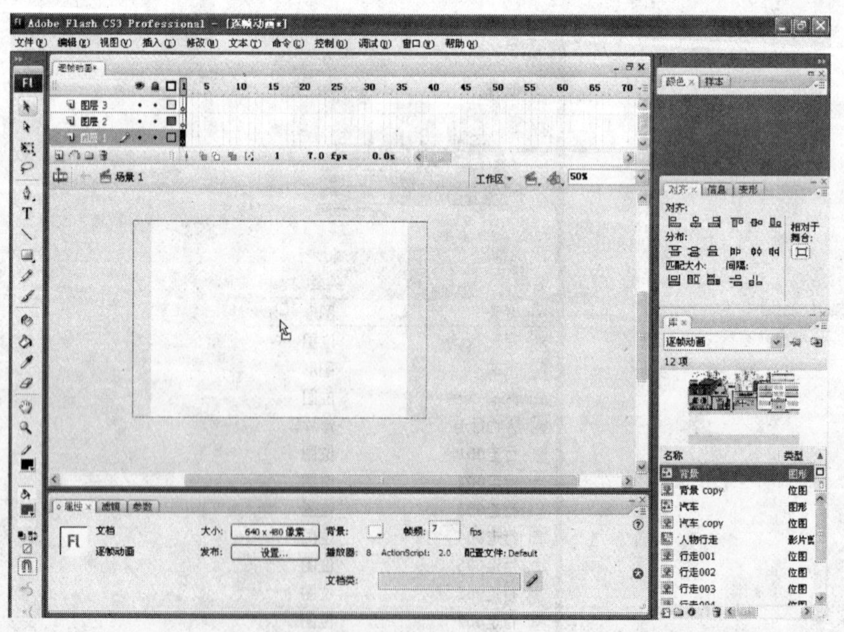

图2-41 拖动“背景”元件到“图层1”

步骤20：由于“背景”图形与所创建的动画的显示高度相等，而宽度尺寸比动画显示宽度要宽，因此，使用工具面板上的 箭头工具选项对“背景”图形进行拖动，使图形的高度与动画显示尺寸对应，而图形的左端与动画左侧的显示边界对齐，效果如图2-42所示。

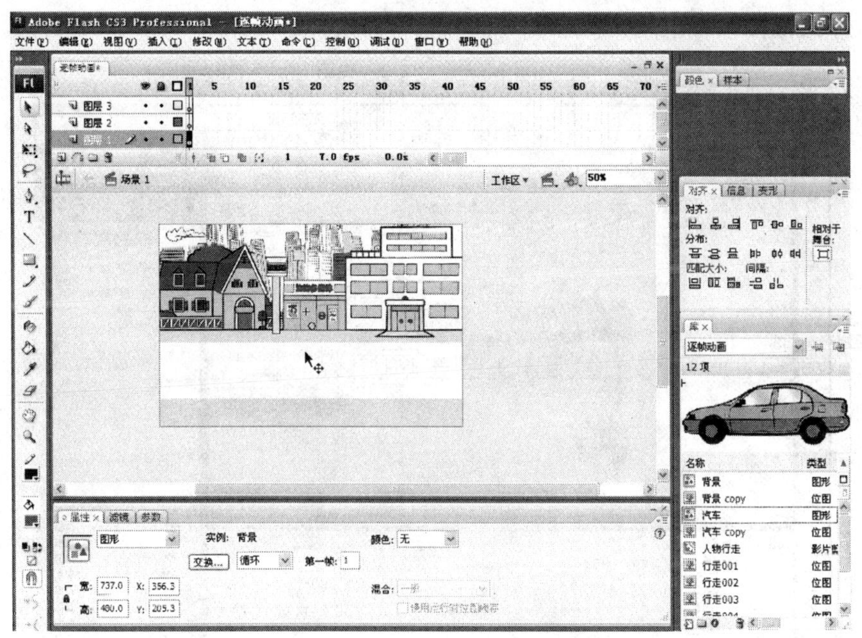

图 2－42　调整“背景”图形的初始位置

步骤21：将鼠标移至“时间线”窗口，单击 图层 2，使“图层2”为当前选中状态，再从“库”面板中单击选择“汽车”元件，并将其拖动到当前编辑窗口中。应用工具面板上的箭头工具将“汽车”拖动到画面右侧的适当位置，具体效果如图2－43所示。

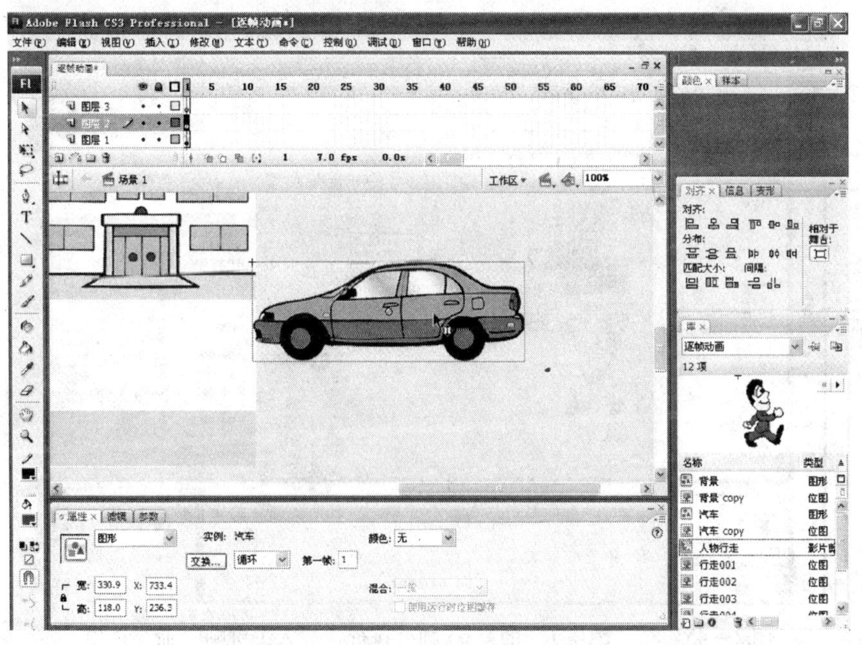

图 2－43　拖动“汽车”元件到适当位置

步骤22：最后，再移动鼠标至“时间线”窗口，单击 图层 3，使“图层3”处于选中状态，选中“库”面板中的“人物行走”元件，并将其拖动到当前编辑窗口中。再通过“工具”面板提供的箭头工具将“人物行走”元件拖动到画面左侧的适当位置，具体效果如图 2－44 所示。

图 2－44 拖动“人物行走”元件到适当位置

步骤 23：所有元件都添加到相应的图层后，下面就要进行动画的关键帧设置了。首先，用鼠标在“时间线”窗口“图层 1”的第 65 帧处单击鼠标右键，如图 2－45 所示，在弹出的选项列表中选择“插入关键帧”命令选项。

图 2－45 在“图层 1”的第 65 帧处执行“插入关键帧”命令选项

步骤 24：此时，编辑窗口中只有“背景”元件可以看到，在按住键盘 Shift 键的同时，通过 ↖ 箭头工具将“背景”图形水平向左移动，直至它的右端与动画右侧的显示边界对齐，具体效果如图 2－46 所示。

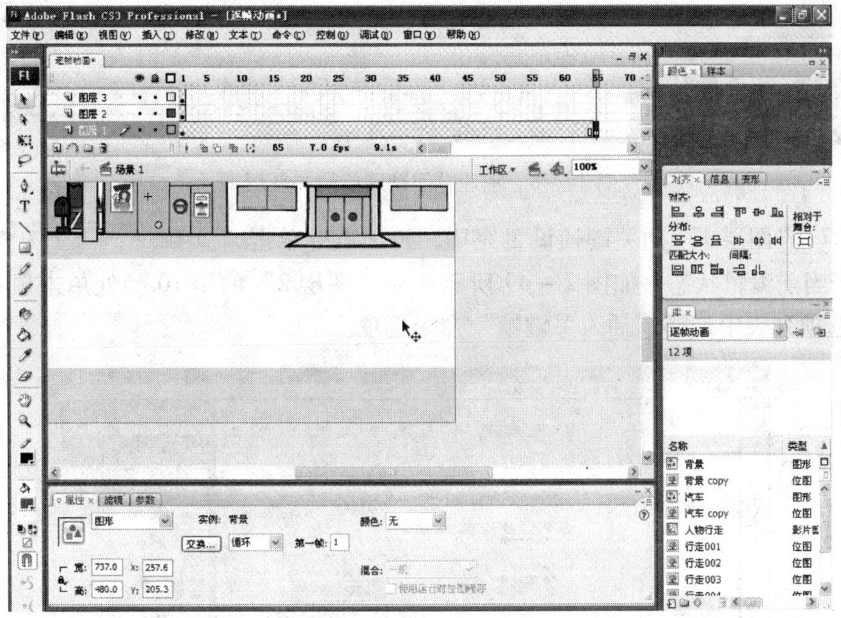

图 2－46　“背景”移动的最终效果

步骤 25：然后，将鼠标移至“时间线”窗口“图层 1”的第 1 帧与第 65 帧之间的任意位置，如图 2－47 所示，单击鼠标右键，在弹出的选项列表中选择“创建补间动画”命令选项。

图 2－47　为“图层 1”创建补间动画

步骤 26：如图 2－48 所示，创建补间动画后，可以看到在“图层 1”的时间轴上出现了一条带箭头的实线，它起于第 1 帧一直指向第 65 帧。

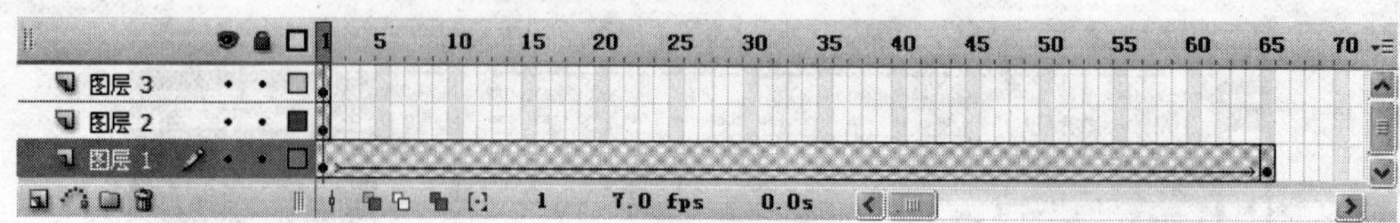

图 2－48 创建补间动画后的“图层 1”

步骤 27：“图层 1”的关键帧设置完毕，再用鼠标单击 图层 2，使“图层 2”处于当前编辑状态，如图 2－49 所示，在“图层 2”的第 10 帧处单击鼠标右键，并在弹出的选项列表中选择“插入关键帧”命令选项。

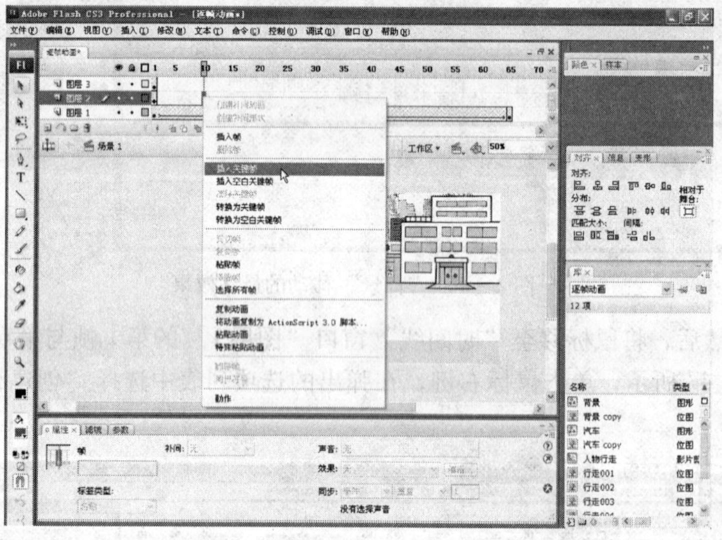

图 2－49 在“图层 2”的第 10 帧处执行“插入关键帧”命令选项

步骤 28：然后，再将鼠标移至“图层 2”的第 50 帧处，如图 2－50 所示，单击鼠标右键，并在弹出的选项列表中选择“插入关键帧”命令选项。

图 2－50 在“图层 2”的第 50 帧处执行“插入关键帧”命令选项

步骤 29：对“图层 2”关键帧的设置与对“背景”元件的编辑操作类似，选中编辑窗口中的“汽车”元件，并将其拖动至动画左侧显示边界之外，如图 2 – 51 所示。移动时注意一定要确保“汽车”在水平方向上移动。该部分设置主要是要实现在第 11 帧时，汽车从画面的右侧“驶入”，然后一直向左行驶，直至第 50 帧，汽车“行驶”出画面。

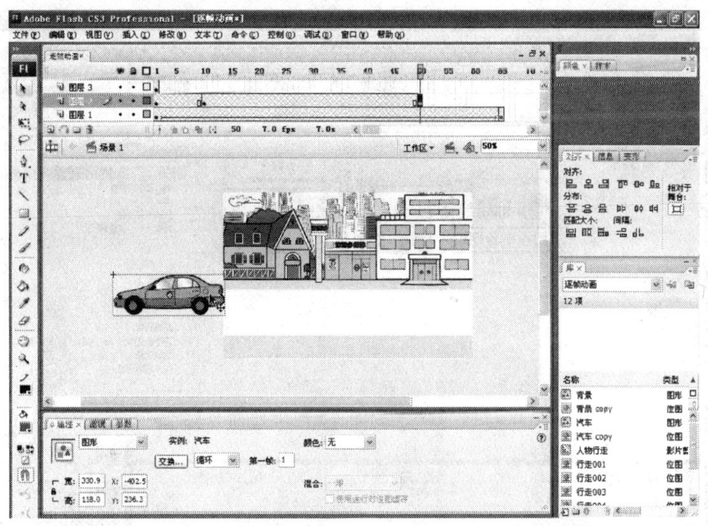

图 2 – 51　对“汽车”元件的移动操作效果

步骤 30：对“汽车”的移动操作完成后，将鼠标移至“图层 2”的第 10 帧与第 50 帧之间，单击鼠标右键，如图 2 – 52 所示，在弹出的选项列表中单击选择“创建补间动画”命令选项。

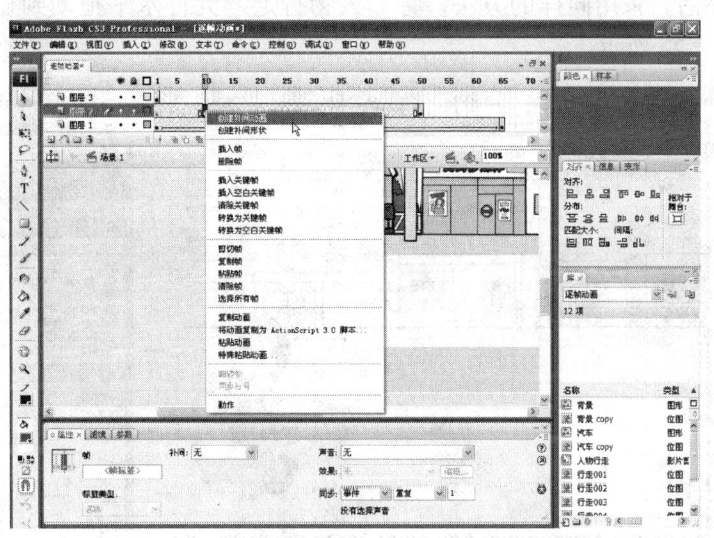

图 2 – 52　为“图层 2”创建补间动画

步骤 31：如图 2 – 53 所示，为“图层 2”创建补间动画后的效果。

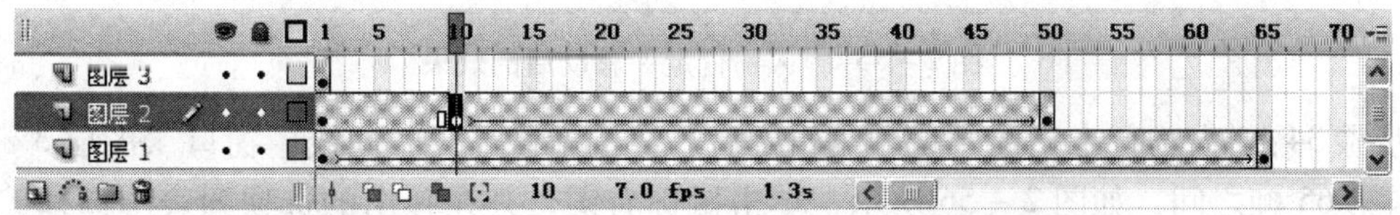

图 2 – 53　“图层 2”创建补间动画后的效果

步骤 32：接下来，单击 图层 3 • • □，使“图层 3”处于当前选中状态，如图 2－54 所示，在“图层 3”的第 65 帧处单击鼠标右键，并在弹出的选项列表中单击选择“插入关键帧”命令选项。

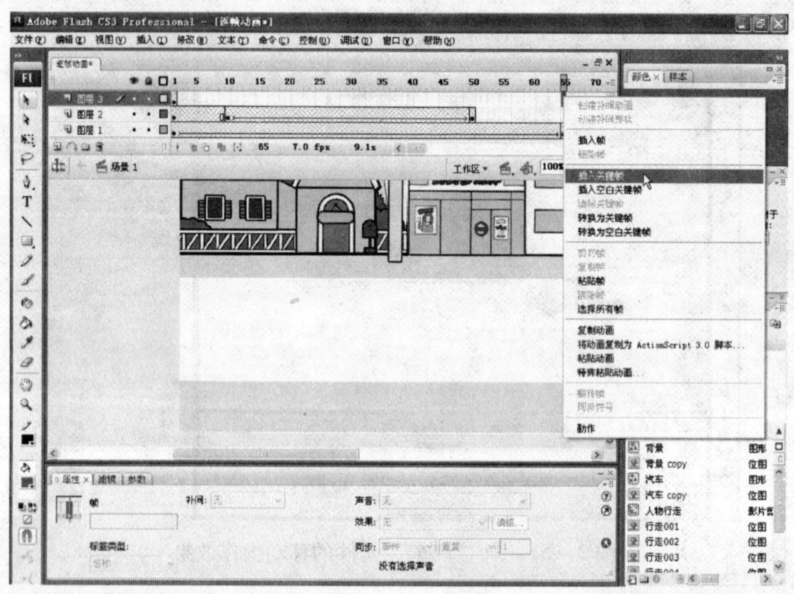

图 2－54　在“图层 3”的第 65 帧处执行“插入关键帧”命令选项

步骤 33：然后，采用同样的方法，将“人物行走”元件水平拖动到显示画面的右侧，具体效果如图 2－55 所示。

图 2－55　“人物行走”移动后的效果

步骤 34：“人物行走”的关键帧编辑好后，将鼠标移至“时间线”窗口“图层 3”的第 1 帧与第 65 帧之间，如图 2－56 所示，单击鼠标右键，并在弹出的选项列表中选择“创建补间动画”命令选项。

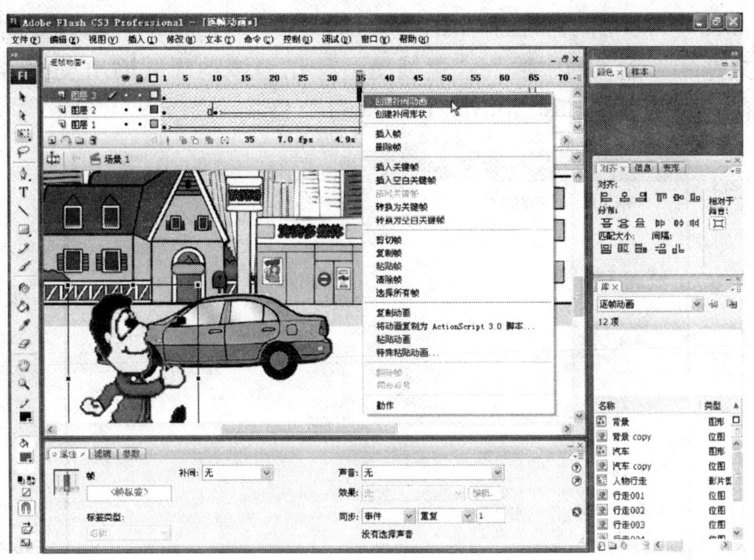

图 2－56　为“图层 3”创建补间动画

步骤 35：至此，动画的编辑就基本完成了。如图 2－57 所示为“时间线”窗口各个图层的最终编辑效果。

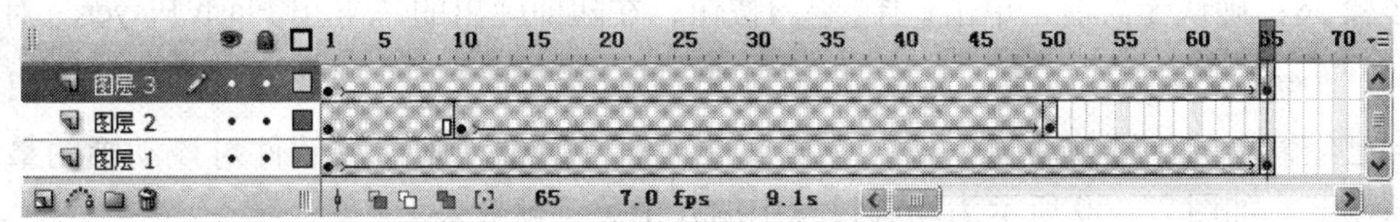

图 2－57　“时间线”窗口各图层的最终编辑效果

步骤 36：按键盘的 Ctrl＋Enter 组合键，观看最终的动画效果，确认满意后，按 Esc 键返回编辑界面，单击菜单栏上的“文件”选项，并从弹出的下拉列表中选择“导出→导出影片”命令选项，如图 2－58 所示。

图 2－58　执行“导出影片”命令选项

步骤 37：如图 2 – 59 所示，在弹出的“导出影片”对话框中，选择好动画最终的输出路径后，在“文件名”输入框中输入“逐帧动画”作为该动画的输出文件名，然后设置导出影片的“保存类型”为“Flash Movie（ * . swf）”格式。

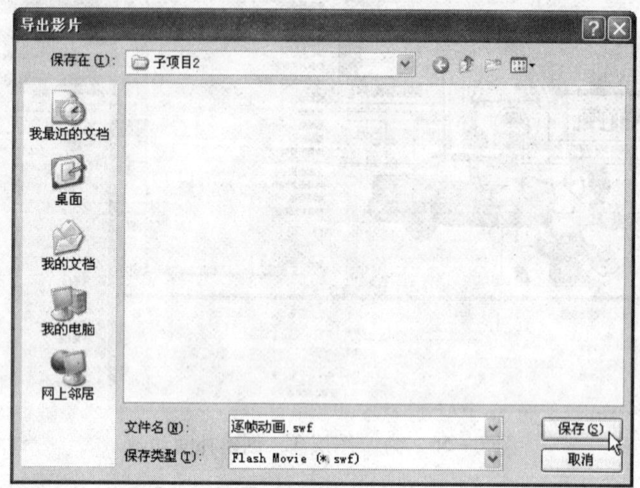

图 2 – 59 “导出影片”对话框

步骤 38：确认无误后，单击 保存(S) 按钮，在随即弹出的“导出 Flash Player”对话框中设置“Jpeg”的品质为 100，然后单击 确定 按钮即可导出影片。从设定的输出路径中找到已经输出的“逐帧动画 . swf”动画文件，即可通过动画播放软件对该动画的最终效果进行浏览。如图 2 – 60 所示为动画过程中的几个关键帧效果。

图 2 – 60 动画过程中的几个关键帧

项目练习：

1. 为某个多媒体课件制作一个表示“退出”含义的动态按钮效果。

2. 制作一个风车转动的动画效果。

3. 为子项目 2 增添一些动画素材，如白云的飘动效果、太阳的闪烁效果、其他车辆或行人的移动效果等。

项目三　文字动画的设计与制作

子项目1　制作“淡入淡出”动画

项目目的：

了解“淡入淡出”文字效果的制作思路以及该动画效果的应用范围。掌握应用 Flash CS3 制作该类型动画的基本制作流程和制作方法。

项目实例：

为一个以电视机为主题的节目或多媒体作品制作一个名为“电视机讲座”的标题动画效果。

项目要求：

如图 3 – 1 所示的是为该动画设计制作的背景效果，“电视机讲座”五个大字会分别从背景电视机的屏幕中飞出，落到界面的中央位置显现，文字在飞入界面中央时，会有一个慢慢显现的过程。当标题文字全部显现在中央位置后，停留一段时间，再依次淡出画面，完成整个动画的效果。

图 3 – 1　背景效果

项目分析：

此动画中不仅有文字的飞入和飞出，更重要的是整个动画过程中还在进行文字自身可见度的变化，即淡入淡出的变化。这就需要在制作时对各文字的自身属性进行调整。

另外，考虑到该类动画效果的应用范围较为广泛，既可以作为动画的片头，也可以作为基本动画素材应用于多媒体作品，因此，动画制作软件要能够提供多种输出方式。

制作步骤：

步骤1：启动Flash CS3程序，单击菜单栏上的“修改”选项，并在弹出的下拉列表中选择“文档”命令选项，如图3-2所示。

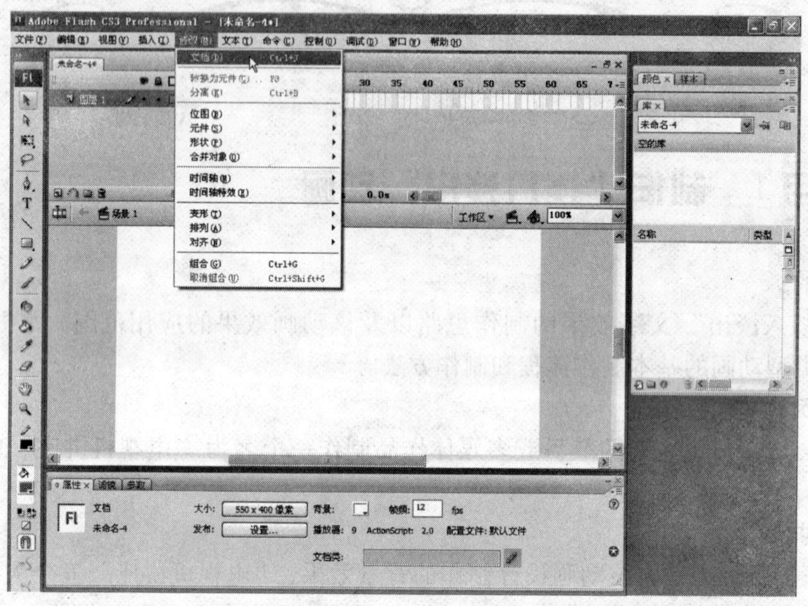

图3-2 执行“修改”选项中的“文档”命令选项

步骤2：在弹出的“文档属性”对话框中设置尺寸为640像素×480像素，帧频为25fps。具体设置如图3-3所示。

文档属性
标题(T):
描述(D):
尺寸(I): 640像素 (宽) x 480像素 (高)
匹配(A): 打印机(P) 内容(C) 默认(E)
背景颜色(B):
帧频(F): 25 fps
标尺单位(R): 像素
设为默认值(M) 确定 取消

图3-3 “文档属性”对话框

步骤3：设置完毕，单击 确定 按钮。然后，单击菜单栏上的“插入”选项，并在弹出的下拉列表中选择“新建元件”命令选项，如图3-4所示。

步骤4：在弹出的“创建新元件”对话框中，选择“类型”为“图形”，并在“名称”输入框中输入“背景”，具体设置如图3-5所示。设置完毕单击 确定 按钮。

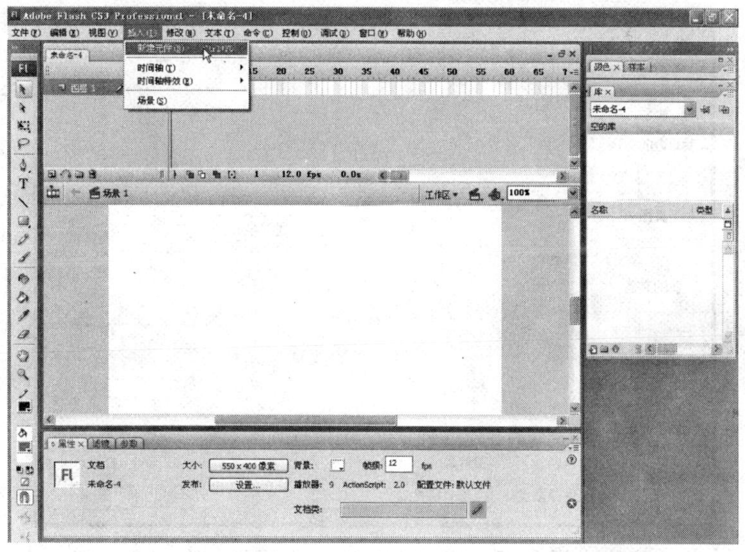

图 3－4　执行“插入”选项中的“新建元件”命令选项

图 3－5　创建名为“背景”的图形元件

步骤 5：此时，程序主编辑界面切换至“背景”编辑窗口，如图 3－6 所示，单击菜单栏“文件”选项，并在弹出的列表中选择“导入→导入到舞台”命令选项。

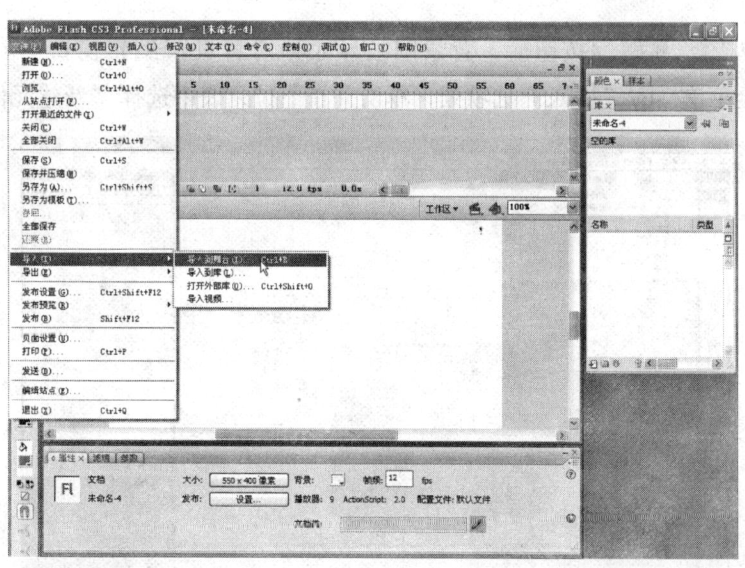

图 3－6　执行“文件”选项中的“导入”命令选项

步骤 6：程序随即弹出“导入”对话框，按照事先设定的存储路径，找到存储背景图像的文件夹，如图 3－7 所示，选中“背景.jpg”图像文件，然后单击 打开(O) 按钮。

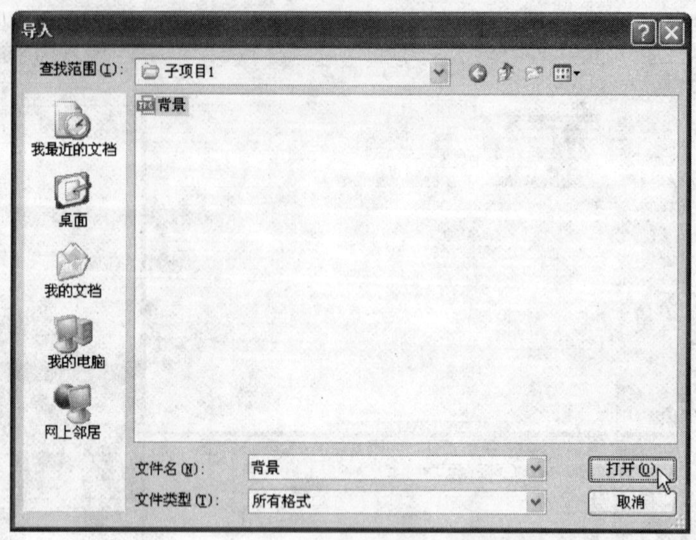

图 3－7　打开“背景.jpg”图像文件

步骤 7：由于元件的名称与导入素材的名字相同，因此会弹出对话框询问是否替换元件，如图 3－8 所示。选择上面一个选项即可。

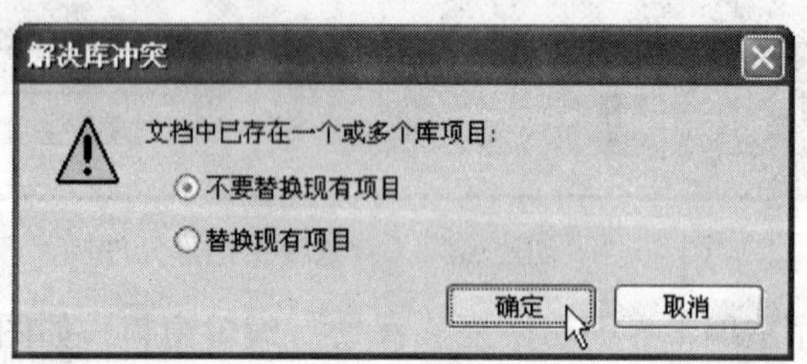

图 3－8　Flash CS3 提示框

步骤 8：单击 确定 按钮后，背景图被导入到“背景”编辑窗口中。如图 3－9 所示，将鼠标移至菜单栏的“插入”选项处，单击并在下拉列表中选择“新建元件”命令选项。

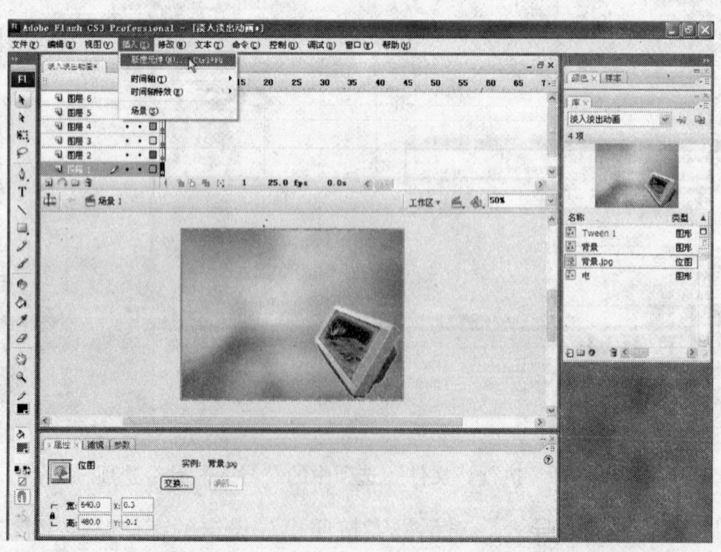

图 3－9　执行“插入”选项中的“新建元件”命令选项

步骤 9：如图 3－10 所示，设置“类型”为“图形”，“名称”为“电”。

图 3－10　创建名为“电”的图形元件

步骤 10：程序主编辑界面切换至“电”元件编辑界面，选择工具面板上的 T 工具，如图 3－11 所示。

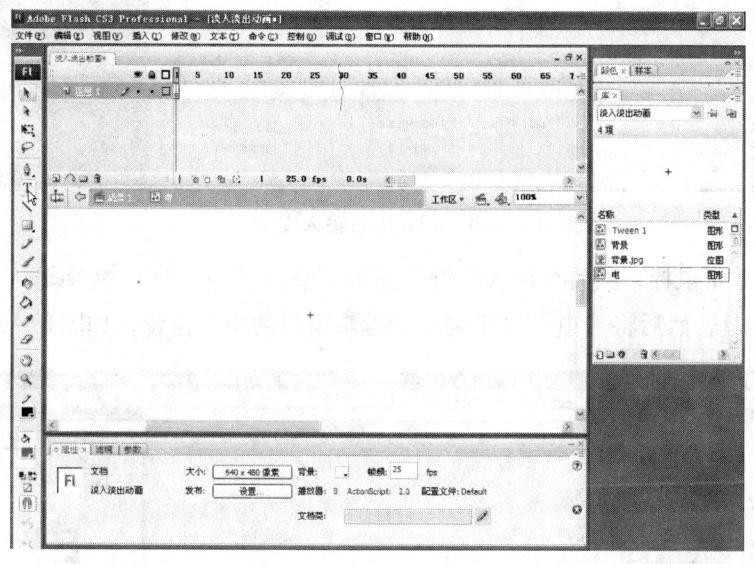

图 3－11　选取 T 工具

步骤 11：通过舞台下方的“属性”设置面板对文字属性进行必要设置，单击 黑体 处的下拉列表按钮，设置字体为“黑体”，并设置 100（字号）为“100”，（颜色）为“红色”，“显示模式”为 B（加粗显示）。具体设置如图 3－12 所示。

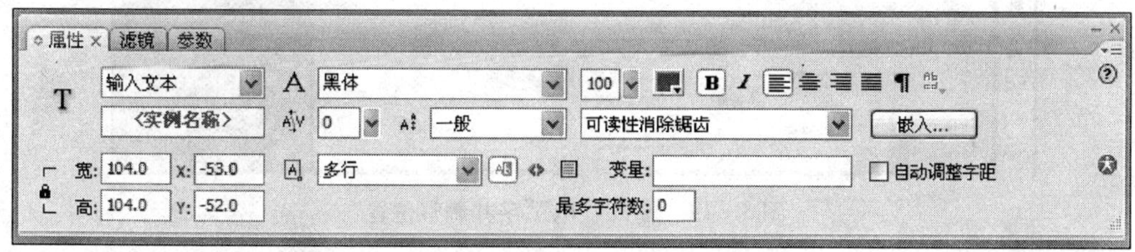

图 3－12　“属性”设置面板

步骤 12：文字属性设置完毕，将鼠标移至编辑窗口的中央位置。如图 3－13 所示，此时鼠标呈 ＋T 状，这表明可以输入文字了。

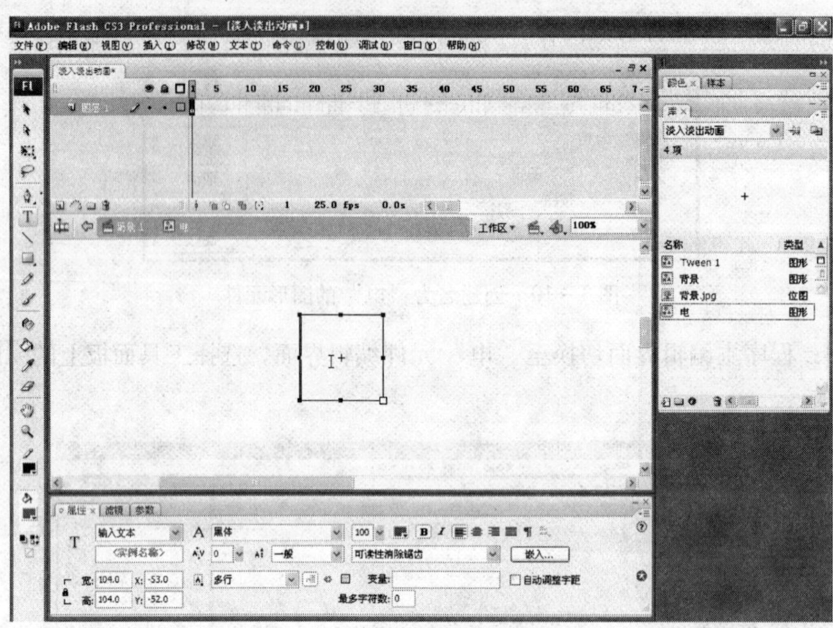

图 3－13 准备输入文字

步骤 13：单击鼠标，然后在输入字符的提示下输入“电”字。文字输入后，在工具面板上选择 工具，然后将“电”文字移动到编辑窗口的中心位置，如图 3－14 所示。

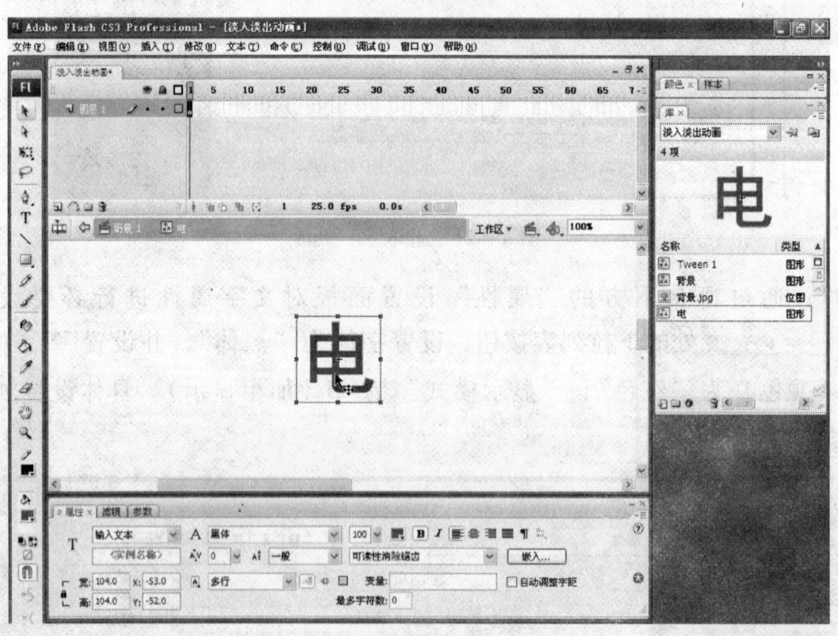

图 3－14 输入“电”字并调整位置

步骤 14：接下来，单击菜单栏的“窗口”选项，并在弹出的下拉列表中选择“库”命令选项。如图 3－15 所示，在弹出的“库”面板的列表中已显示出了当前创建完毕的“元件”名称。

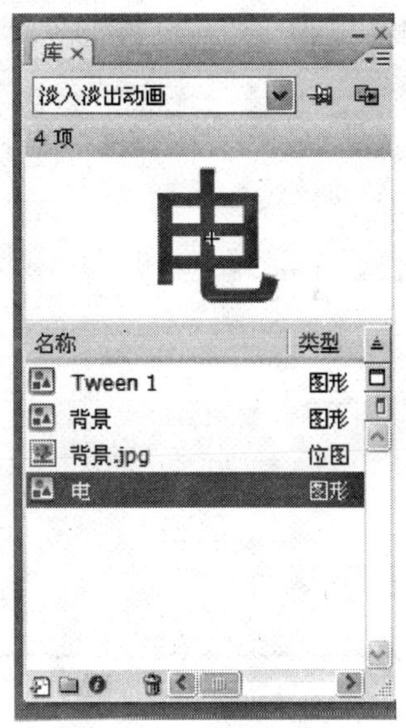

图 3－15　“库”面板

步骤 15：然后，顺序建立“视”、“机”、“讲”和“座”四个元件。各个元件的内容与元件的名称相同。这样，“电视机讲座”五个字就被制作成了五个元件。如图 3－16 所示为“库”面板的最终效果。

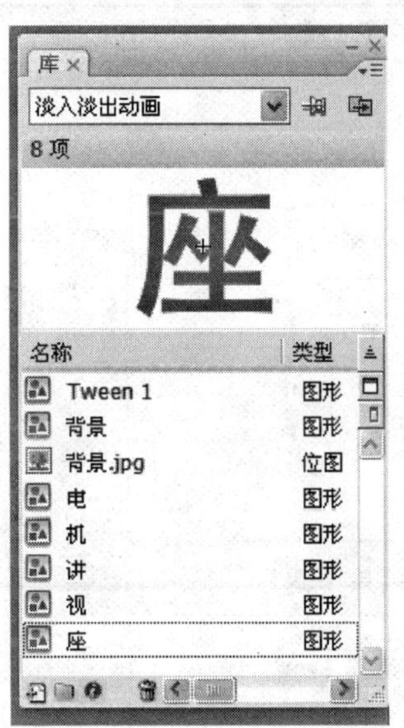

图 3－16　“库”面板的最终效果

步骤 16：动画制作过程中需要的元件全部创建后，单击编辑窗口上方的 场景 1 图标，切换到“场景 1”编辑窗口。

步骤 17：将鼠标移至“时间线”窗口，单击五次图标，在“时间线”窗口中新增五个图层——“图层 2”、“图层 3”、“图层 4”、“图层 5”和“图层 6”，如图 3－17 所示。

步骤 18：单击 图层 1，使“图层 1”处于当前选中状态，然后，将鼠标移至“库”面板，如图 3－18 所示，将“背景”元件拖到当前编辑窗口中。

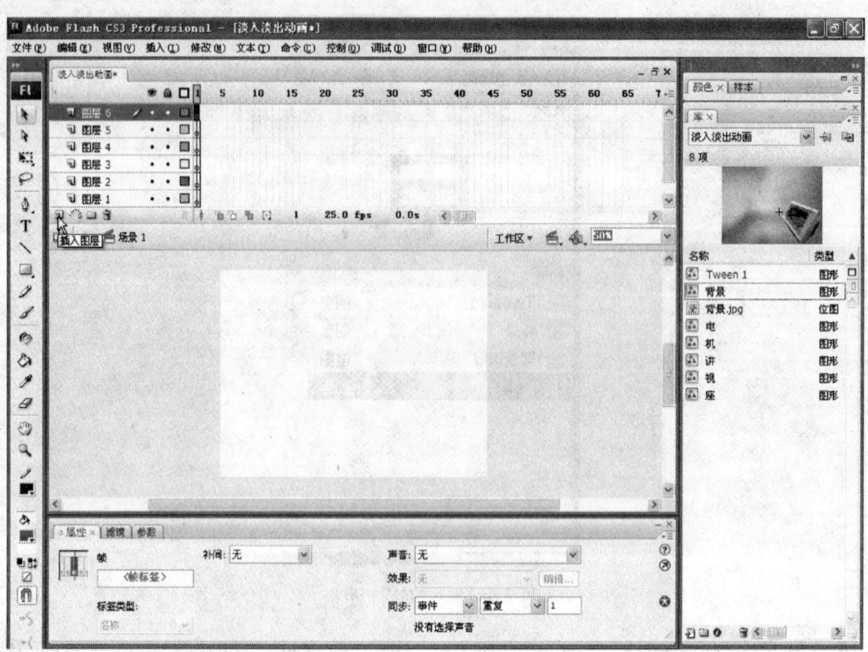

图 3 – 17 在“时间线”窗口中创建五个新图层

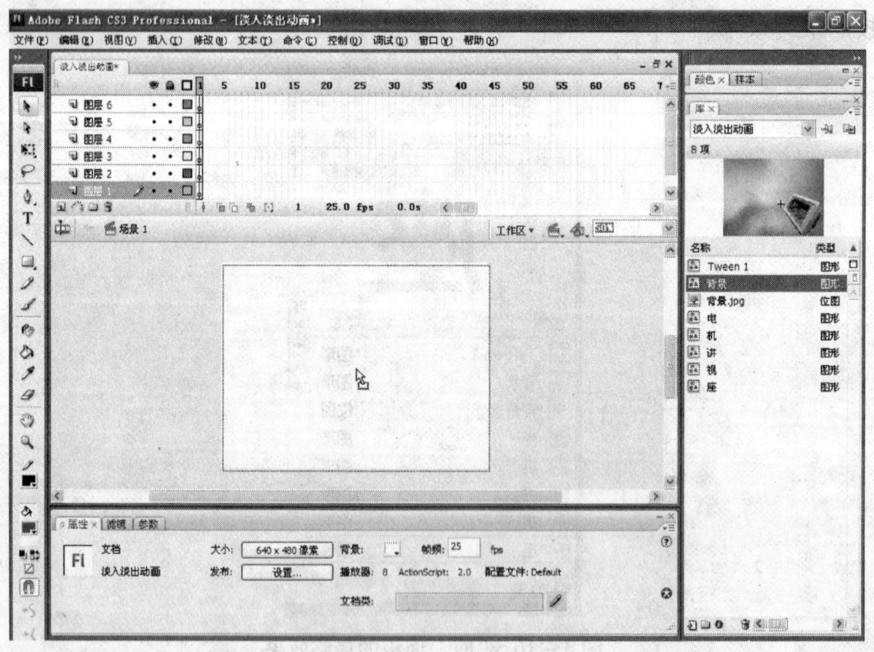

图 3 – 18 拖动“背景”元件到“图层 1”中

步骤 19：背景图的尺寸大小与当前设定的动画尺寸大小相同，通过工具面板上提供的 ▶ 工具，将背景图与动画的显示边界对齐。如图 3 – 19 所示为调整后的效果。

步骤 20：背景调整好后，将鼠标移至“时间线”窗口，单击 图层 2，使“图层 2”为当前选中状态，再从“库”面板中将“电”元件拖到当前编辑窗口中。通过 ▶ 工具将“电”文字拖动到“背景”图像中的“电视机”上，如图 3 – 20 所示。

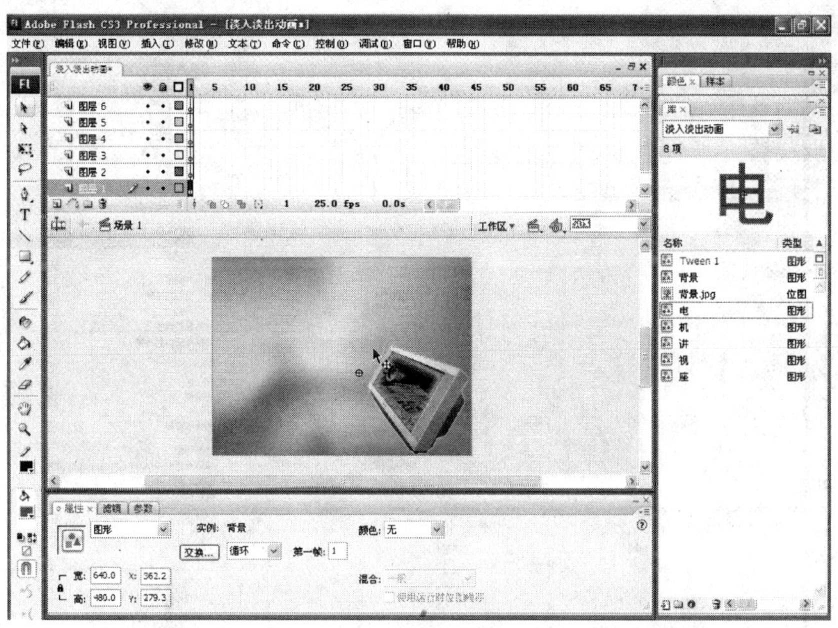

图 3－19　位置调整后的效果

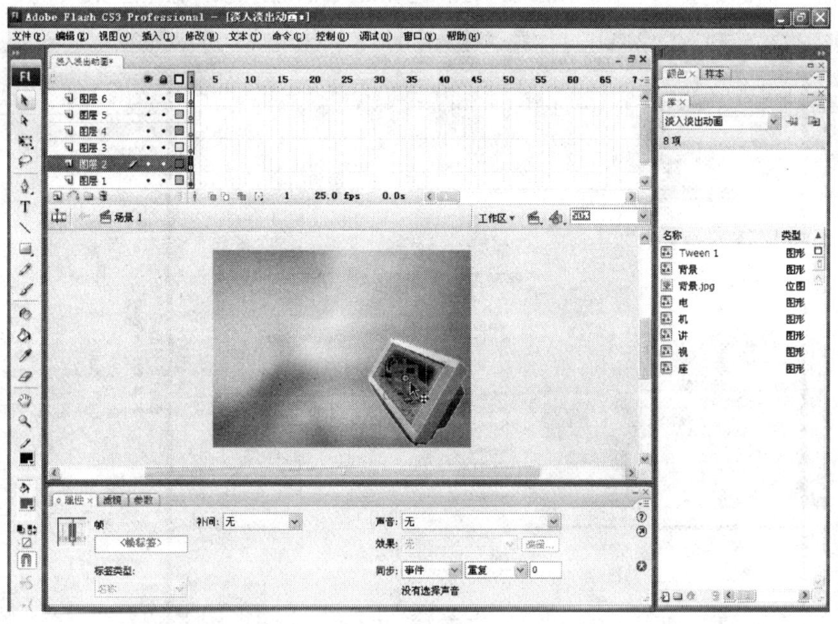

图 3－20　“电”文字调整后的图像效果

步骤 21：将鼠标移至“时间线”窗口，单击 图层 1 ，使“图层 1”处于当前选中状态，如图 3－21 所示，在“图层 1”的第 65 帧处单击鼠标右键，并在弹出的选项列表中选择“插入帧”命令选项。

步骤 22：单击 图层 2 ，使“图层 2”处于当前选中状态，如图 3－22 所示，在“图层 2”的第 20 帧处单击鼠标右键，并在弹出的选项列表中选择“插入关键帧”命令选项。

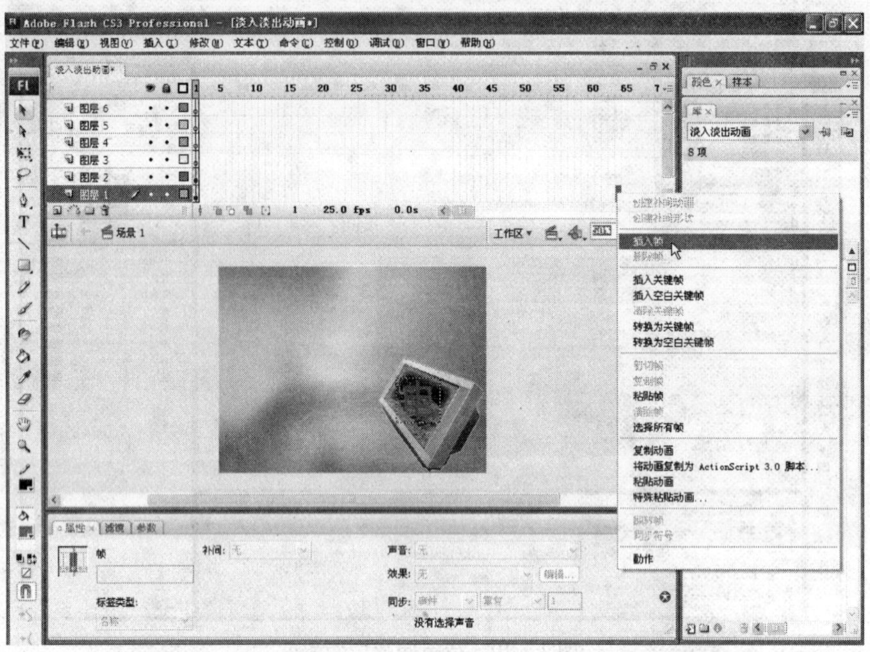

图 3-21　在“图层 1”的第 65 帧处执行“插入帧”命令选项

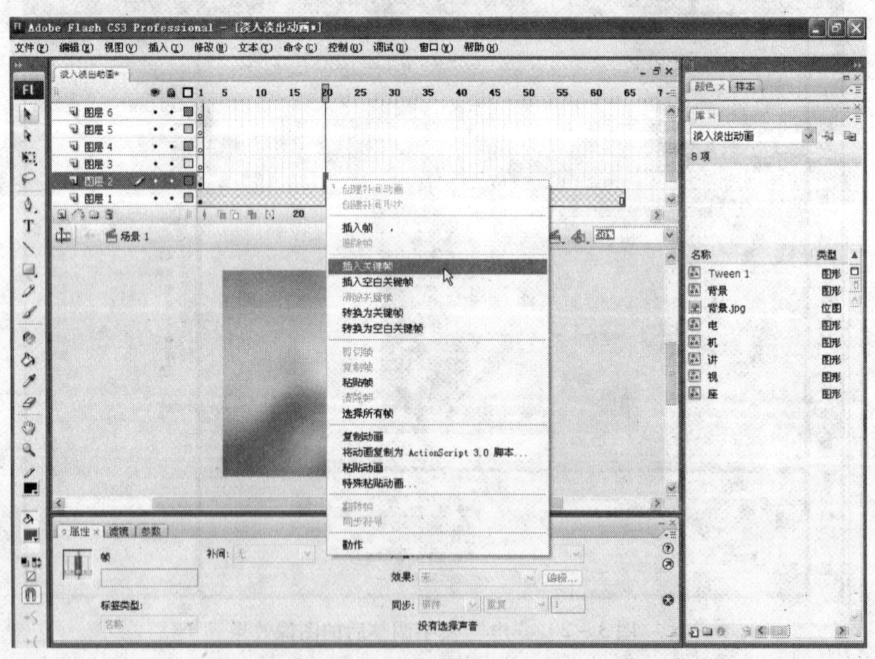

图 3-22　在“图层 2”的第 20 帧处执行“插入关键帧”命令选项

步骤 23：确认“图层 2”的第 20 帧处于当前编辑状态，通过工具面板上的 ↖ 工具，将编辑窗口中的“电”文字向左上方移动，如图 3-23 所示。

步骤 24：“图层 2”的第 20 帧编辑好后，再将时间轴上的红色时间标线移到第 1 帧，选择工具面板上的 ↖ 工具，单击选中编辑窗口中的“电”文字对象。在编辑窗口下方弹出的该对象的“属性”设置面板中，用鼠标单击“颜色”设置选项处的 ⌄ 下拉列表按钮，在弹出的选项列表中选择“Alpha”选项；然后，在“Alpha”数量输入框中设置“Alpha”数值为“0%”，如图 3－24 所示。

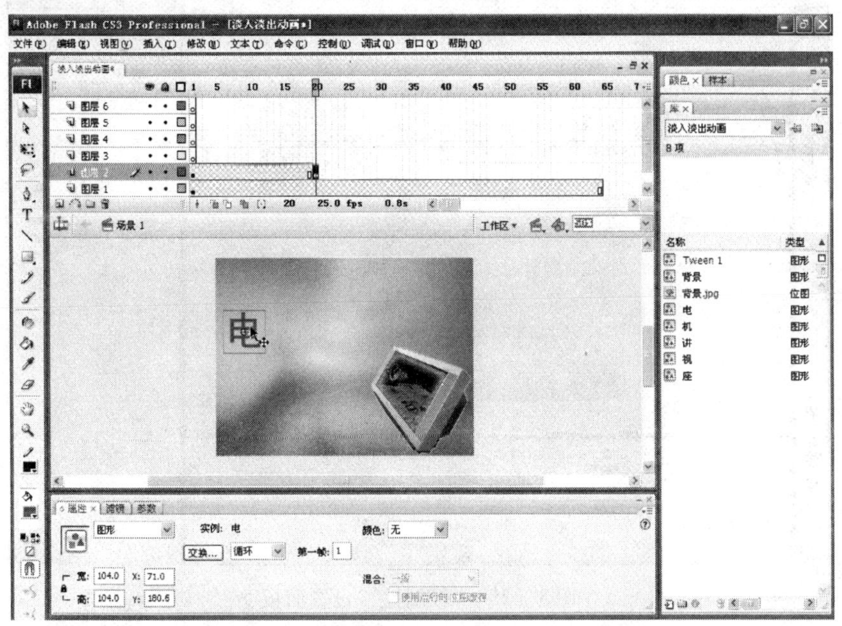

图 3－23 “图层 2”第 20 帧时的“电”文字效果

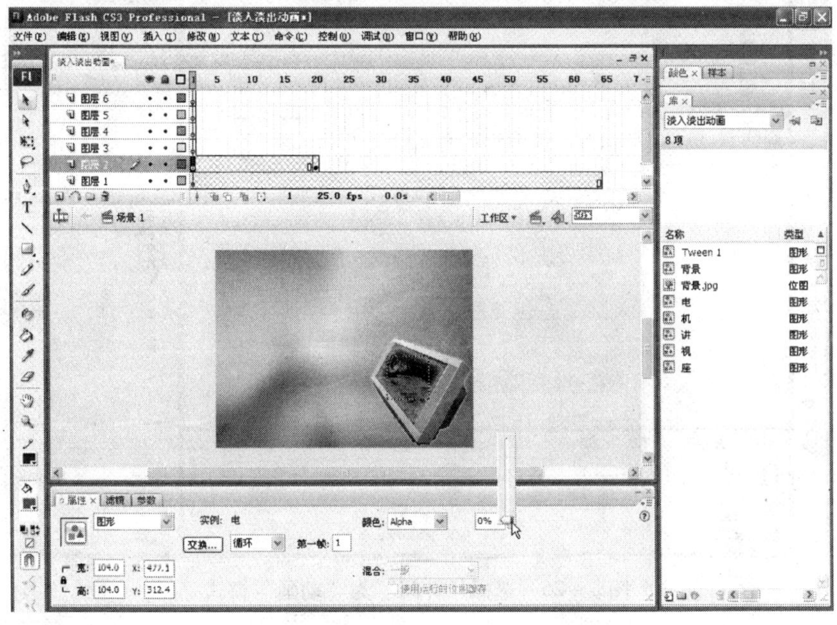

图 3－24 设置“电”文字对象的属性

步骤 25：调整好后，将鼠标移至“时间线”窗口，单击“图层 2”的第 1 帧，如图 3－25 所示，位于编辑窗口下方的“属性”面板此时已切换至“帧属性”设置状态。

步骤 26：用鼠标单击“补间”处的 ⌄ 下拉列表按钮，如图 3－26 所示，在弹出的选项列表中单击选择“动画”命令选项。

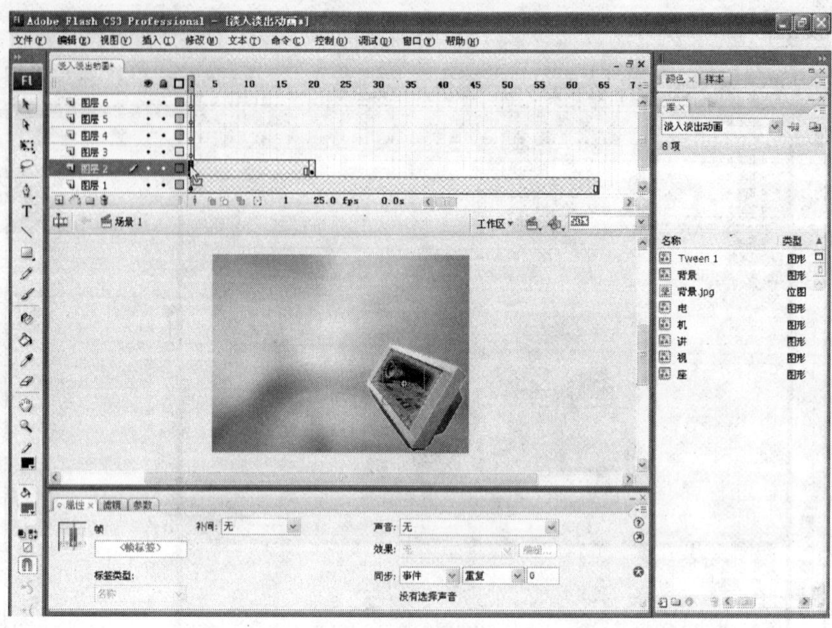

图 3－25 “帧属性”设置面板

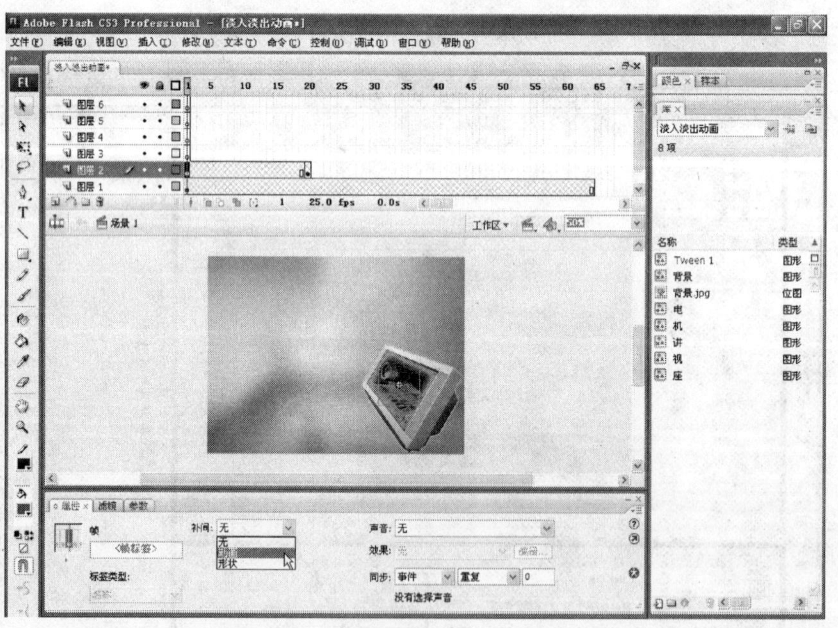

图 3－26 选择“补间”为“动画”模式

步骤 27：当选择“补间”为“动画”模式后，“属性”面板即显示有关“动画”的设置选项，如图 3－27 所示，单击“旋转”处的 下拉列表按钮，并在弹出的选项列表中选择“顺时针”方式。

步骤 28：设置好后，回到“时间线”窗口，如图 3－28 所示，“图层 2”从第 1 帧到第 20 帧“淡入”效果的动画就已经生成了。

步骤 29：将鼠标移至“图层 2”的第 65 帧处，单击鼠标右键，如图 3－29 所示，在弹出的下拉列表中选择“插入帧”命令选项。

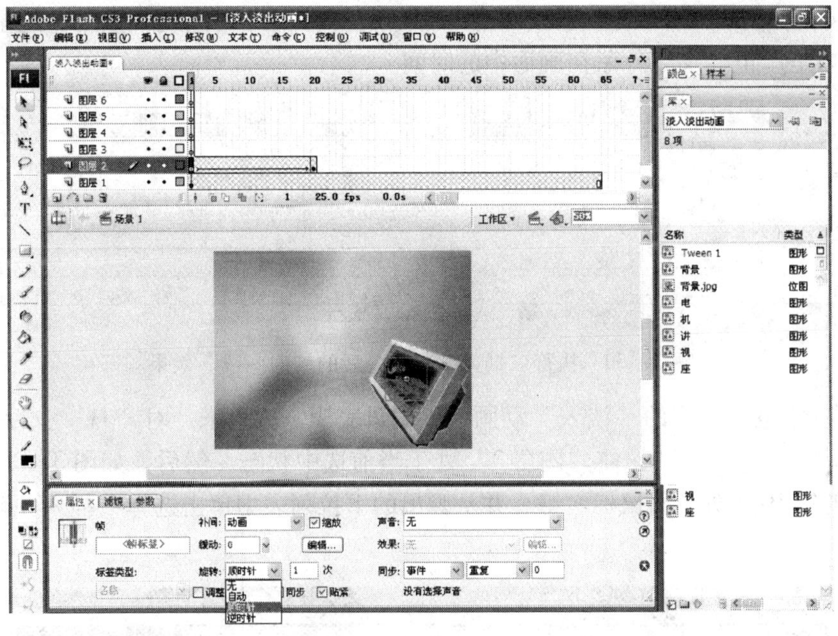

图 3－27　设置“旋转”为“顺时针”方式

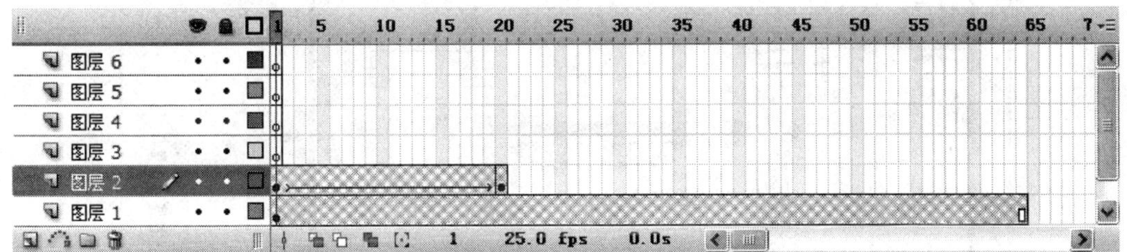

图 3－28　“图层 2”的编辑效果

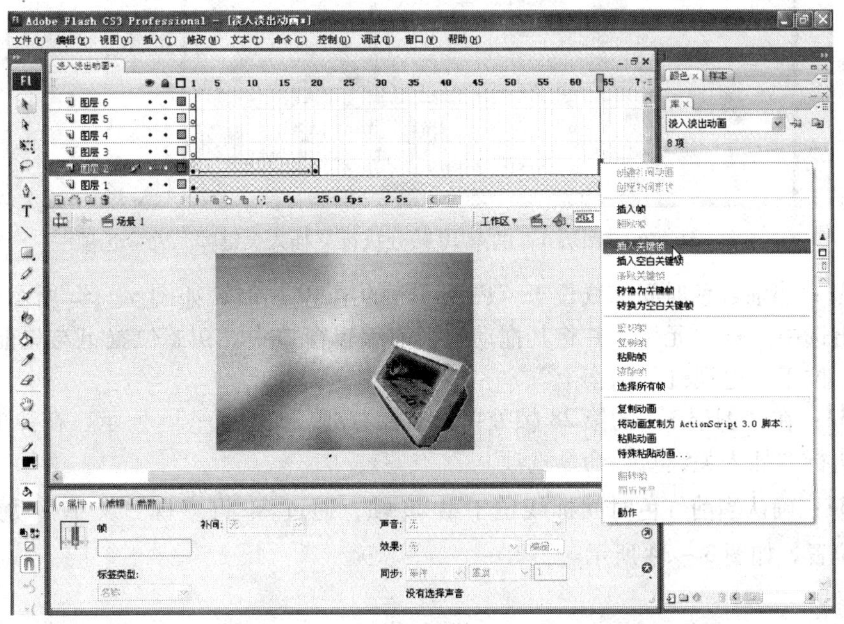

图 3－29　在“图层 2”的第 65 帧处执行“插入帧”命令选项

步骤 30：如图 3－30 所示为执行“插入帧”命令后的“时间线”效果。这里，从第 21 帧到第 65 帧是“电”文字停留在画面中的时间。

图 3－30 执行“插入帧”命令后的“时间线”效果

步骤 31：“电”文字的“淡入”动画效果编辑完毕，接下来，对“视”文字进行编辑。单击 图层 3 • • □，使“图层 3”处于当前选中状态，然后，如图 3－31 所示，在“图层 3”的第 10 帧处单击鼠标右键，并从弹出的下拉列表中单击选择“插入关键帧”命令选项。

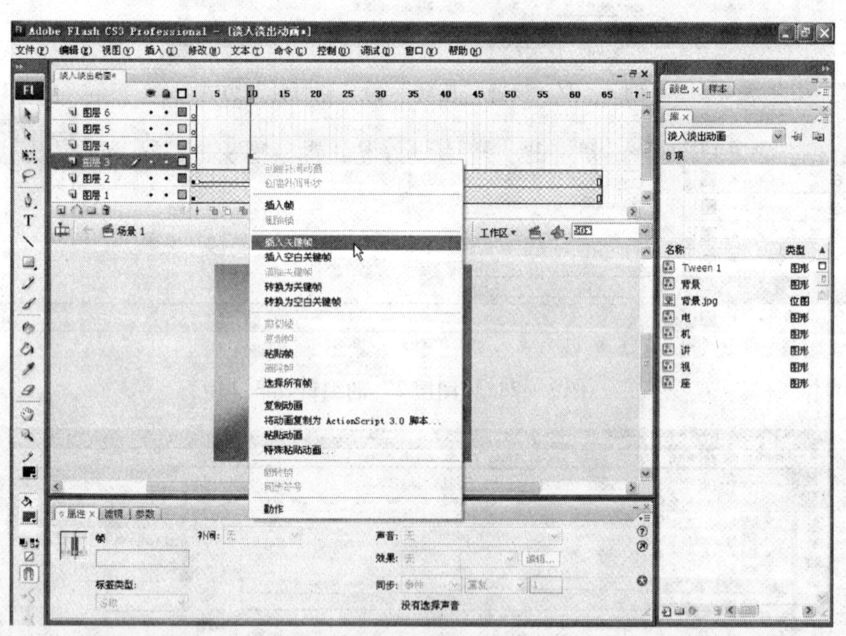

图 3－31 在“图层 3”的第 10 帧处执行“插入关键帧”命令选项

步骤 32：当前红色时间标线位于“图层 3”的第 10 帧时，如图 3－32 所示，从“库”面板中单击选中“视”元件，并将其拖动到当前编辑窗口中。初始位置也与先前“电”文字时相同，位于“电视机”图案上。

步骤 33：在“图层 3”的第 28 帧处单击鼠标右键，如图 3－33 所示，在弹出的下拉列表中单击执行“插入关键帧”命令选项。

步骤 34：确认当前红色时间标线位于第 28 帧，通过 将“视”文字移动到与“电”字平行的位置，如图 3－34 所示。

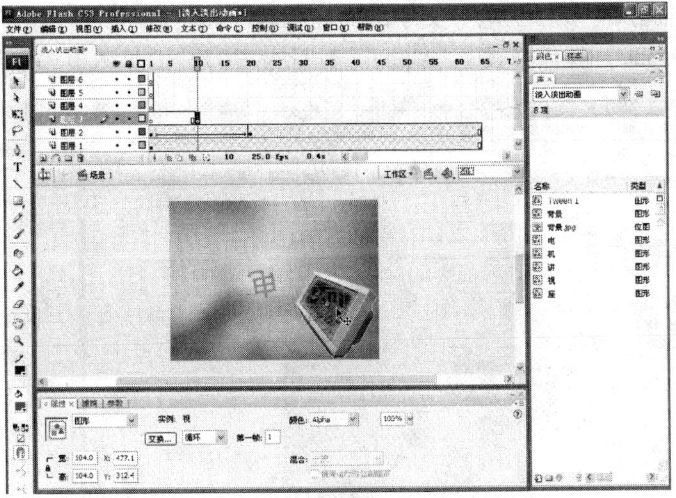

图 3－32　拖动“视”元件到“图层 3”

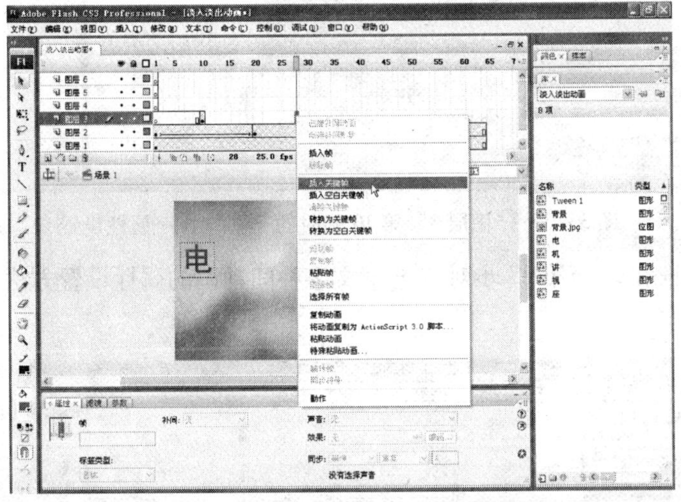

图 3－33　在“图层 3”的第 28 帧处执行“插入关键帧”命令选项

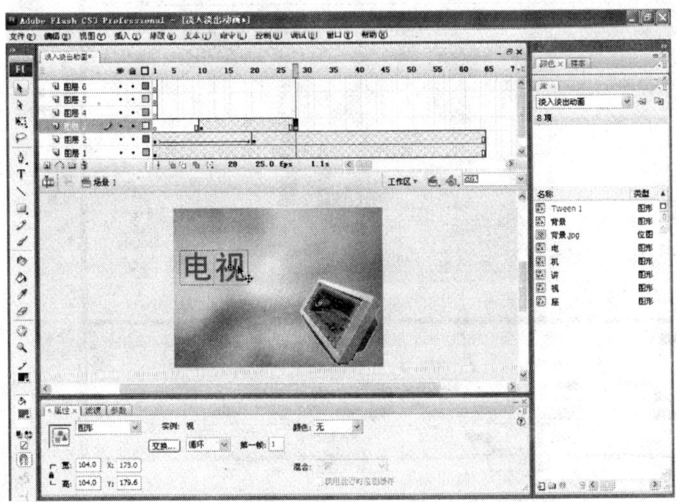

图 3－34　“视”文字在第 28 帧处的效果

步骤 35：按照第 24 步对“电”文字的属性编辑，将“图层 3”第 10 帧时的“视”文字属性设置为“Alpha”颜色模式，“Alpha”数量为“0%”。具体设置如图 3－35 所示。

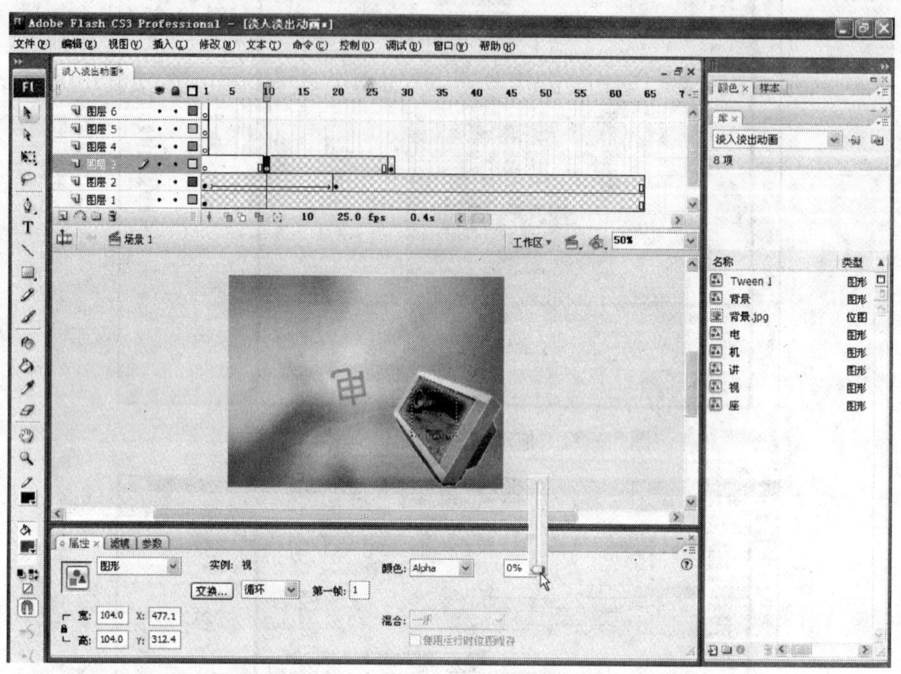

图 3－35 “图层 3”第 10 帧时的“视”文字属性设置

步骤 36：按照第 25 至第 27 步对“电”文字补间动画的属性设置方法设置“视”文字，如图 3－36 所示。

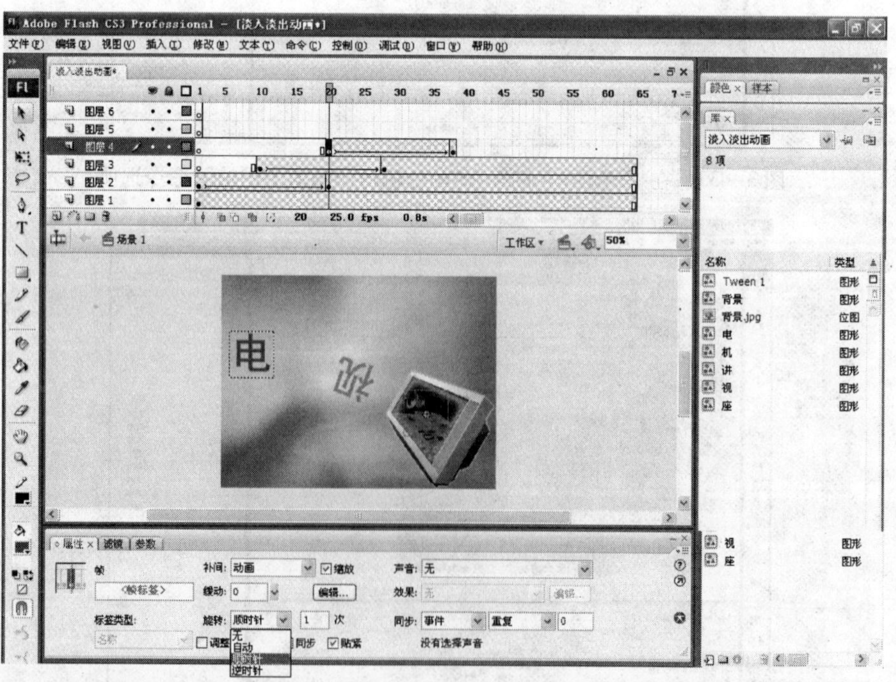

图 3－36 “视”文字补间动画的属性设置

步骤 37：补间动画生成后，将鼠标移至“图层 3”的第 65 帧处，如图 3－37 所示。单击鼠标右键，并从弹出的下拉列表中单击选择“插入帧”命令选项。“视”文字的“淡入”动画效果就制作完成了。

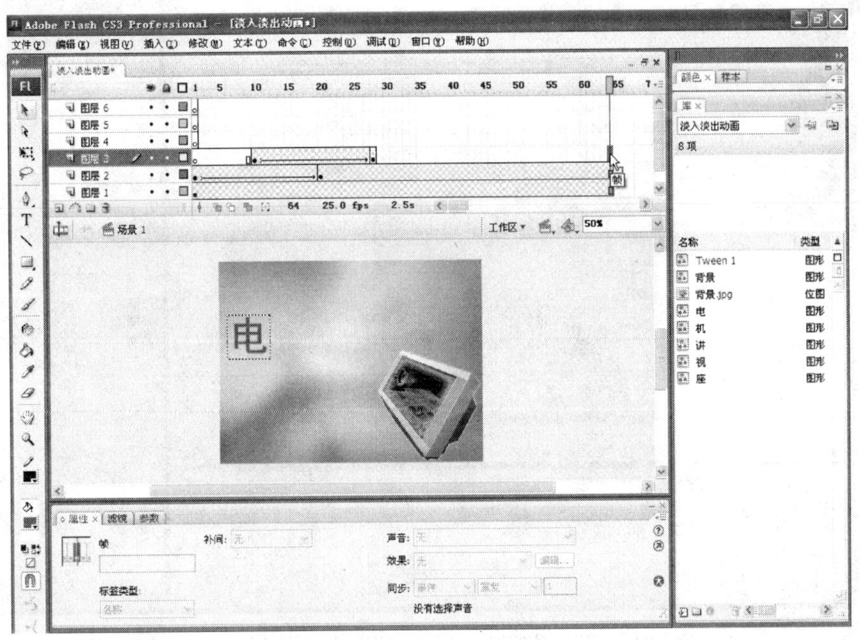

图 3－37　在“图层 3”第 65 帧处执行“插入帧”命令选项

步骤 38：单击 图层 4 ，使“图层 4”处于当前选中状态，如图 3－38 所示，在“图层 4”的第 20 帧处单击鼠标右键，并从弹出的下拉列表中选择“插入关键帧”命令选项。

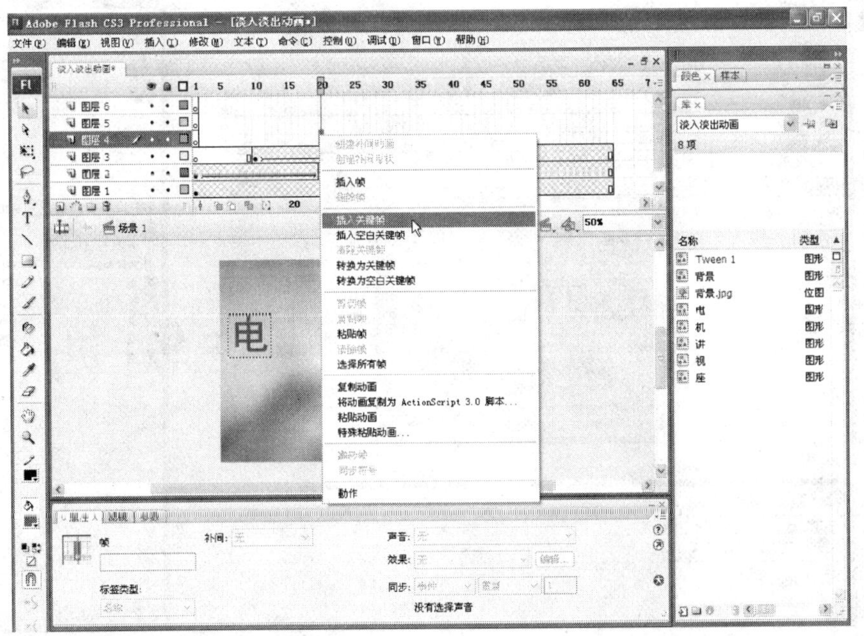

图 3－38　在“图层 4”的第 20 帧处执行“插入关键帧”命令选项

步骤 39：从“库”面板中将“机”元件拖拽到当前编辑窗口中，如图 3－39 所示。

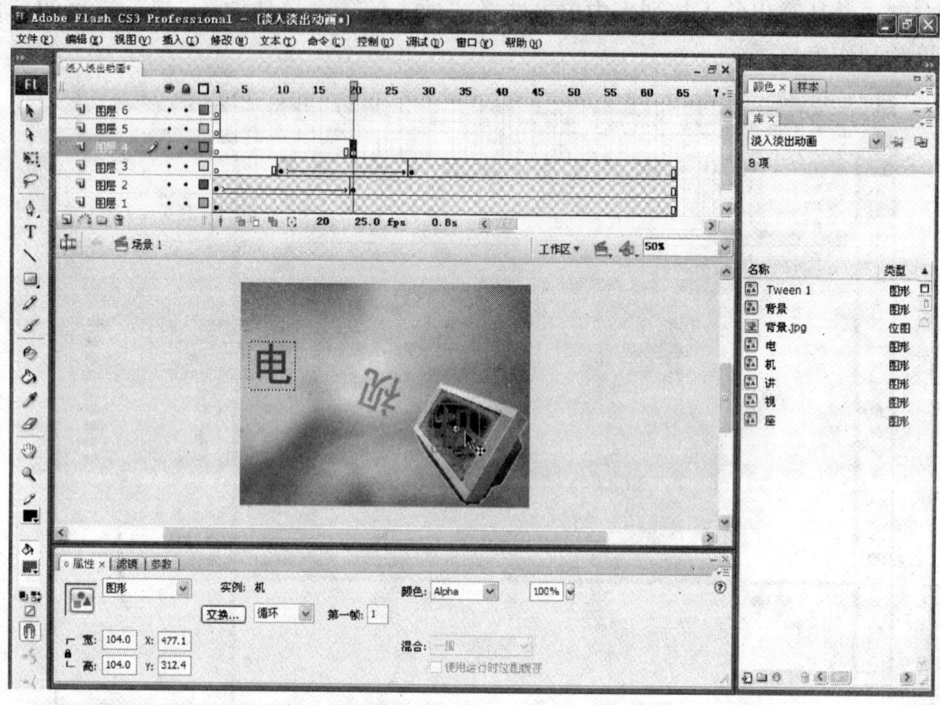

图 3－39　拖动“机”元件到“图层 4”中

步骤 40：在“图层 4”的第 38 帧处执行“插入关键帧”命令选项，并将第 38 帧处的“机”文字移动到图 3－40 所示的位置。

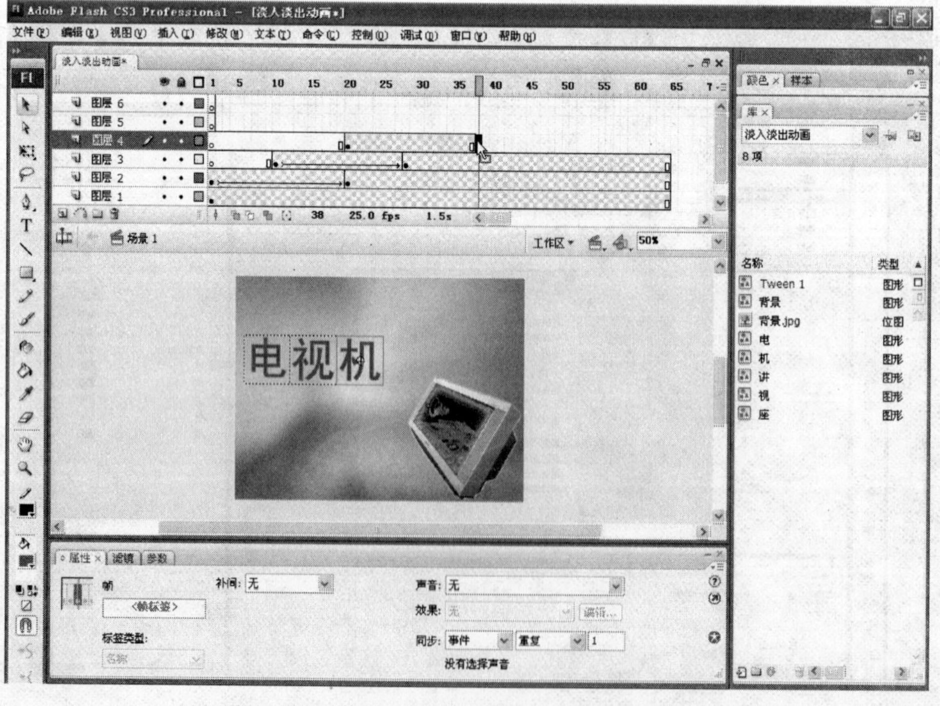

图 3－40　“图层 4”第 38 帧的关键帧设置效果

步骤41：同样按照第24步对“电”文字的属性编辑，将“图层4”第20帧时的“机”文字属性设置为“Alpha”颜色模式，“Alpha”数量为“0%”。具体设置如图3－41所示。

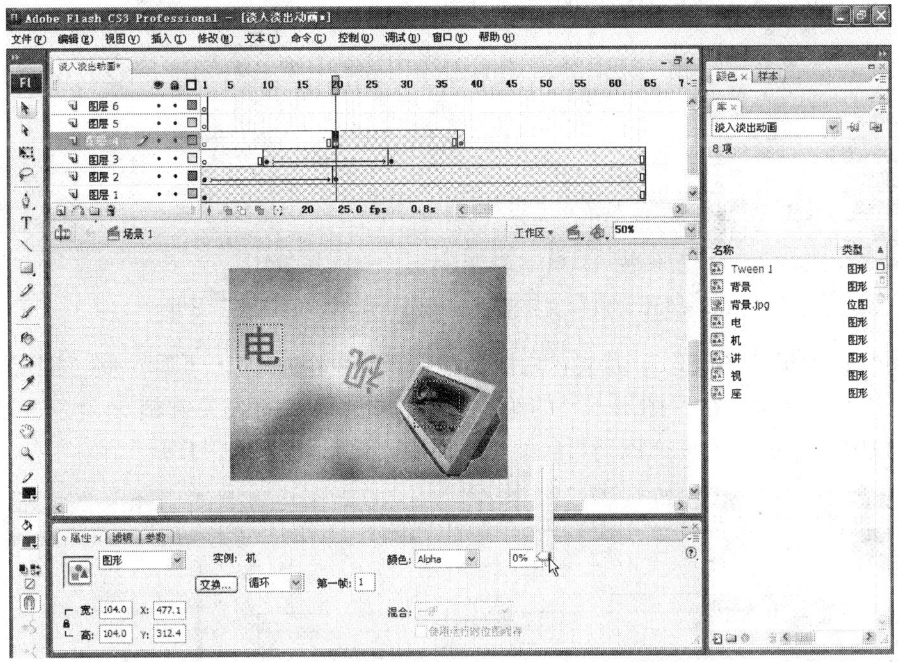

图3－41 “图层4”第20帧时的“机”文字属性设置

步骤42：按照第25至第27步对“电”文字补间动画的属性设置方法设置“机”文字，如图3－42所示。

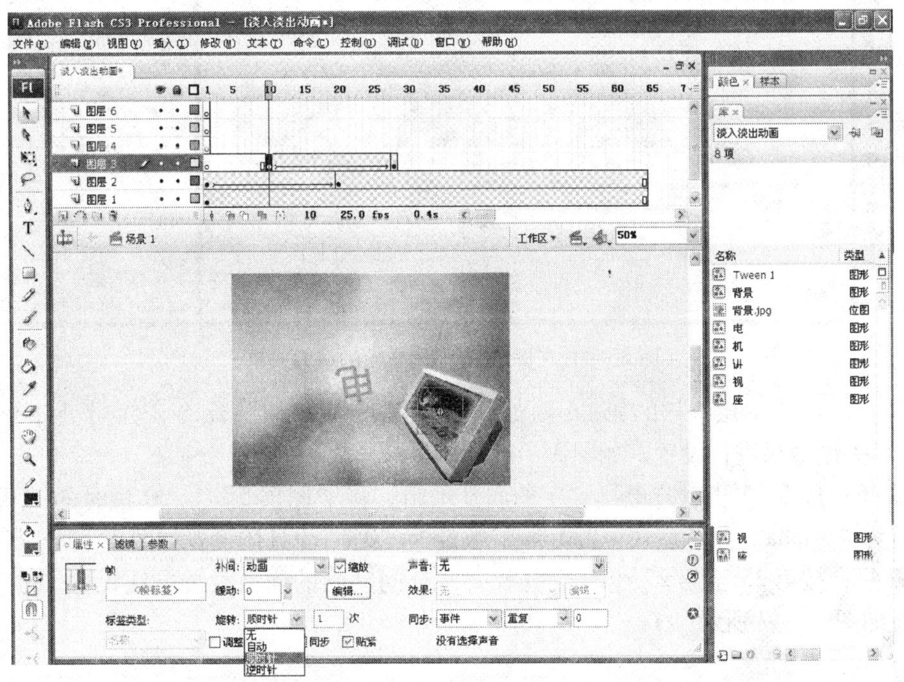

图3－42 “机”文字补间动画的属性设置

步骤 43：将鼠标移至“图层 4”的第 65 帧处单击鼠标右键，并从弹出的下拉列表中单击选择“插入帧”命令选项。“机”文字的“淡入”动画效果就制作完成了。如图 3 - 43 所示为“机”文字淡入效果编辑后的“时间线”效果。

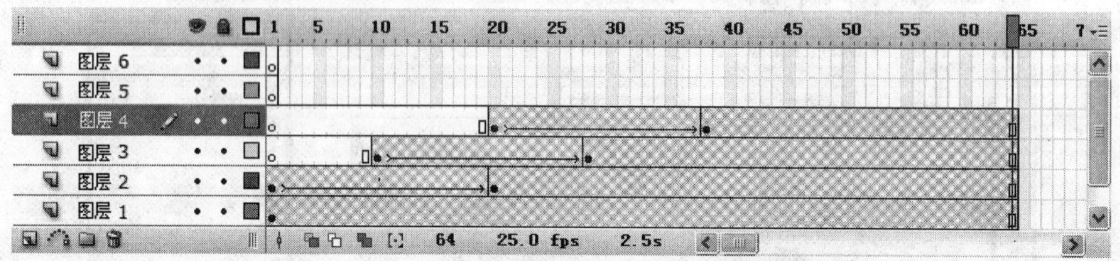

图 3 - 43 “机”文字淡入效果编辑后的“时间线”效果

步骤 44：编辑“图层 5”，首先，用鼠标单击 图层 5 • • □，使“图层 5”处于当前选中状态，然后，在“图层 5”的第 30 帧处，执行“插入关键帧”命令选项。再从“库”面板中将“讲”元件拖拽到当前编辑窗口中，效果如图 3 - 44 所示。

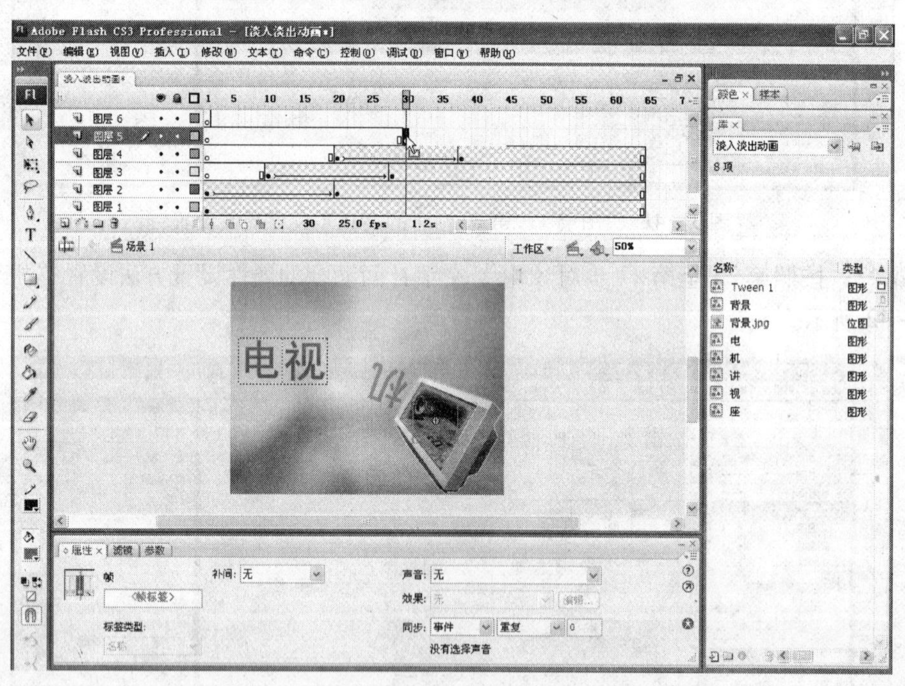

图 3 - 44 “图层 5”第 30 帧的编辑效果

步骤 45：在“图层 5”的第 46 帧处执行“插入关键帧”命令，并对处于该帧时的“讲”文字关键效果进行设置，如图 3 - 45 所示。

步骤 46：按第 24 步对“电”文字的属性编辑，将“图层 5”第 30 帧时的“讲”文字属性设置为“Alpha”颜色模式，“Alpha”数量为“0%”。具体设置如图 3 - 46 所示。

步骤 47：按第 25 至第 27 步对“电”文字补间动画的属性设置方法设置“讲”文字，具体设置如图 3 - 47 所示。

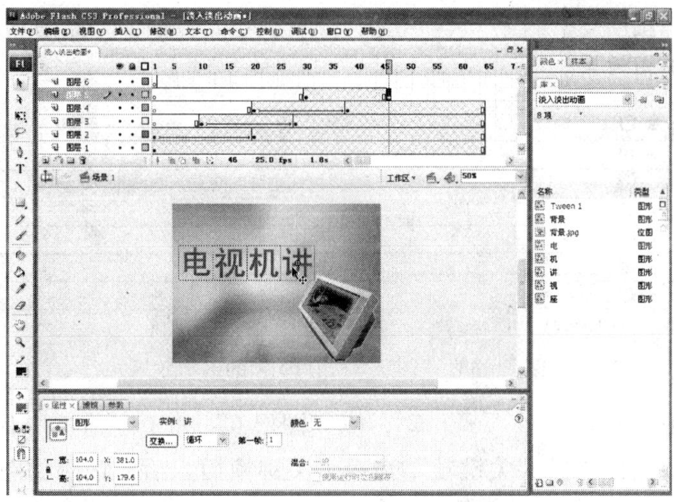

图3－45　“图层5”第46帧的编辑效果

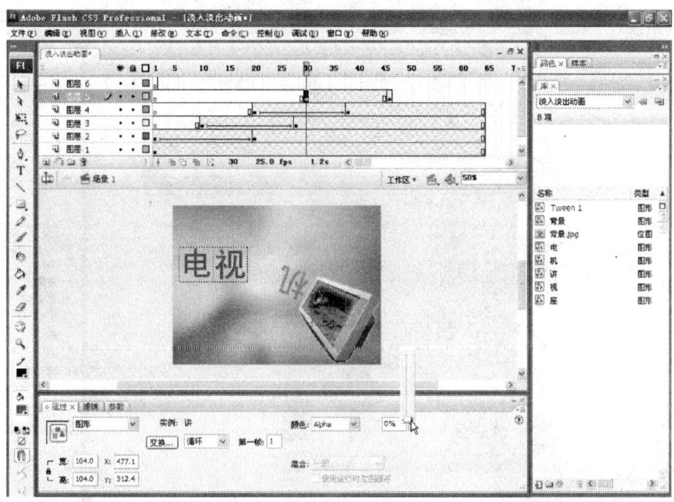

图3－46　“图层5”第30帧时的“讲”文字属性设置

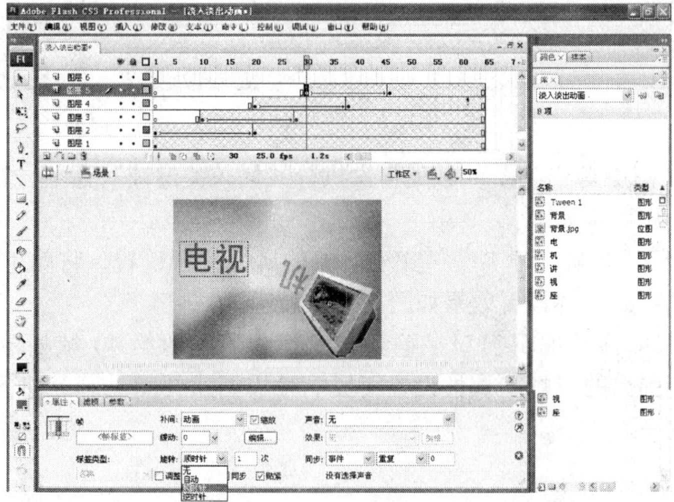

图3－47　“讲”文字补间动画的属性设置

步骤 48：在“图层 5”的第 65 帧处执行“插入帧”命令，如图 3－48 所示为“图层 5”前 65 帧的编辑效果。

图 3－48　“图层 5”前 65 帧的编辑效果

步骤 49：单击 图层 6 ，使“图层 6”处于当前选中状态。然后在“图层 6”的第 40 帧处执行“插入关键帧”命令。关键帧插入后，按照如图 3－49 所示，从“库”面板中将“座”元件拖至编辑窗口中。

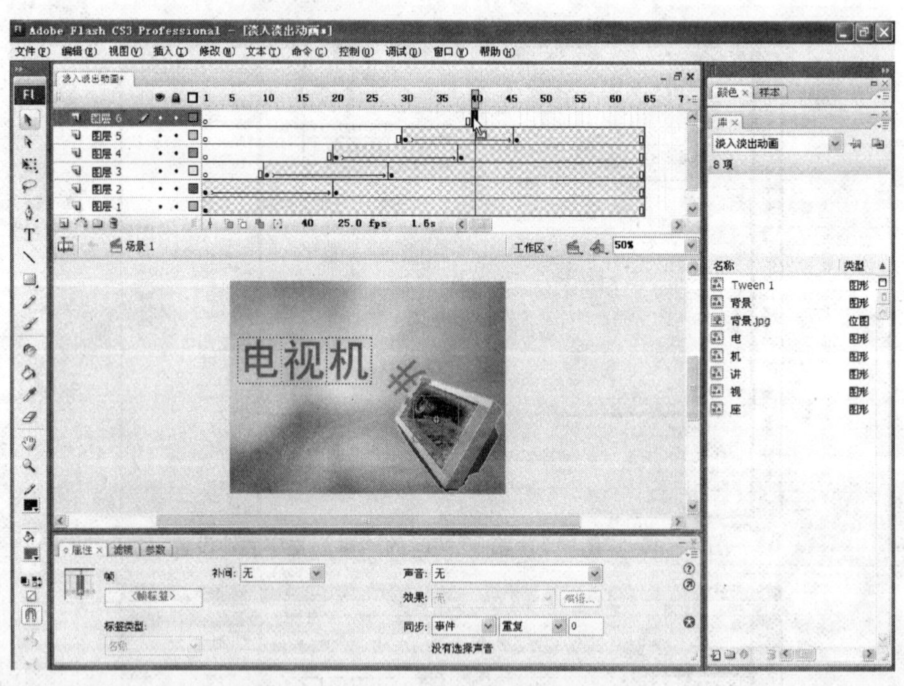

图 3－49　在“图层 6”第 40 帧处添加“座”元件

步骤 50：在“图层 6”的第 54 帧处再次执行“插入关键帧”命令，然后将“座”元件移动到如图 3－50 所示位置。

步骤 51：回到第 40 帧，对“座”文字对象的属性进行设置，将颜色模式设置为“Alpha”，数量为“0%”。具体设置效果如图 3－51 所示。

步骤 52：将鼠标移至编辑窗口，重新在“图层 6”的第 40 帧处单击鼠标，然后如图 3－52 所示，在弹出的“帧”属性设置面板中对“创建补间动画”进行设置。具体设置效果与前四个图层一致。

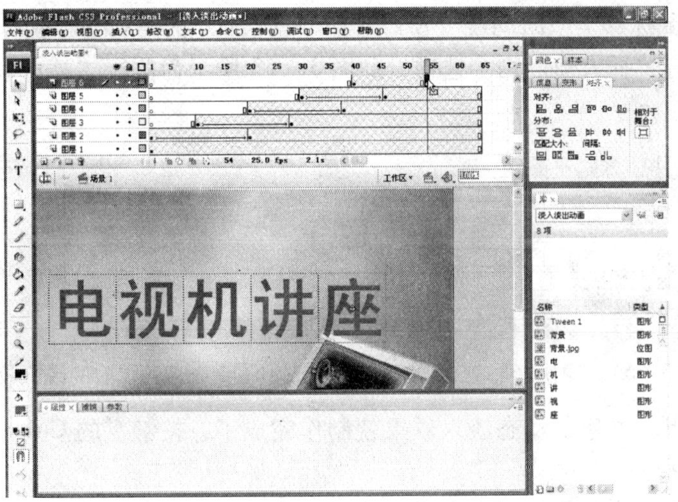

图 3－50　对“图层 6”的第 54 帧进行关键帧编辑

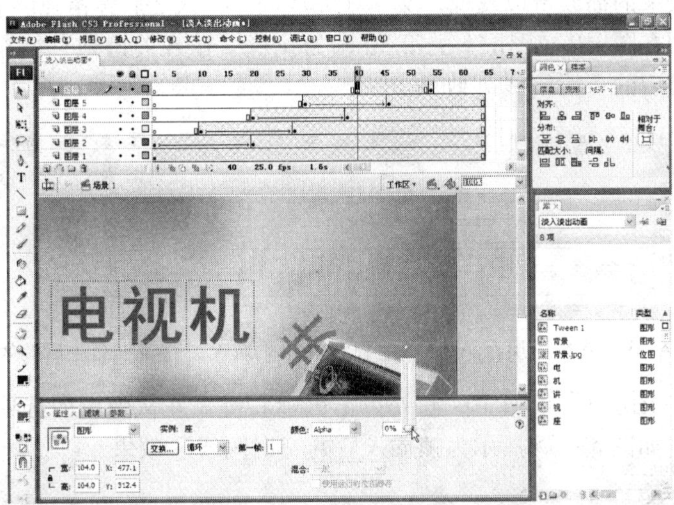

图 3－51　对“图层 6”第 40 帧的“座”文字属性进行设置

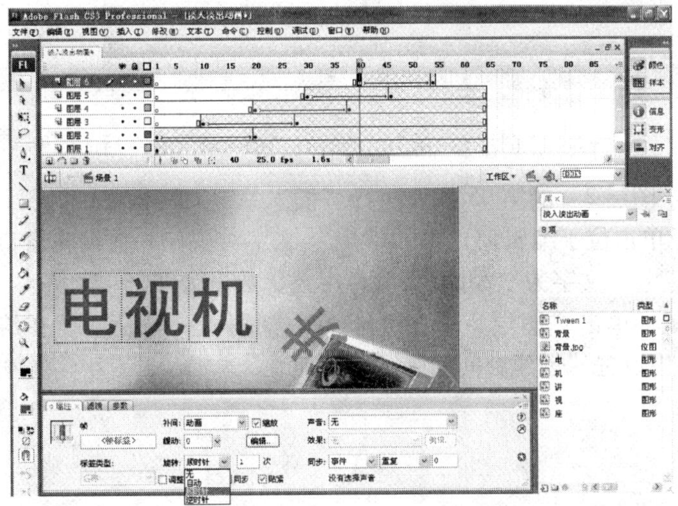

图 3－52　设置“图层 6”的“创建补间动画”属性

步骤 53：将鼠标移至“时间线”窗口，在“图层 6”的第 65 帧处单击鼠标右键，并在弹出的列表中执行“插入帧”命令选项。如图 3－53 所示为执行“插入帧”命令后的“时间线”效果。

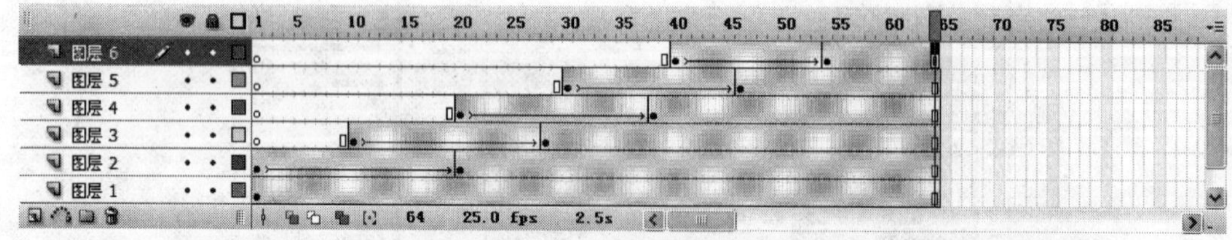

图 3－53 “图层 6”第 65 帧执行“插入帧”命令后的“时间线”效果

步骤 54：至此，文字的动态淡入效果就制作完成了，按键盘的 Ctrl + Enter 组合键，即可观察编辑后的动态淡入效果。

步骤 55：动态淡入效果编辑完成后，接下来就要制作淡出效果。但在制作淡出效果之前，通过对动画效果的播放可以发现，文字在完成动态淡入之后停留在屏幕上的时间稍短了一些。因此，分别在图层 1～图层 6 的第 80 帧处执行“插入关键帧”操作。如图 3－54 所示，为插入关键帧后的“时间线”效果。

图 3－54 6 个图层在第 80 帧处分别执行“插入关键帧”命令后的效果

步骤 56：在“图层 1”的第 100 帧处单击鼠标右键，并从弹出的选项列表中选择“插入帧”命令选项，如图 3－55 所示为帧插入后的“时间线”效果。

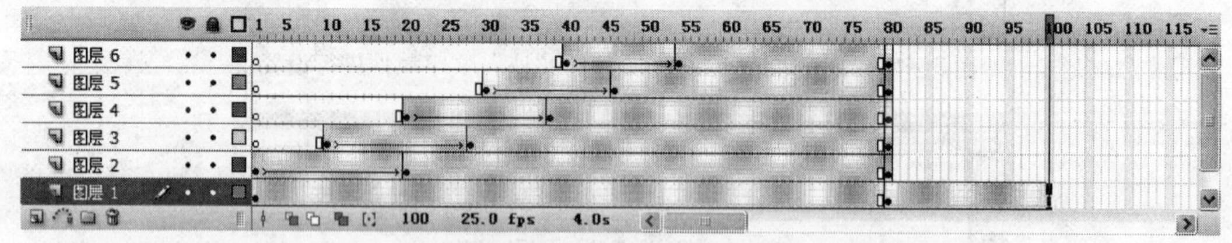

图 3－55 “图层 1”第 100 帧执行“插入帧”命令后的效果

步骤 57：在“图层 2”的第 95 帧处执行“插入关键帧”操作，如图 3－56 所示，插入关键帧后，用鼠标单击位于编辑窗口中的“电”文字对象，并在编辑窗口下方弹出的“属性”面板中设置“电”文字为“Alpha”颜色模式，数量为“0%”。

步骤 58：用鼠标单击“图层 2”的第 80 帧，如图 3－57 所示，在编辑窗口下方弹出“属性”设置面板中设置“创建补间动画”为“动画”，“旋转”为“顺时针”。

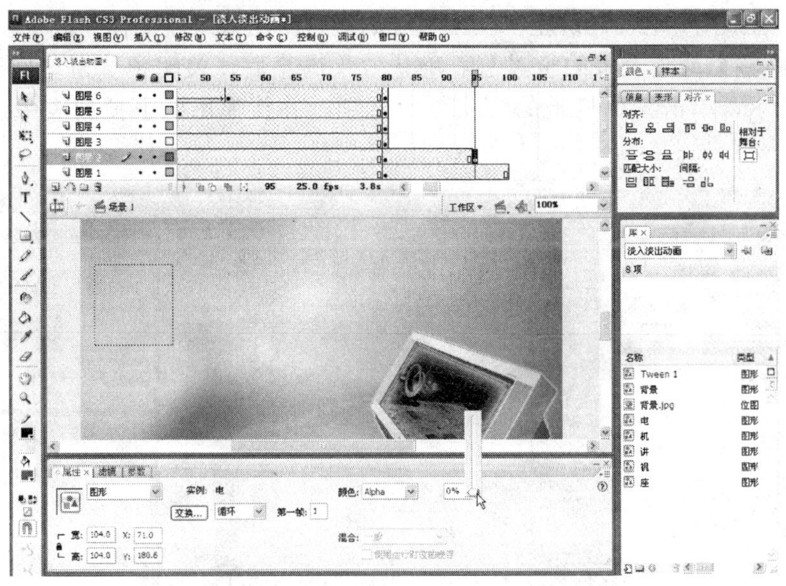

图 3－56　“图层 2”第 95 帧处的关键帧设置

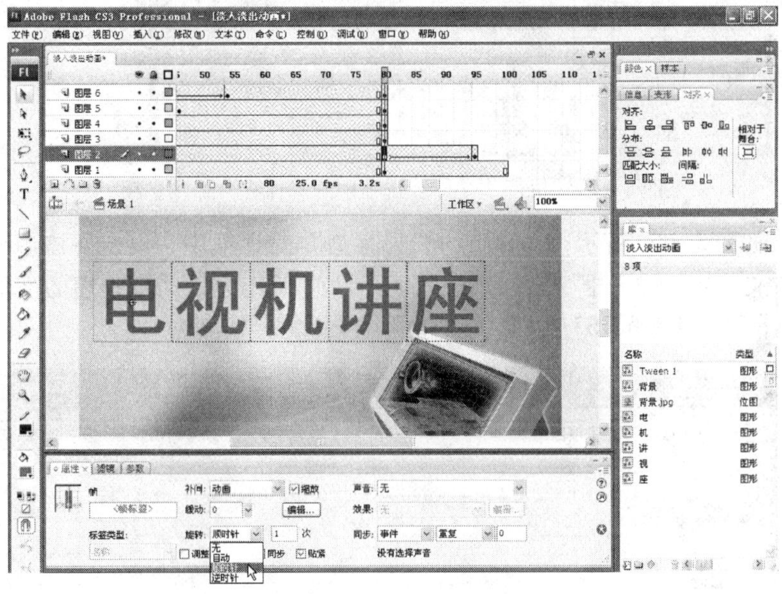

图 3－57　“图层 2”第 80 帧～95 帧补间动画设置效果

步骤 59：将“图层 3”、“图层 4”、“图层 5”和“图层 6”的第 80～第 95 帧也按照“图层 2”的编辑方法进行设置，如图 3－58 所示为最终编辑好的效果。

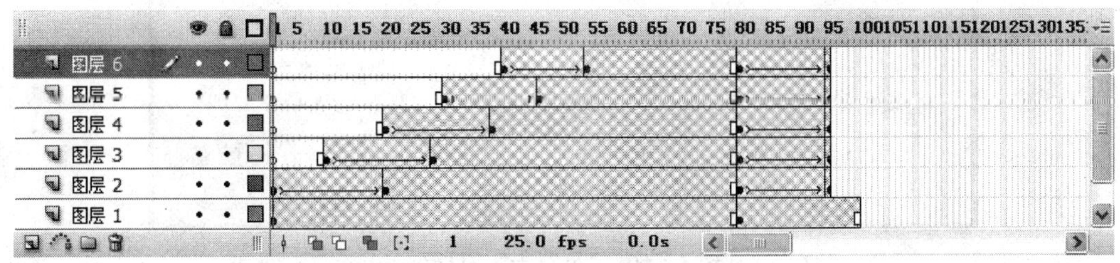

图 3－58　6 个图层第 80～第 95 帧编辑后的“时间线”效果

步骤60：至此，"电视机讲座"文字标题的淡入淡出效果就制作完成了，按 Ctrl + Enter 组合键观察整个动画效果的全过程。确认效果满意后，关闭预览窗口回到编辑界面，如图3 - 59 所示，单击菜单栏上的"文件"选项，并从弹出的下拉列表中选择"保存"命令选项。

图 3 - 59　执行"文件"选项中的"保存"命令选项

步骤 61：如图 3 - 60 所示，在弹出的"另存为"对话框中，设定好该动画程序的存储路径后，在"文件名"输入框中输入"淡入淡出动画"作为该动画程序的文件名称，并设置"保存类型"为"Flash CS3 文档（ *. fla)"。

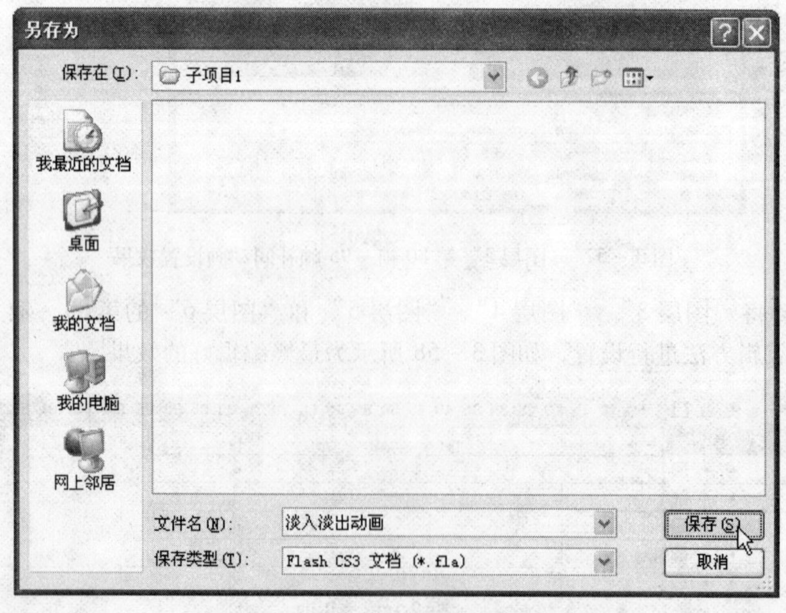

图 3 - 60　"另存为"对话框

步骤62：设置后好，单击 保存(S) 按钮完成保存。原始动画的程序文件保存好后，再单击“文件”选项，并从弹出的下拉列表中单击执行“导出”中的“导出影片”命令选项。如图3－61所示，通过“导出影片”对话框即可对输出的动画文件进行设置。这里，我们选择好输出路径后，输入动画文件名为“淡入淡出动画”，动画格式为“Windows AVI（＊.avi）”。

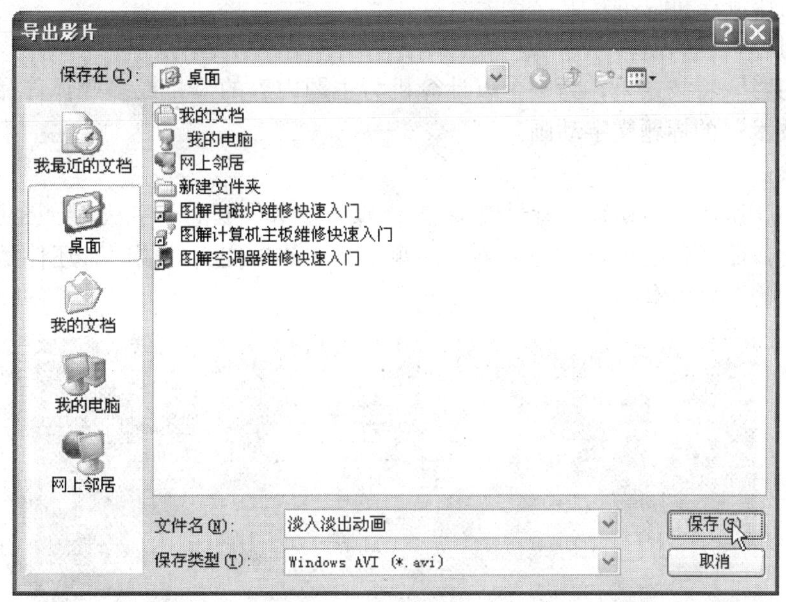

图3－61　“导出影片”对话框

步骤63：一切就绪，单击 保存(S) 按钮，即可完成对动画作品的输出。如图3－62所示，为该动画生成后的几个关键帧效果。

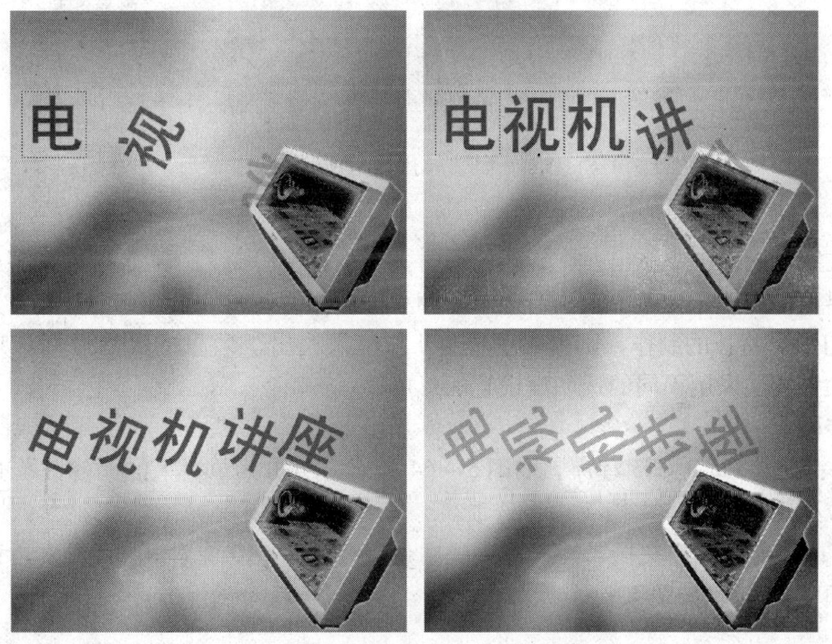

图3－62　动画中的几个关键帧效果

子项目2 制作“幻影”动画

项目目的：

了解 Flash CS3 中对元件透明度属性设置的更多应用。掌握应用 Flash CS3 制作该类型动画的基本制作流程和制作方法。

项目实例：

运用“幻影”特技效果，为一个以计算机为主题内容的节目或多媒体作品制作一个名为“计算机技术”的标题文字动画。

项目要求：

如图 3 - 63 所示为该动画的背景效果，“多媒体技术”五个大字从背景图像中旋转着飞出，由小变大，最终显现在画面的中央。标题文字在旋转变大的同时，还伴随着文字的残像，形成“幻影”特技效果。

图 3 - 63 “幻影”动画背景

项目分析：

标题文字从画面中央飞出，在旋转的同时文字也在慢慢变大。通过这种文字自身变化与立体背景界面的配合，为整个动画营造出一种立体纵深的动态效果。

而“幻影”特技的制作，则是对子项目 1“淡入淡出”效果的灵活运用。它主要是通过对多个文字图层采用不同的透明度设置而形成的。

制作步骤：

步骤 1：启动 Flash CS3 程序，如图 3 - 64 所示，单击菜单栏上的“修改”选项，并在弹出的下拉列表中选择“文档”命令选项。

步骤 2：在弹出的“文档属性”对话框中设置尺寸为 640 像素 ×480 像素，背景颜色为黑色，帧频为 25fps，如图 3 - 65 所示。

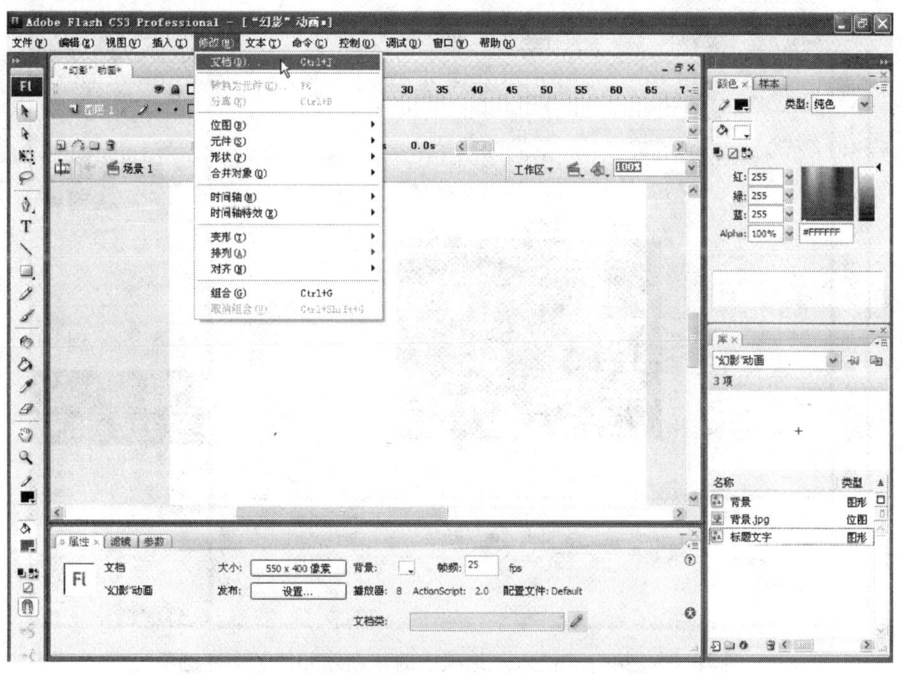

图 3－64　执行“修改”选项中的“文档”命令选项

文档属性

标题(T): “幻影”动画

描述(D):

尺寸(I): 640 像素 (宽) x 480 像素 (高)

匹配(A): ○打印机(P) 内容(C) ⊙默认(E)

背景颜色(B):

帧频(F): 25 fps

标尺单位(R): 像素

设为默认值(M)　确定　取消

图 3－65　“文档属性”对话框

步骤 3：设置完毕单击 确定 按钮，可以看到，当前编辑窗口中的背景变成了黑色。如图 3－66 所示，单击菜单栏上的“插入”选项，并在弹出的下拉列表中选择“新建元件”命令选项。

步骤 4：在弹出的“创建新元件”对话框中，设置“类型”为“图形”，并在“名称”输入框中输入“背景”，具体设置如图 3－67 所示。设置完毕单击 确定 按钮。

步骤 5：此时，程序主编辑界面切换至“背景”编辑窗口，如图 3－68 所示，单击菜单栏“文件”选项，并在弹出的列表中选择“导入”命令选项。

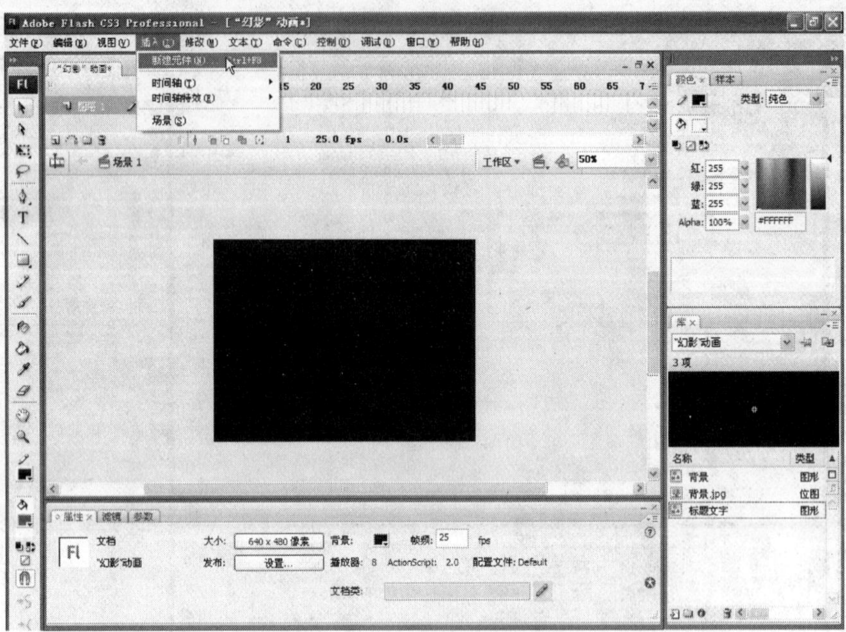

图 3－66　执行“插入”选项中的“新建元件”命令选项

图 3－67　创建名为“背景”的图形元件

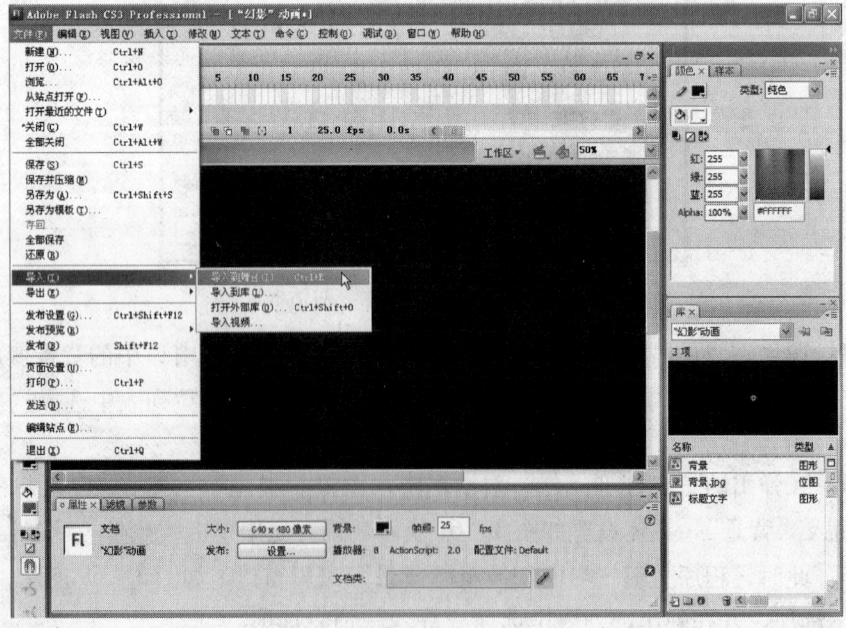

图 3－68　执行“文件”选项中的“导入”命令选项

步骤6：程序随即弹出“导入”对话框，按照事先设定的存储路径，找到存储背景图像的文件夹，如图3－69所示，用鼠标单击选中名为“背景.jpg”图像文件，然后单击 打开(O) 按钮。

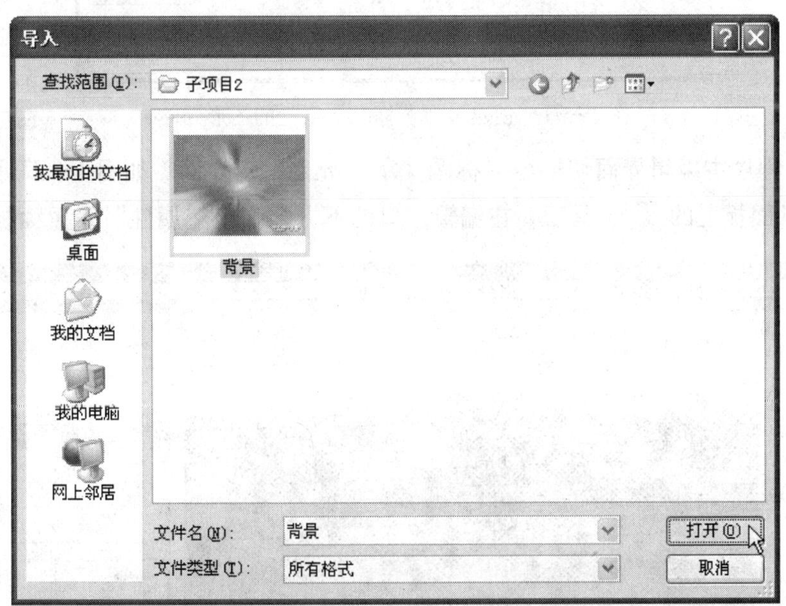

图3－69　打开“背景.jpg”图像文件

步骤7：此时背景图像即被导入到当前“背景”编辑窗口中。如图3－70所示，将鼠标再次移至菜单栏的“插入”选项处，单击并在下拉列表中选择执行“新建元件”命令选项。

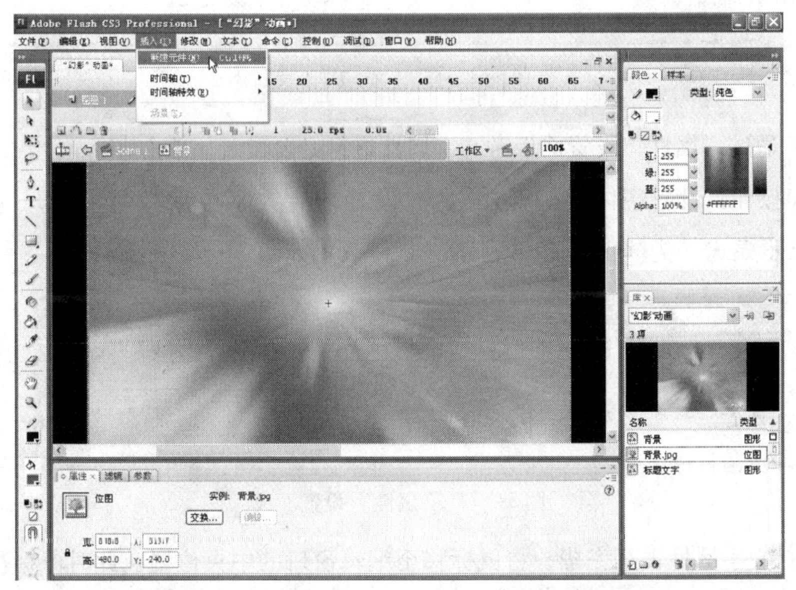

图3－70　执行“插入”选项中的“新建元件”命令选项

步骤8：如图3－71所示，仍然设置“类型”为“图形”，然后，在“名称”输入框中输入“标题文字”作为该新建元件的名称。

图 3－71　创建名为“标题文字”的图形元件

步骤 9：程序主编辑界面切换至“标题文字”元件编辑界面。如图 3－72 所示，用鼠标单击选择工具面板上的 **T** 工具后，在编辑窗口的下方会弹出“属性”设置面板。

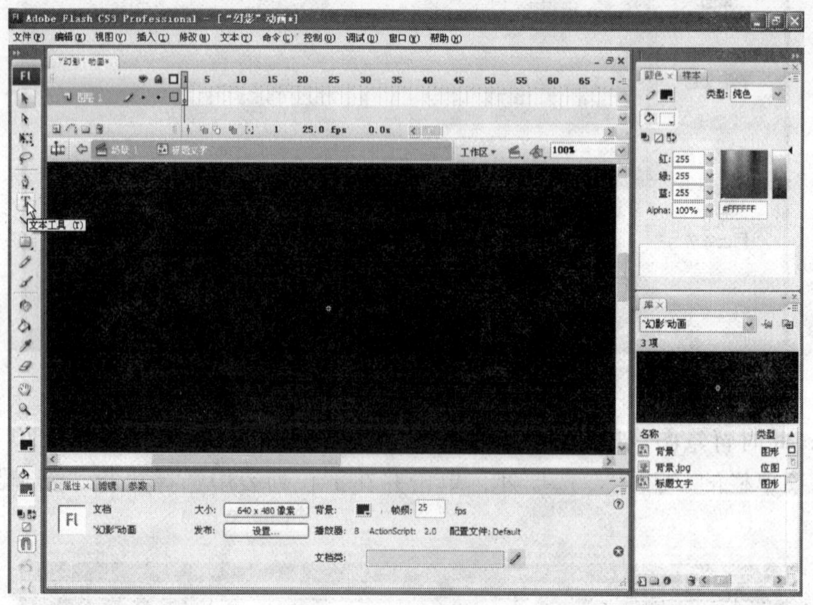

图 3－72　选取 **T** 工具

步骤 10：通过“属性”设置面板对文字属性进行必要设置，单击 黑体 处的下拉列表按钮，设置字体为“黑体”，并设置 100（字号）为“100”，（颜色）为“白色”，“显示模式”为 **B**（加粗）显示。具体设置如图 3－73 所示。

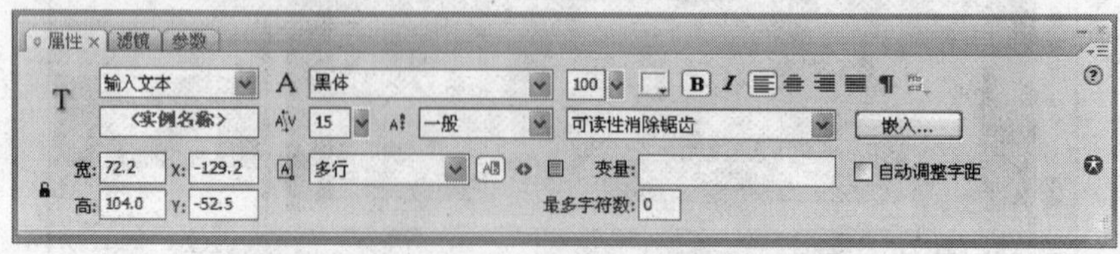

图 3－73　“属性”设置面板

步骤 11：文字属性设置完毕，将鼠标移至编辑窗口的中央位置。此时鼠标呈 ┼T 状，这表明可以输入文字。单击鼠标，然后在输入字符的提示下输入“多媒体技术”五个标题文字，如图 3－74 所示。

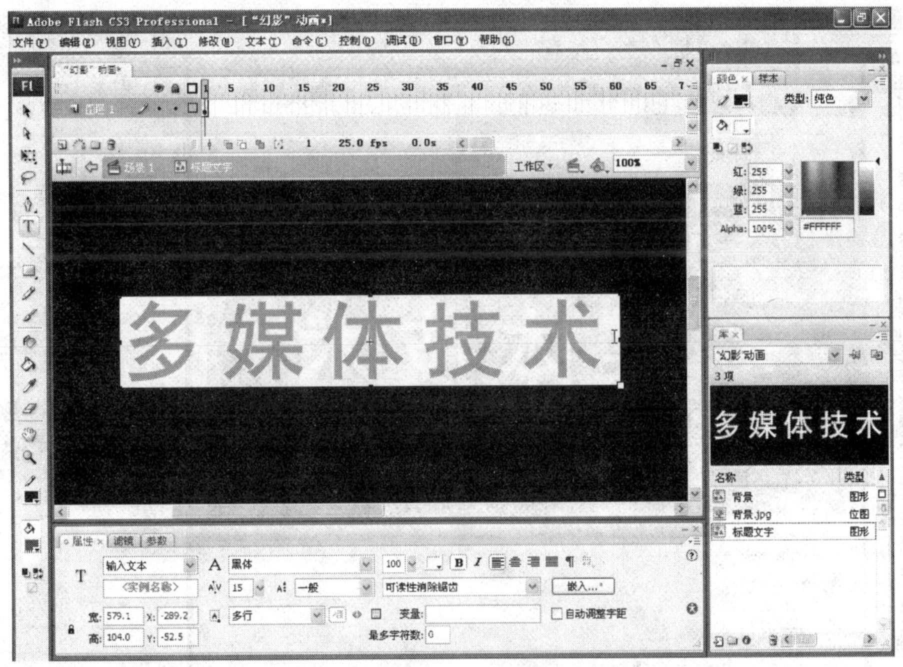

图 3－74　输入“多媒体技术”标题文字

步骤 12：在工具面板上单击选择 ↖ 工具，然后将“多媒体技术”标题文字移动到编辑窗口的中心位置，如图 3－75 所示。

图 3－75　移动“多媒体技术”标题文字到编辑窗口的中心位置

步骤 13：“标题文字”元件创建完毕，如图 3－76 所示，单击位于编辑窗口上方的 场景 1 图标，将当前编辑窗口切换到“场景 1”编辑窗口。

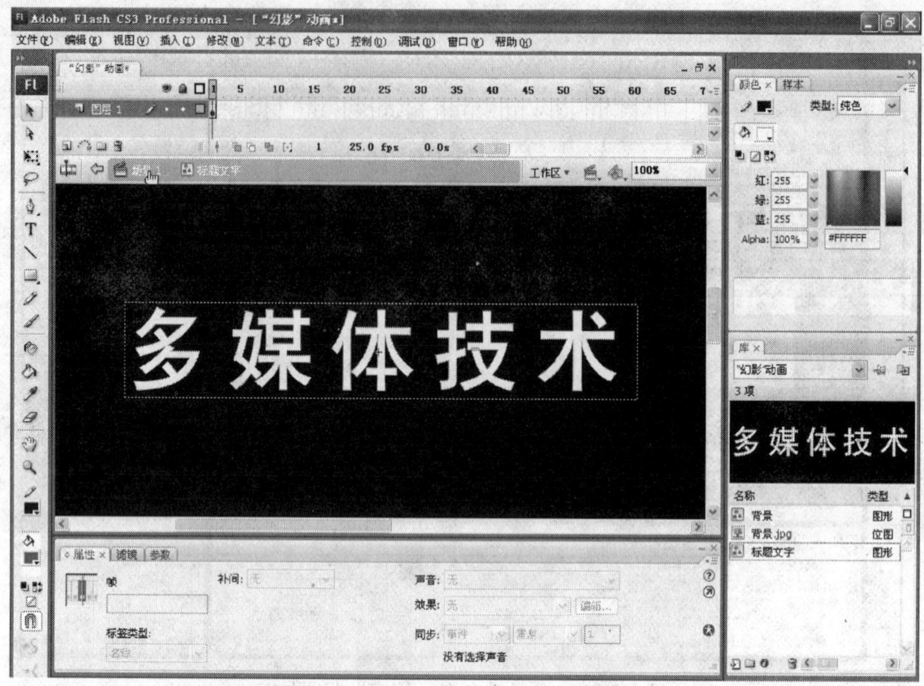

图 3－76　将程序切换至“Scene 1”编辑窗口

步骤 14：将鼠标移至“时间线”窗口，单击图标，在“时间线”窗口中添加一个新图层，如图 3－77 所示。

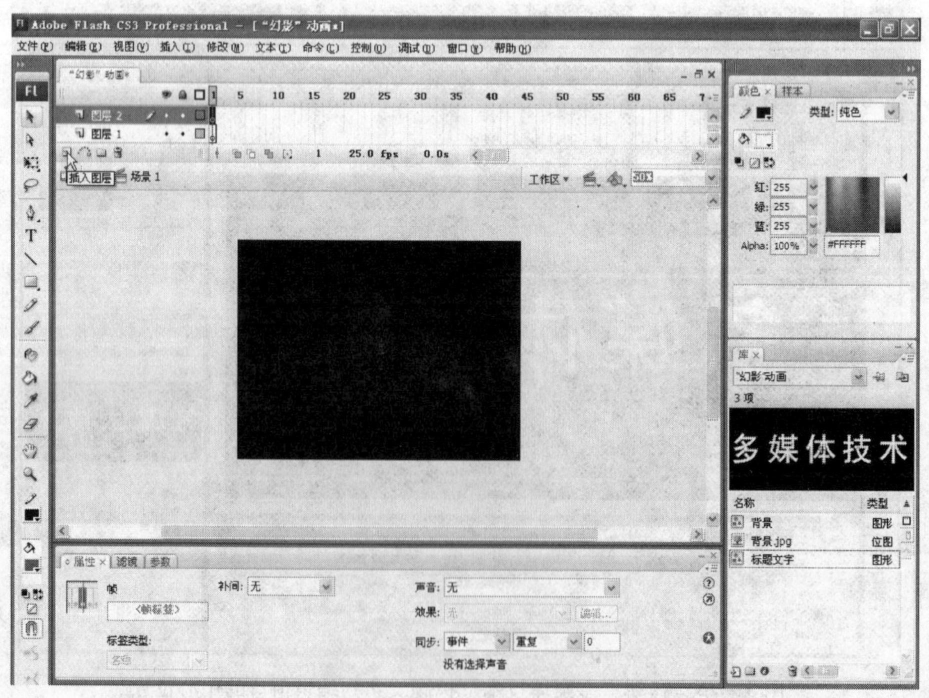

图 3－77　在“时间线”窗口中添加 1 个新图层

步骤 15：单击 图层 1 • • □，使“图层 1”处于当前选中状态，然后，将鼠标移至菜单栏的“窗口”选项处，单击鼠标并在弹出的下拉列表中选择“库”命令选项。如

图 3－78 所示，在编辑窗口右侧会弹出“库”面板。

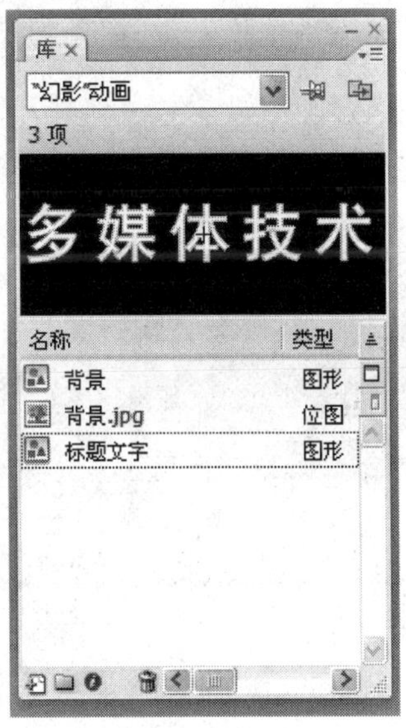

图 3－78　“库”面板

步骤 16：在“库”面板的列表中单击选中“背景”元件，如图 3－79 所示，并将其拖拽到当前编辑窗口中。

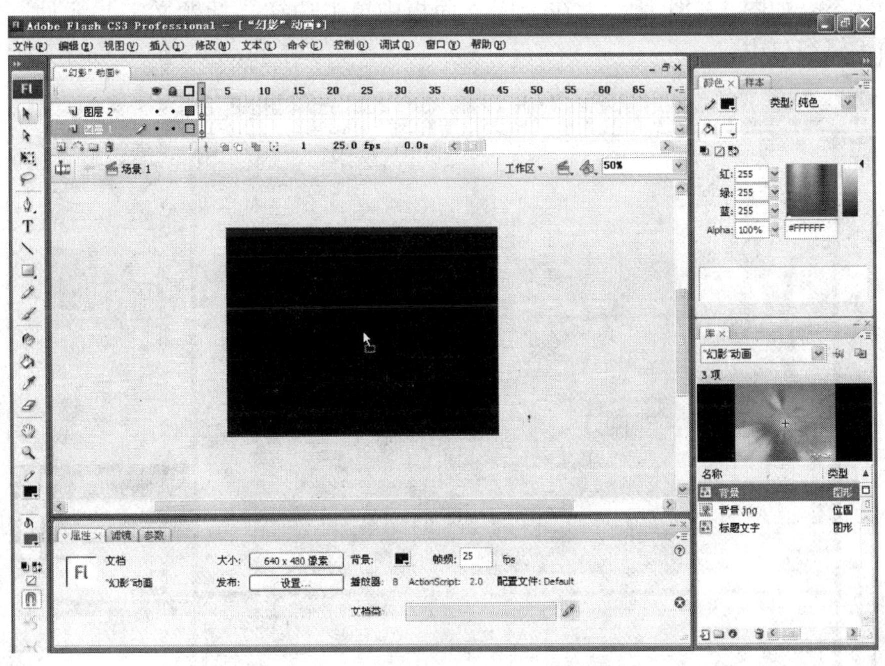

图 3－79　拖动“背景”元件到“图层 1”

步骤 17：背景图像的尺寸大小与当前设定的动画尺寸大小相同，通过工具面板上提供的 ↖ 工具或直接用键盘上的方向键对背景图像的位置进行适当调整，将背景图像的四周与动画的显示边界对齐。图 3－80 所示即为调整后的效果。

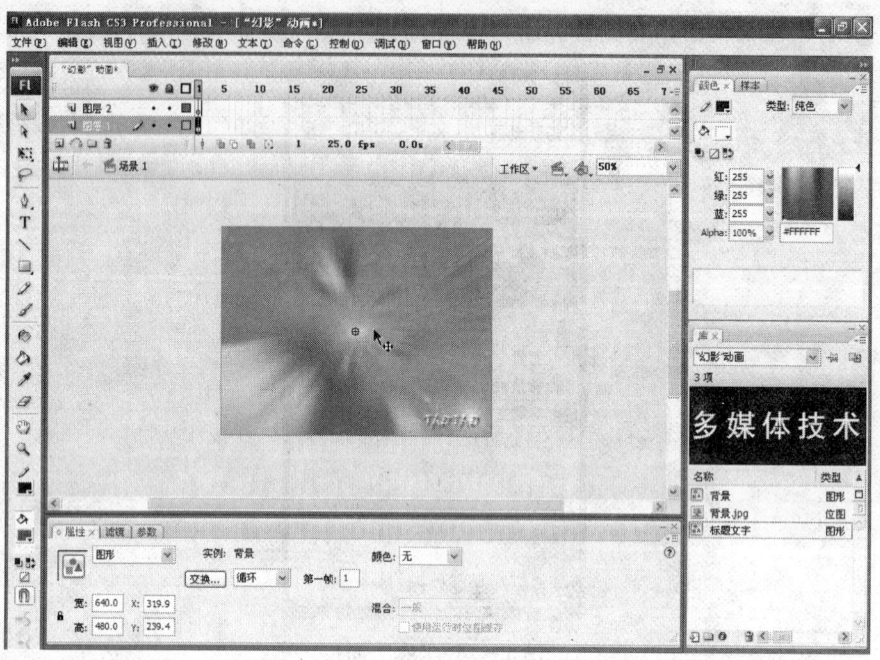

图 3 - 80　位置调整后的效果

步骤 18：将鼠标移至“时间线”窗口，单击 图层 2 ，使“图层2”处于当前选中状态，如图 3 - 81 所示，在“库”面板中单击选择“标题文字”元件，并将其拖动到当前编辑窗口中。

图 3 - 81　拖动“标题文字”元件到“图层 2”

步骤 19：通过 工具对“标题文字”进行位置调整，如图 3 - 82 所示，将“标题文字”移至背景图像的中间位置。

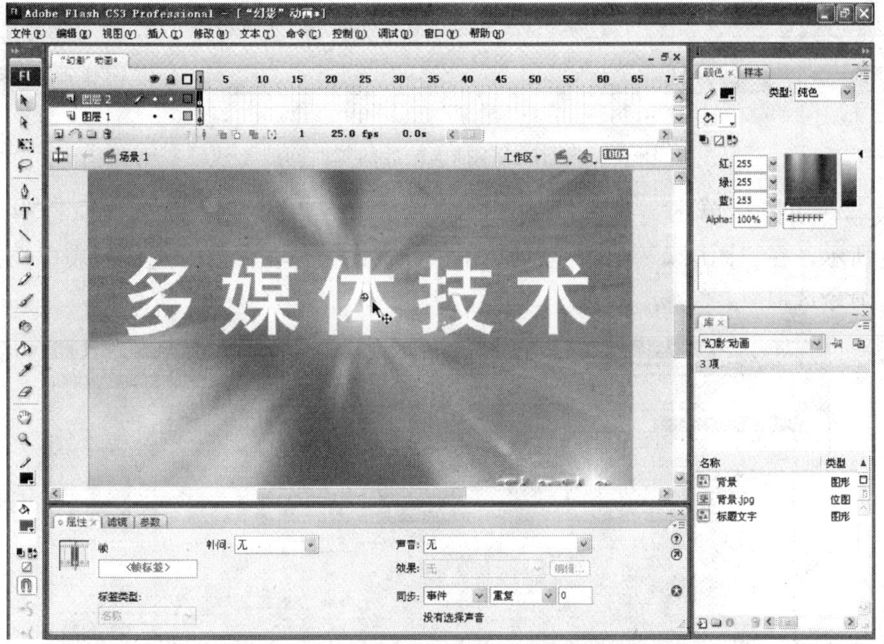

图 3 – 82　“标题文字”位置调整后的效果

步骤 20：重新将鼠标移至“时间线”窗口，单击 图层 1 ，使“图层 1”处于当前选中状态，如图 3 – 83 所示，在“图层 1”的第 65 帧处单击鼠标右键，并在弹出的选项列表中选择“插入帧”命令选项。

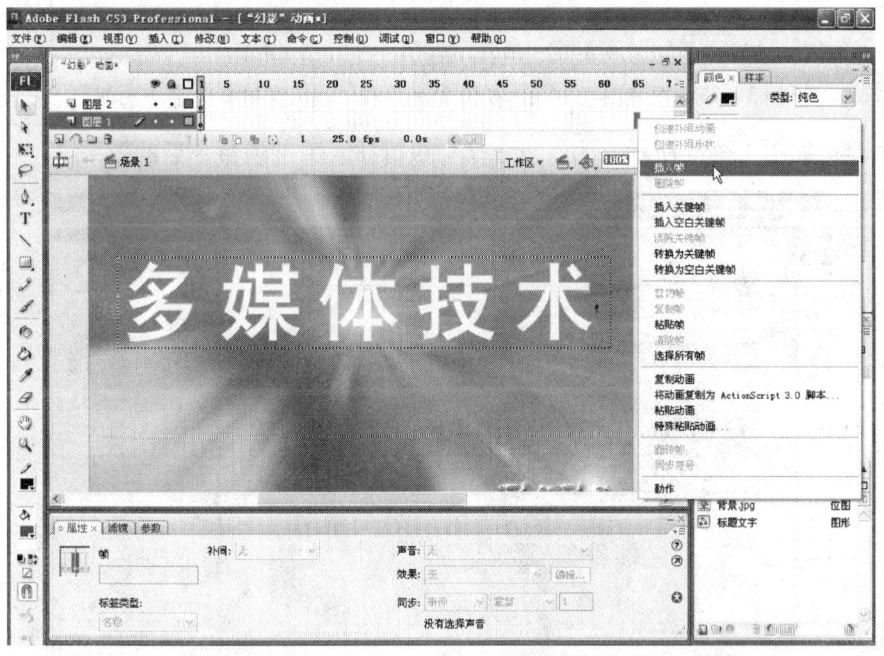

图 3 – 83　在“图层 1”的第 65 帧处执行“插入帧”命令选项

步骤 21：如图 3 – 84 所示为“图层 1”插入帧后的“时间线”效果。

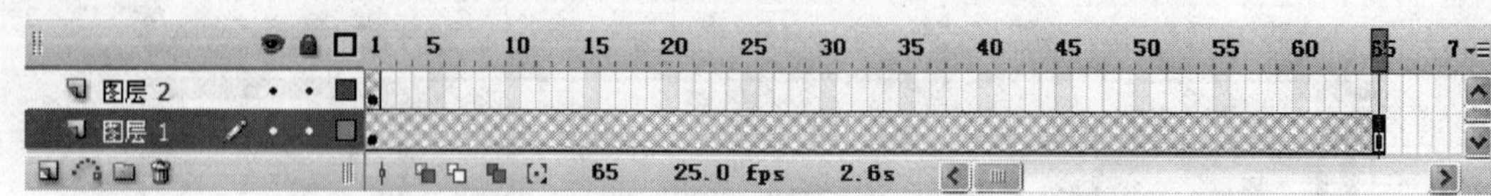

图 3－84 “图层 1”插入帧后的“时间线”效果

步骤 22：用鼠标单击 图层 2 ，使“图层 2”处于当前选中状态。如图 3－85 所示，在“图层 2”第 50 帧处单击鼠标右键，并在弹出的选项列表中选择“插入关键帧”命令选项。

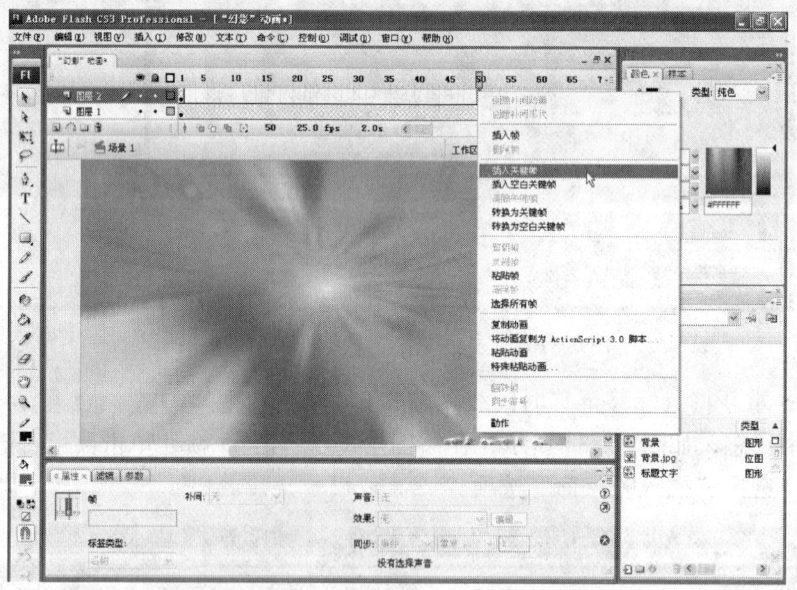

图 3－85 在“图层 2”的第 50 帧处执行“插入关键帧”命令选项

步骤 23：如图 3－86 所示，为“图层 2”执行插入关键帧命令后的效果。

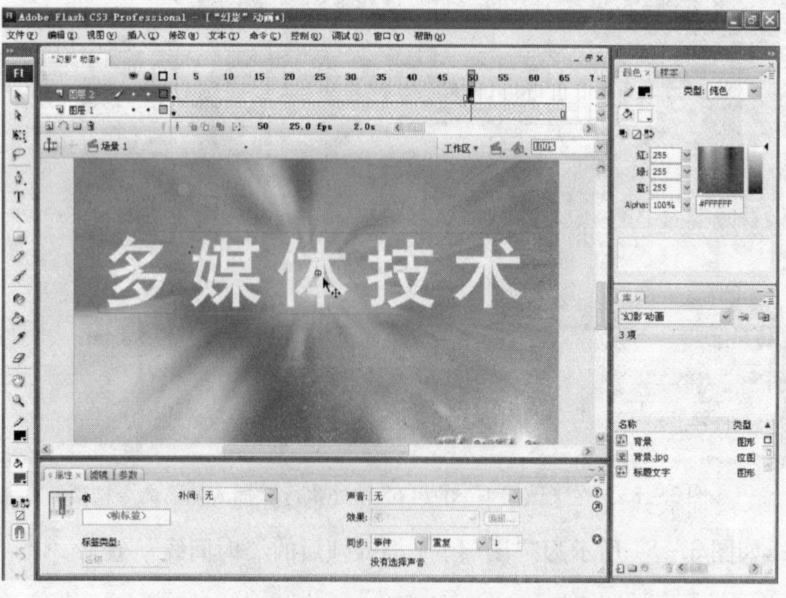

图 3－86 “图层 2”执行插入关键帧命令后的效果

步骤 24：在“图层 2”时间轴的第 1 帧处，单击鼠标左键，使红色时间标线位于“图层 2”的第 1 帧。在工具面板上选择任意变形工具，如图 3－87 所示，当任意变形工具被选中后，编辑窗口中的“标题文字”周围便出现了一个矩形调整框。

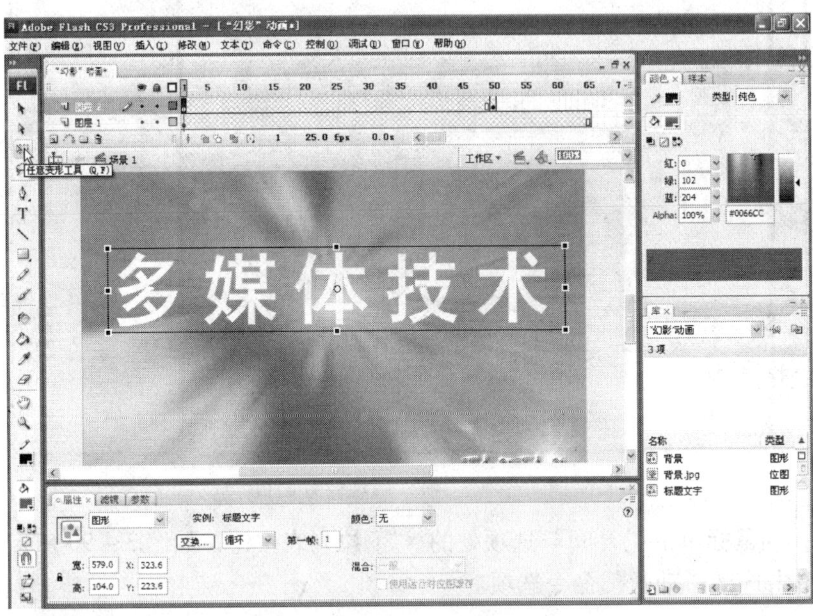

图 3－87　选取任意变形工具

步骤 25：调整矩形调整框的大小，将“标题文字”调整至很小。具体调整效果如图 3－88 所示。

图 3－88　“标题文字”的调整效果

步骤 26：将鼠标移至“时间线”窗口，在“图层 2”的第 1 帧处单击鼠标左键，如图 3－89 所示，此时位于编辑窗口下方的“属性”面板即切换到“帧”属性设置状态。

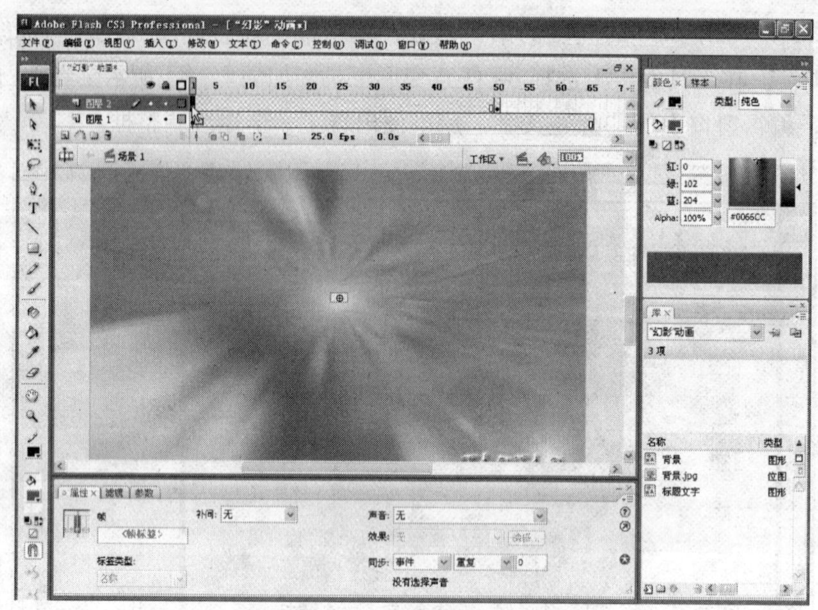

图 3 - 89 “帧”属性设置面板

步骤 27：用鼠标单击“补间”选项处的 下拉列表按钮，如图 3 - 90 所示，在弹出的选项列表中单击选择“动画”命令选项。

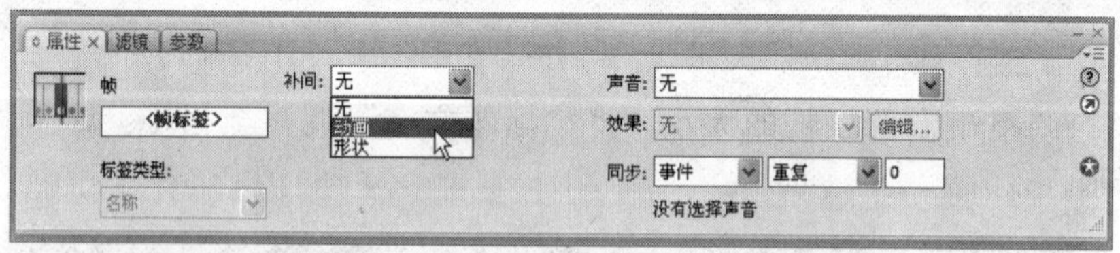

图 3 - 90 设置“补间”为“动画”模式

步骤 28：当选择“补间”为“动画”模式后，属性面板即弹出有关“动画”设置的子选项，如图 3 - 91 所示。

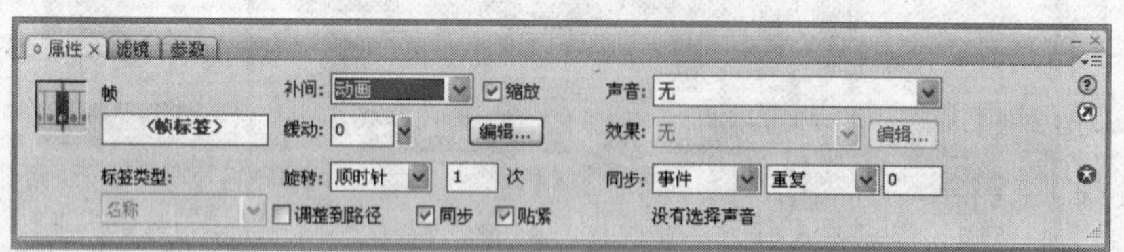

图 3 - 91 “动画”设置子选项

步骤 29：单击“旋转”处的 下拉列表按钮，并在弹出的选项列表中选择“顺时针”方式。具体设置如图 3 - 92 所示。

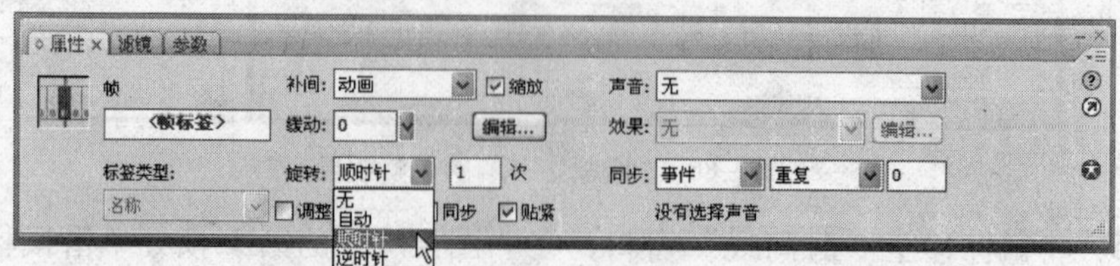

图 3 - 92 设置“旋转”为“顺时针”方式

步骤 30：设置好后，回到“时间线”窗口，如图 3－93 所示，“图层 2”从第 1 帧到第 50 帧的补间动画就生成了。

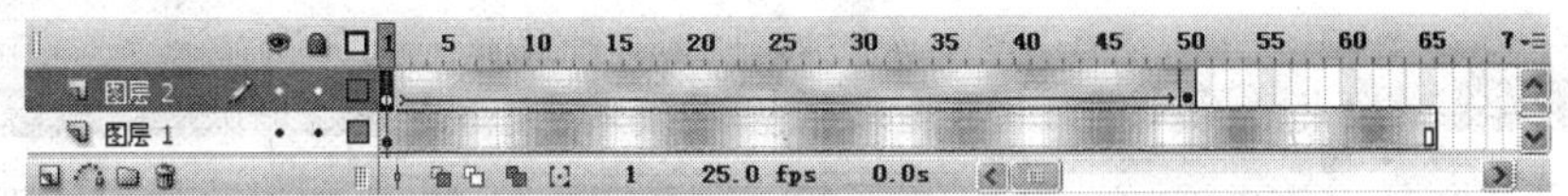

图 3－93　“图层 2”生成补间动画后的“时间线”效果

步骤 31：制作文字的“幻影”效果。首先，用鼠标单击 图层 2 ，如图 3－94 所示，使“图层 2”从第 1 帧到第 50 帧成黑色反白状态，这表示“图层 2”的所有动作关键帧都被选中（还可以先单击选中第 1 帧，然后在按住键盘 Shift 键的同时单击第 50 帧，这样也可实现对“图层 2”所有关键帧的选取）。

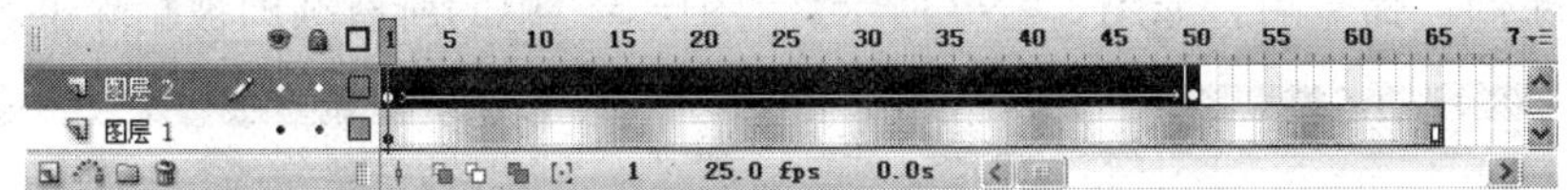

图 3－94　“图层 2”第 1 帧到第 50 帧被选中后的效果

步骤 32：在“图层 2”任意帧的位置上单击鼠标右键，即会弹出下拉选项列表。如图 3－95 所示，单击选择“复制帧”命令选项，将当前选中的所有关键帧进行复制。

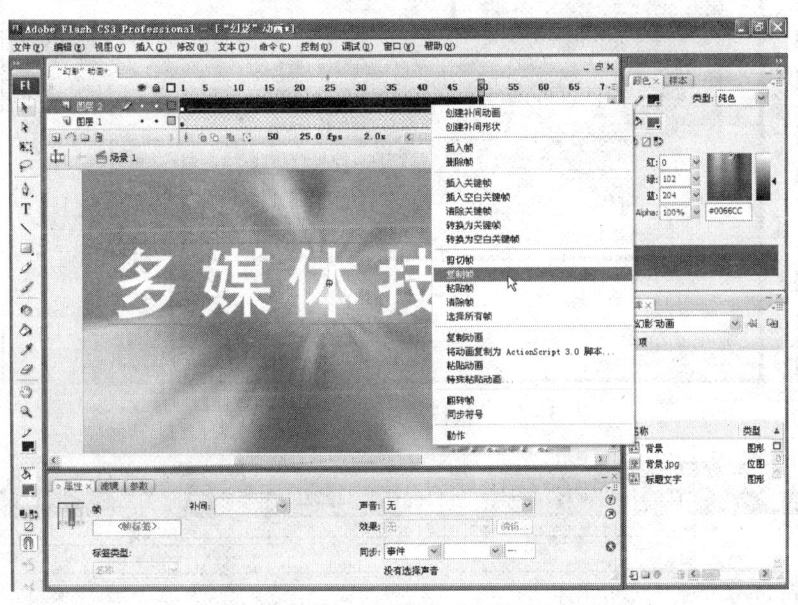

图 3－95　对“图层 2”执行“复制帧”命令选项

步骤 33：单击“时间线”窗口中的按钮插入新图层。如图 3－96 所示，在“图层 2”的上面又新增了一个“图层 3”。

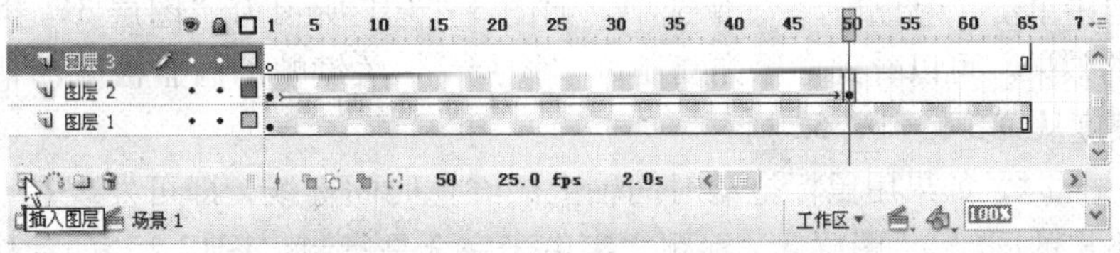

图 3－96　添加“图层 3”后的“时间线”窗口

步骤34：单击“图层3”的第1帧，然后在按住键盘上Shift键的同时，单击“图层3”的第65帧，如图3－97所示，“图层3”中的所有帧即被选中。

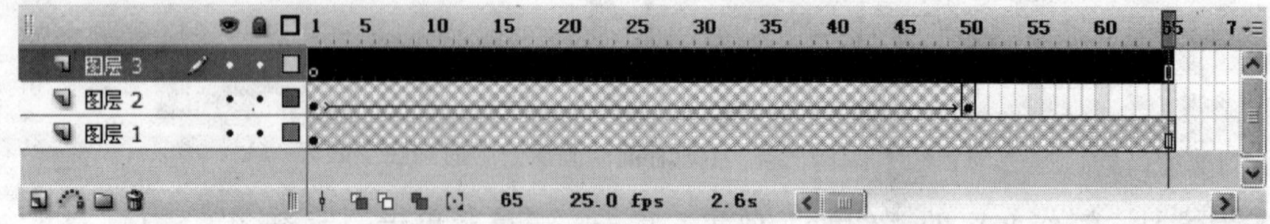

图3－97　“图层3”中的所有帧被选中后的效果

步骤35：用鼠标单击菜单栏上的“插入”选项，如图3－98所示，在弹出的下拉列表中选择“删除帧”命令选项（也可直接按键盘上的Shift＋F5组合键），将所选帧全部删除。执行了“删除帧”命令后，如图3－99所示，“图层3”中的所有帧即被删除了。

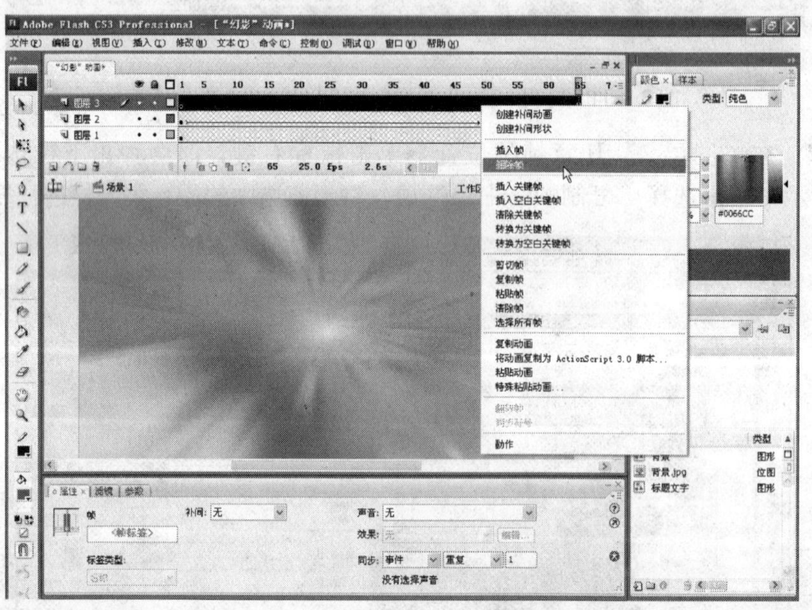

图3－98　执行“删除帧”命令选项

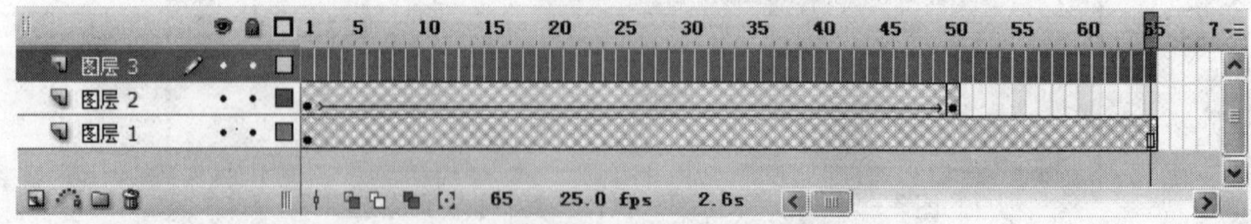

图3－99　“图层3”删除帧后的效果

步骤36：将鼠标移至“图层3”的第3帧处，单击鼠标右键，如图3－100所示，在弹出的列表选项中单击“粘贴帧”命令选项。如图3－101所示为“图层3”执行了“粘贴帧”命令后的效果。可以看到，原先复制的“图层2”关键帧的内容被全部粘贴到了“图层3”中，长度从第3帧到第52帧。

步骤37：此时，如果用鼠标拖动时间轴上的红色时间标线，即可发现在“图层2”标题文字旋转飞出的同时，“图层3”标题文字由于完全是复制“图层2”的动作过程，而且动画在起止时间上都较“图层2”落后2个帧，因此，“图层3”的标题文字紧紧“跟随”

“图层 2”标题文字的变化。效果如图 3－102 所示。

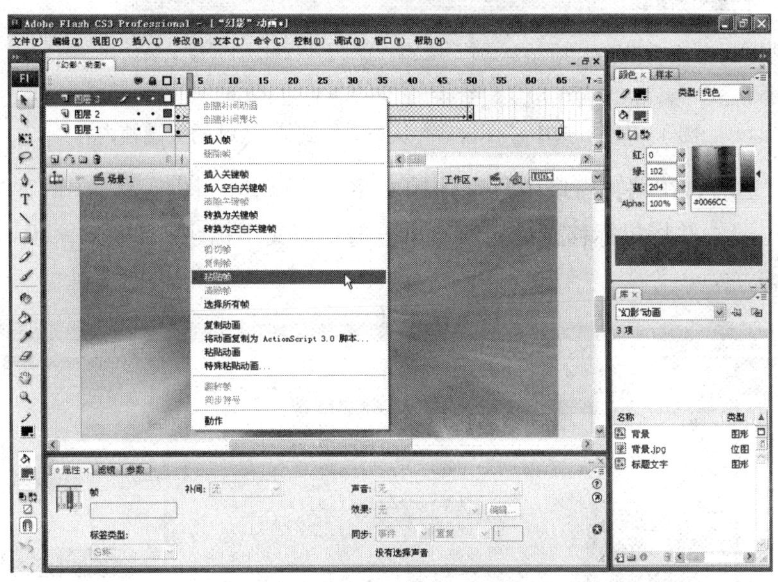

图 3－100　在“图层 3”的第 3 帧处执行“粘贴帧”命令选项

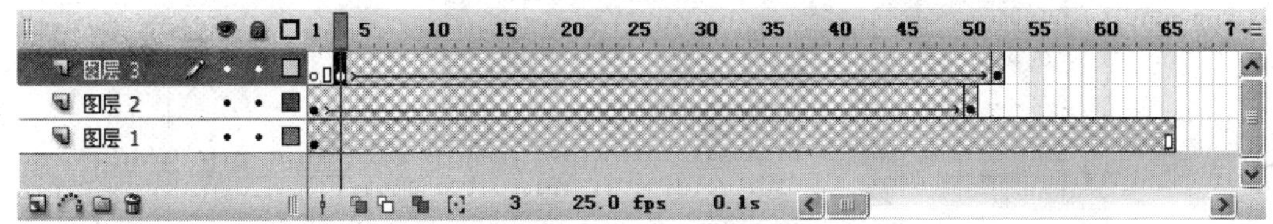

图 3－101　“图层 3”执行“粘贴帧”命令后的效果

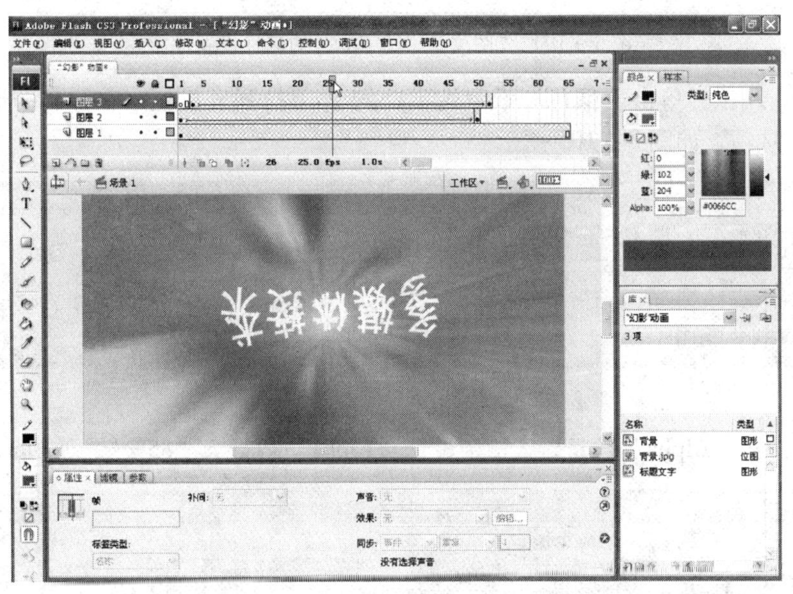

图 3－102　“图层 3”与“图层 2”的综合动画效果

步骤 38：重新用鼠标单击“图层 3”的第 3 帧，然后，在按住 Shift 键的同时单击“图层 3”的第 52 帧。如图 3－103 所示，将“图层 3”从第 3 帧到第 52 帧的关键帧内容全部选中。

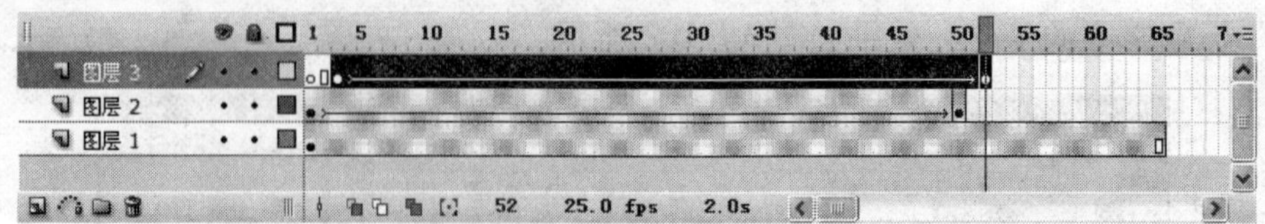

图 3－103　选中“图层 3”从第 3 帧到第 52 帧的关键帧内容

步骤 39：这时，在编辑窗口中只有标题文字，这就是“图层 3”中的内容。选取工具面板上的 工具，并将鼠标移至编辑窗口单击选中该文字标题。如图 3－104 所示，切换至“属性”设置状态。

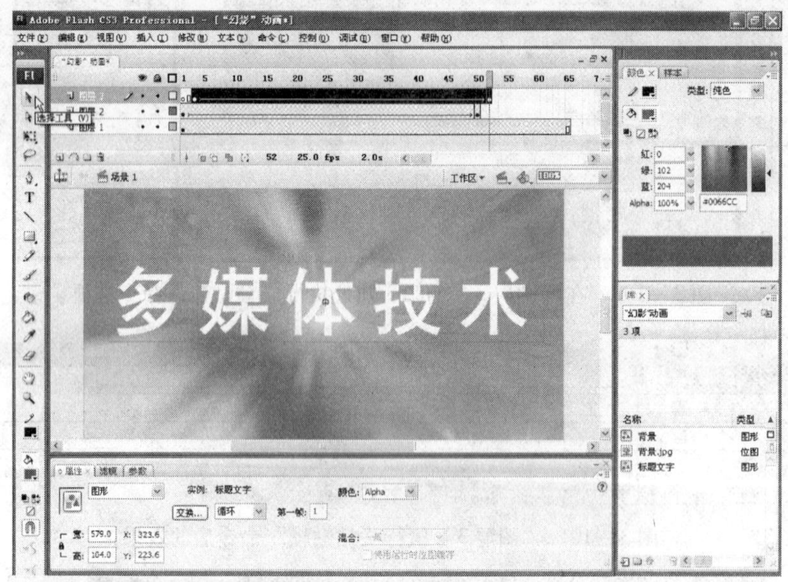

图 3－104　“图层 3”文字标题的属性设置面板

步骤 40：用鼠标单击“颜色”设置选项处的 下拉列表按钮，在弹出的选项列表中选择“Alpha”选项，如图 3－105 所示。

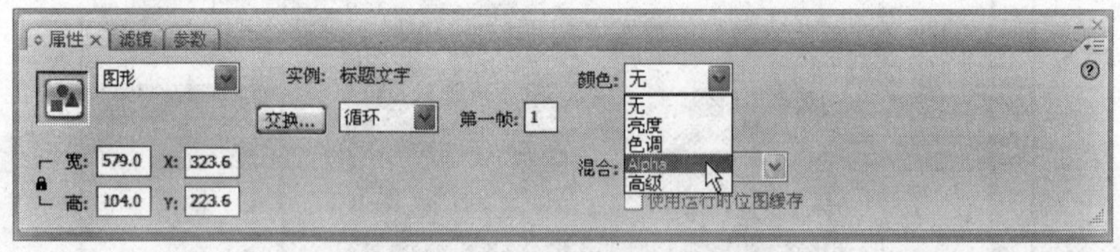

图 3－105　选择“Alpha”选项

步骤 41：在“Alpha”数量输入框中设置“Alpha”数量为“85%”，如图 3－106 所示。

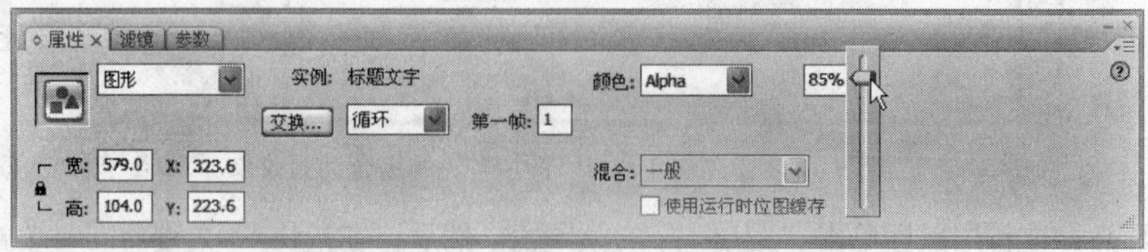

图 3－106　设置“Alpha”数量为“85%”

步骤 42：将鼠标移回到“时间线”窗口，如图 3 – 107 所示，再单击按钮插入新图层。

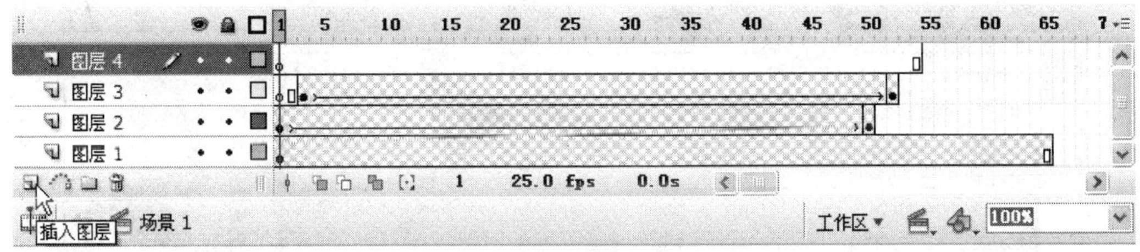

图 3 – 107　单击按钮新建图层

步骤 43：插入新图层后，在“图层 3”的上面又新增了一个“图层 4”，按第 34 步的操作，将“图层 4”从第 1 帧到第 65 帧全部选中，如图 3 – 108 所示。

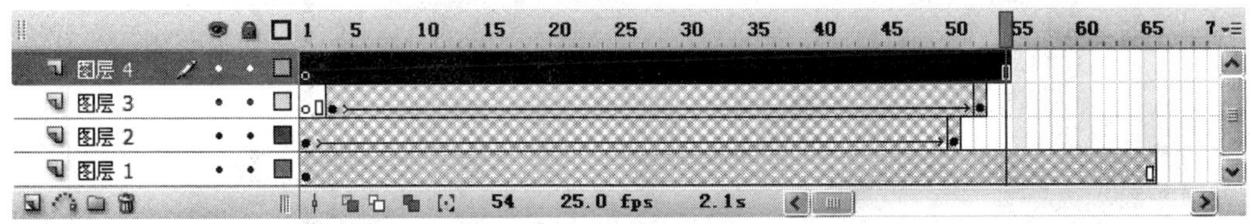

图 3 – 108　“图层 4”所有帧被选中后的效果

步骤 44：按第 35 步的操作或直接按键盘上的 Shift + F5 组合键，将所选的关键帧全部删除，如图 3 – 109 所示为帧删除后的效果。

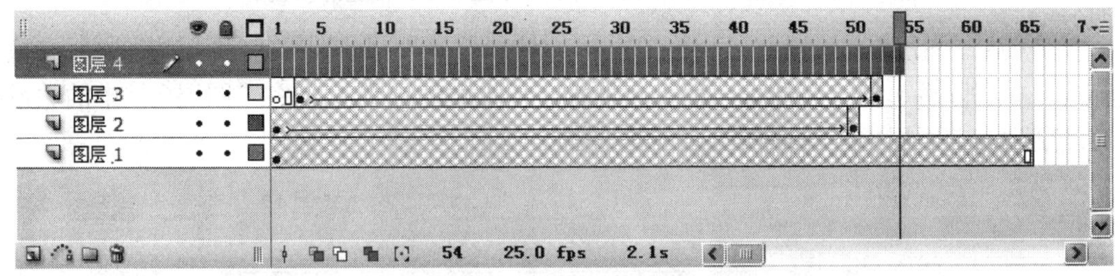

图 3 – 109　“图层 4”执行“删除帧”命令后的效果

步骤 45：按第 36 步的操作，在“图层 4”的第 5 帧处单击鼠标右键，并从弹出的选项列表中单击执行“粘贴帧”命令选项。如图 3 – 110 所示，为“图层 4”完成“粘贴帧”操作后的效果。

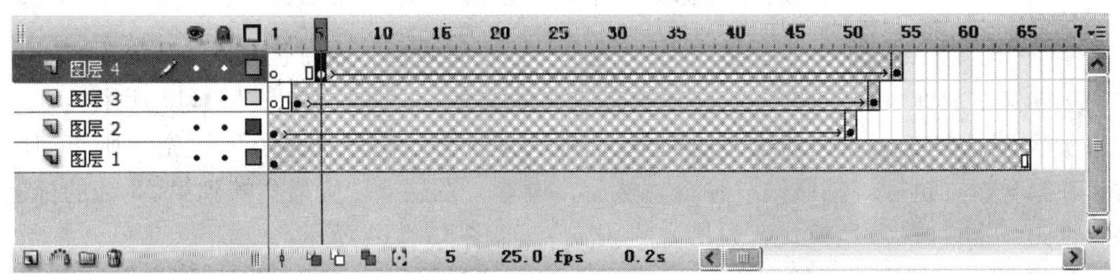

图 3 – 110　“图层 4”执行“粘贴帧”操作后的效果

步骤 46：按照第 38 步到第 41 步对“图层 3”中标题文字属性的设置方法，首先先选中“图层 4”从第 5 帧到第 54 帧所有关键帧的内容，然后，选取工具并单击选中编辑窗口中标题文字，在弹出的“属性”设置面板中设置“颜色”模式为“Alpha”，数量为“75%”，如图 3－111 所示。

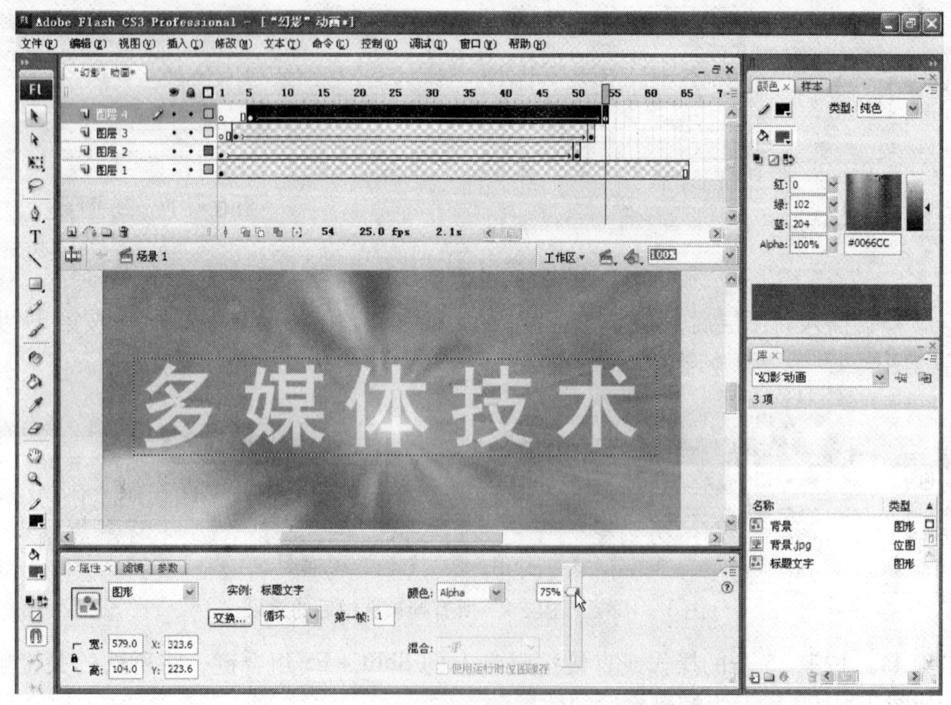

图 3－111　对“图层 4”中的标题文字属性进行设置

步骤 47：“图层 4”编辑好后，再单击按钮新建“图层 5”，将“图层 5”中所有帧的内容选取并删除后，在“图层 5”第 7 帧处执行“粘贴帧”命令，将“图层 2”中的关键帧内容复制到当前图层中。效果如图 3－112 所示。

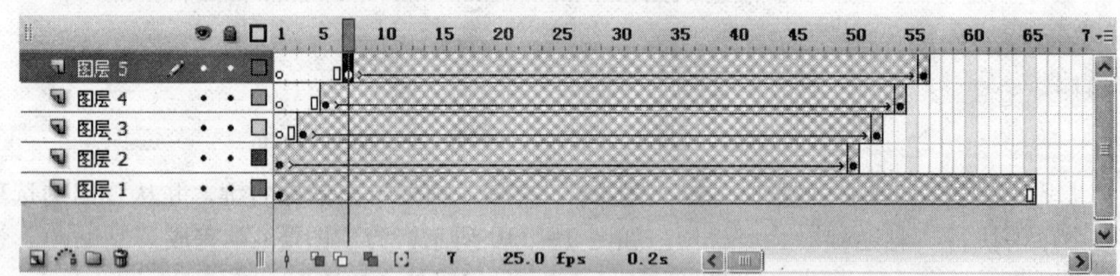

图 3－112　“图层 5”执行“粘贴帧”操作后的效果

步骤 48：按照先前对“图层 3”、“图层 4”的设置方法，将“图层 5”从第 7 帧到第 56 帧的标题文字属性设为“Alpha”颜色模式，数量设为“65%”，如图 3－113 所示。

步骤 49：单击按钮新建“图层 6”，用同样方法，将“图层 6”原先的所有帧删除后，在第 9 帧处执行“粘贴帧”命令。然后，设置“图层 6”从第 9 帧到第 58 帧的标题文字属性为“Alpha”颜色模式，数量为“50%”，如图 3－114 所示。

步骤 50：设置完毕，如图 3－115 所示为当前“时间线”效果，“图层 6”位于最高层，往下依次为“图层 5”、“图层 4”、“图层 3”、“图层 2”和“图层 1”。

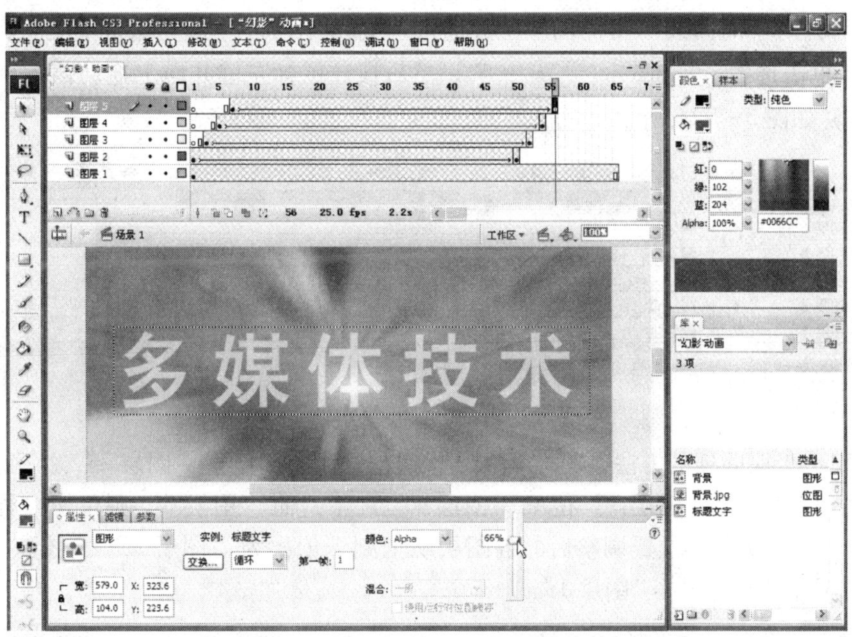

图 3－113　设置“图层 5”中的标题文字属性

图 3－114　设置“图层 6”中的标题文字属性

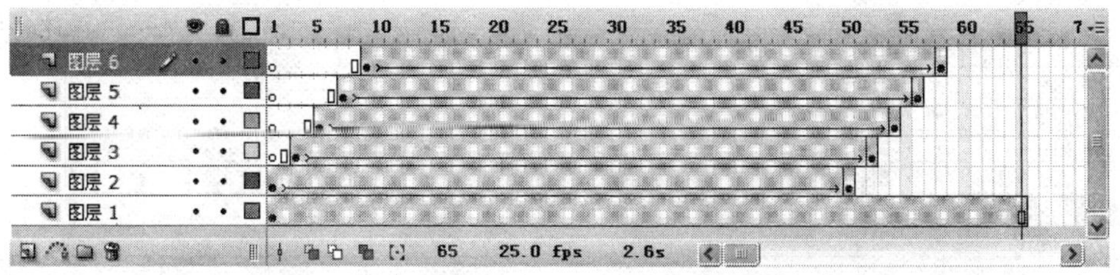

图 3－115　当前“时间线”中的图层排列效果

步骤51：对“时间线”中的图层位置进行调整。“图层1”位置保持不变。将鼠标移至“图层2”，单击选中 图层 2 ，然后按住鼠标左健并向上拖动该图层至“图层6”的上方，如图3－116所示。

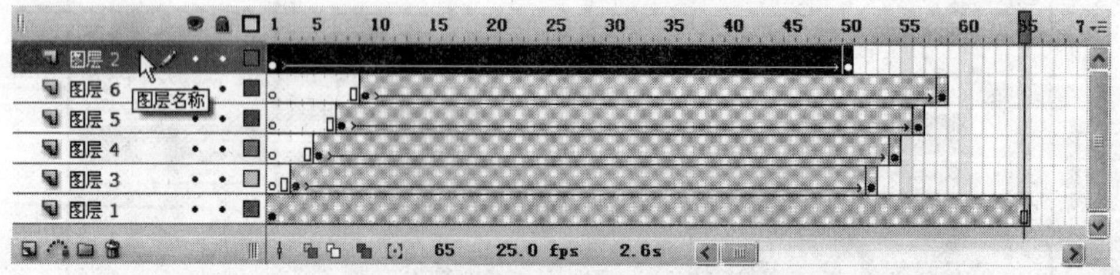

图3－116 “图层2”位置调整后的效果

步骤52：采取同样的方法，将“图层3”的位置调整到位于“图层2”之下，“图层4”位于“图层3”之下，“图层5”位于“图层4”之下，而“图层6”则位于“图层5”之下。如图3－117所示，位置调整后的各图层从上到下依次为“图层2”、“图层3”“图层4”、“图层5”、“图层6”、“图层1”。

图3－117 各图层位置调整后的最终效果

步骤53：将鼠标移至“图层2”的第65帧处，单击鼠标右键并在弹出的选项列表中选择执行“插入帧”命令选项，如图3－118所示。

图3－118 “图层2”第65帧执行“插入帧”命令后的效果

步骤54：依次在“图层3”、“图层4”、“图层5”和“图层6”的第65帧处执行“插入帧”命令选项。如图3－119所示为执行“插入帧”命令后的最终效果。

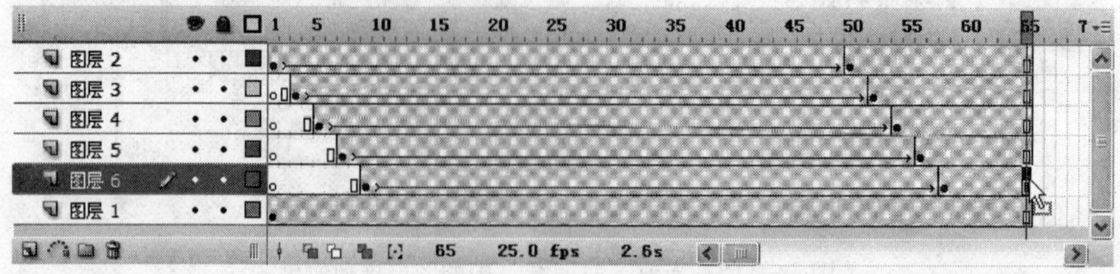

图3－119 执行“插入帧”命令后的最终效果

步骤55：至此，“幻影”动画就制作好了，按Ctrl+Enter组合键观察动画效果，确认满意后，关闭预览窗口，单击菜单栏上的“文件”选项，如图3－120所示，在弹出的下拉列表中选择“保存”命令选项。

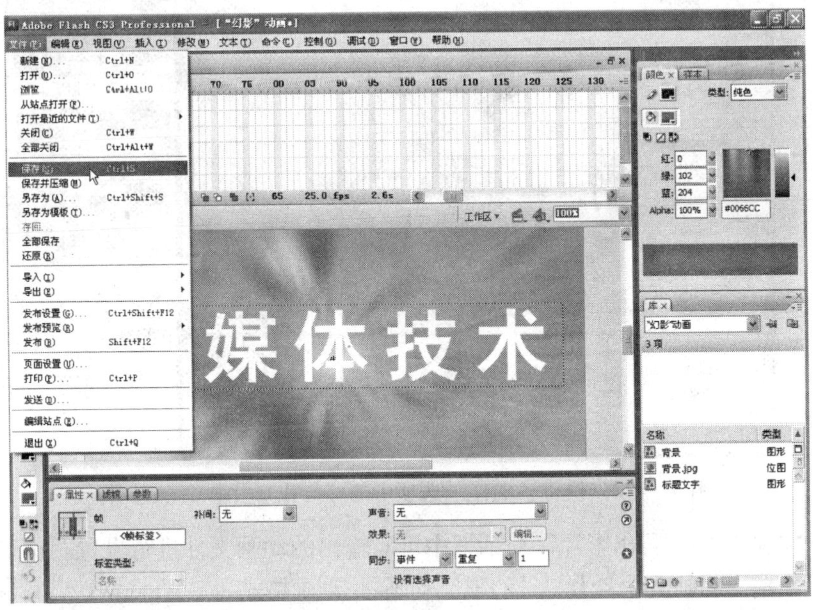

图3－120　执行“文件”选项中的“保存”命令选项

步骤56：如图3－121所示，在弹出的“另存为”对话框中，设定好该动画程序的存储路径，在“文件名”输入框中输入“‘幻影’动画”作为该动画程序的文件名，并设置“保存类型”为“Flash CS3 文档（*.fla）”。

图3－121　“另存为”对话框

步骤57：设置后好，单击 保存(S) 按钮完成保存。然后，再单击“文件”选项，并从弹出的下拉列表中单击执行“导出”中的“导出影片”命令选项，如图3－122所示。

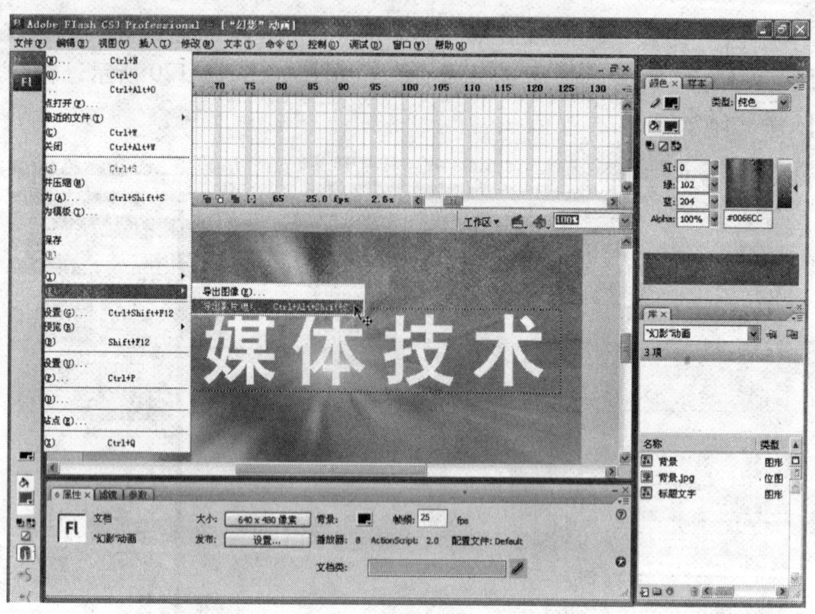

图 3－122　执行“文件”选项中的“导出影片”命令选项

步骤 58：在弹出的“导出影片”对话框中可对输出的动画文件进行设置。这里，我们选择好输出路径后，输入动画文件名为“‘幻影’动画”，动画格式为“Windows AVI（*.avi）”，如图 3－123 所示。

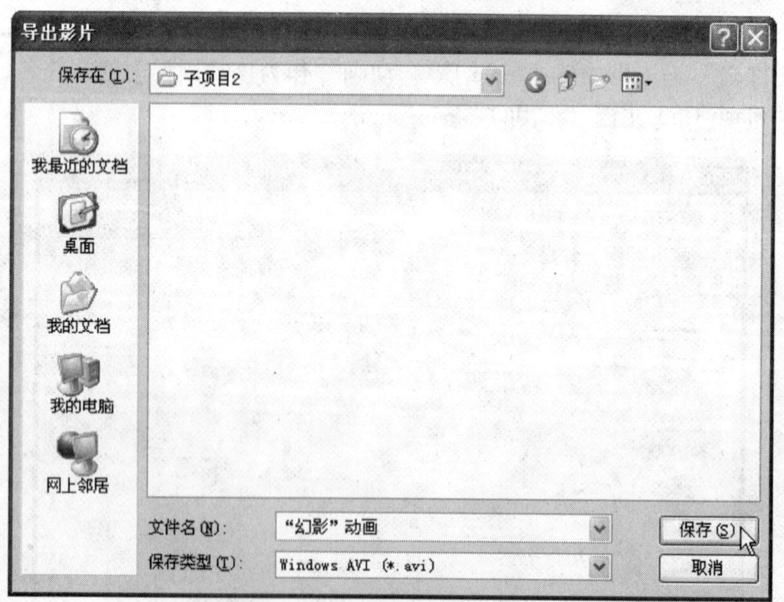

图 3－123　“导出影片”对话框

步骤 59：一切就绪，单击［保存(S)］按钮，并设置好输出属性后，即可完成对动画作品的输出。如图 3－124 所示为该动画生成后的几个关键帧。

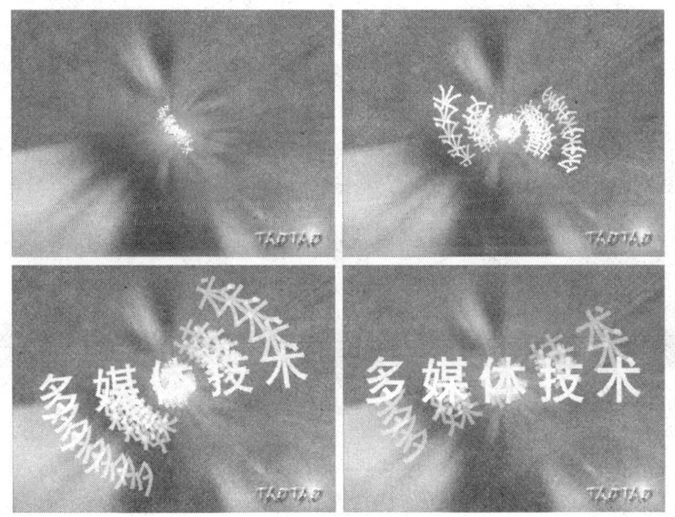

图 3－124　动画中的几个关键帧

子项目 3　制作“书写”动画

实训目的：

体会 Flash CS3 中“书写”动画的特色及适用范围，体会运动引导层的功能和作用，掌握 Flash CS3 中“书写”动画的制作方法。

项目实例：

本实例中，将制作一个用毛笔书写“江南水乡”四个字的动画。

项目要求：

如图 3－125 所示为本实例动画的最终效果。动画一开始，一只毛笔便自动在背景上书写文字，随着毛笔划过，字迹随之显现，从而产生用毛笔写字的动画效果。整个动画要求制作精细，书写的过程流畅，充分体现出书写文字的特色。

图 3－125　动画最终效果

项目分析：

本实例中的重点为毛笔动作路径的制作，以及关键帧的应用，在制作中要认真体会。

制作步骤：

步骤 1：启动 Flash CS3 程序，在其初始界面中选择“新建”选项中的“Flash 文件（ActionScript2.0）”选项；在 Flash CS3 操作界面中执行“文件→导入→导入到库”，在弹出的“导入到库”对话框中选择“江南水乡 .jpg”、“毛笔 .png”和“文字 .png”，并单击 打开(O) 按钮即可将素材文件导入到库中，如图 3 – 126 所示。

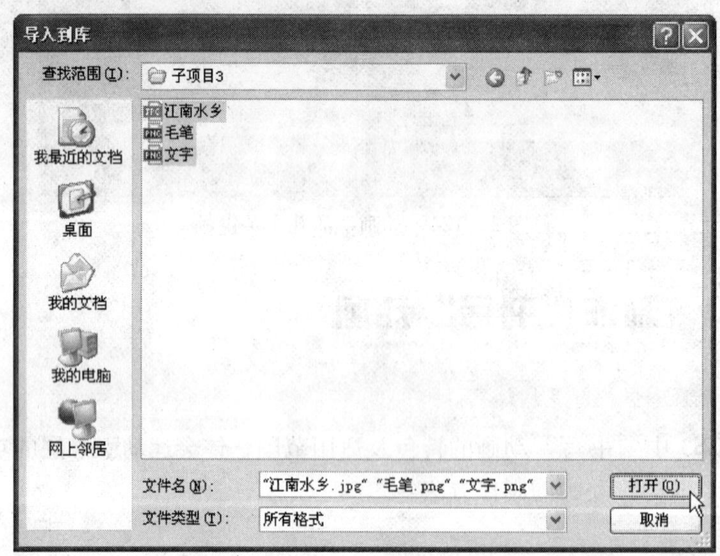

图 3 – 126　将素材文件导入到库中

步骤 2：如图 3 – 127 所示为库面板中导入的素材。“毛笔 .png”和“文字 .png”两个素材在导入到库中时自动生成了“元件 2”和“元件 3”两个图形元件。

图 3 – 127　导入到库面板中的素材

步骤 3：将库面板中的“江南水乡 .jpg”元件拖拽到舞台中，并查看其尺寸，如图 3 – 128 所示。

图 3 – 128　查看“江南水乡 .jpg”元件的尺寸

步骤 4：按照“江南水乡 .jpg”元件的尺寸，在“文档属性”对话框中将舞台的尺寸修改为“宽 378 像素，高 302 像素”，如图 3 – 129 所示。

文档属性
标题(T):
描述(D):
尺寸(I): 378 像素 (宽) x 302 像素 (高)
匹配(A): 打印机(P) 内容(C) 默认(E)
背景颜色(B):
帧频(F): 12 fps
标尺单位(R): 像素
设为默认值(M)　确定　取消

图 3 – 129　修改舞台的尺寸

步骤 5：设置“江南水乡 .jpg”元件的对齐属性为相对于舞台水平中齐、垂直中齐，如图 3 – 130 所示。

图 3－130 设置“江南水乡 . jpg”元件的对齐属性

步骤 6：将“图层 1”重命名为“背景”，并将该图层锁定，如图 3－131 所示。

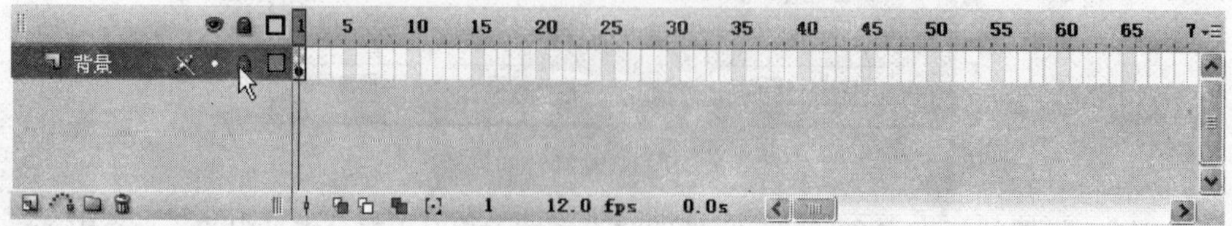

图 3－131 重命名“图层 1”并将其锁定

步骤 7：单击按钮新建图层，如图 3－132 所示。

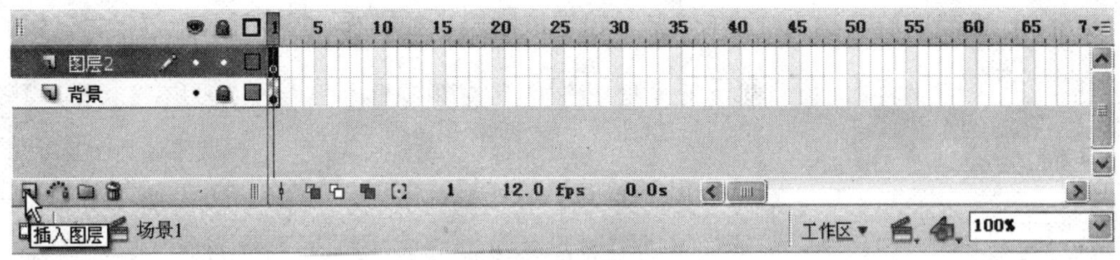

图 3 - 132　新建图层

步骤 8：如图 3 - 133 所示，将“元件 3”元件拖拽到舞台中，并设置其对齐属性为相对于舞台水平中齐、垂直中齐。

图 3 - 133　设置“元件 3”元件的对齐属性

步骤9：更改图层名称为“文字”，并锁定该图层，如图3－134所示。

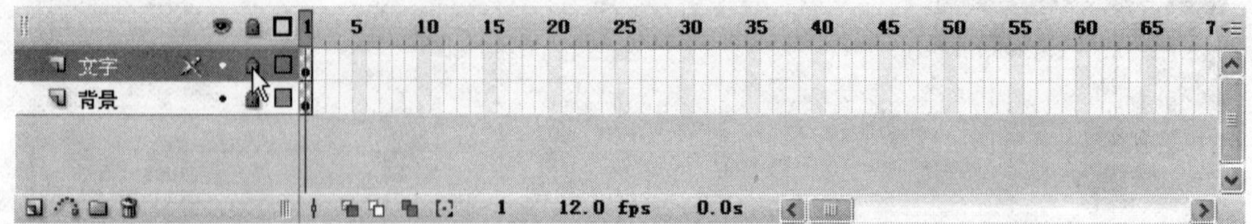

图3－134 更改图层名称并将其锁定

步骤10：再次新建图层，并将其命名为“画笔”，如图3－135所示。

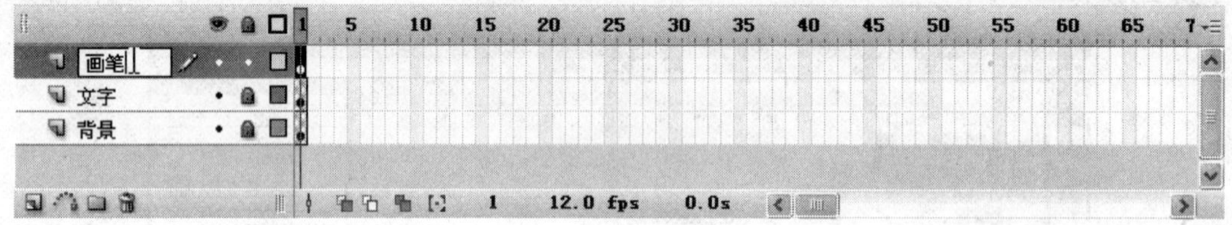

图3－135 新建图层

步骤11：如图3－136所示，将库面板中的“元件2”元件拖拽到舞台中。

图3－136 将“元件2”元件拖拽到舞台中

步骤12：在“画笔”图层上单击鼠标右键选择“添加引导层”为“画笔”图层添加引导层，如图3－137所示。

步骤13：选择“画笔”图层的引导层，选择工具栏中的“铅笔工具”按钮，设置铅笔笔触的颜色为“#FF0000”红色，设置铅笔的模式为“平滑”模式，如图3－138所示。

图 3 - 137　为“画笔”图层添加引导层

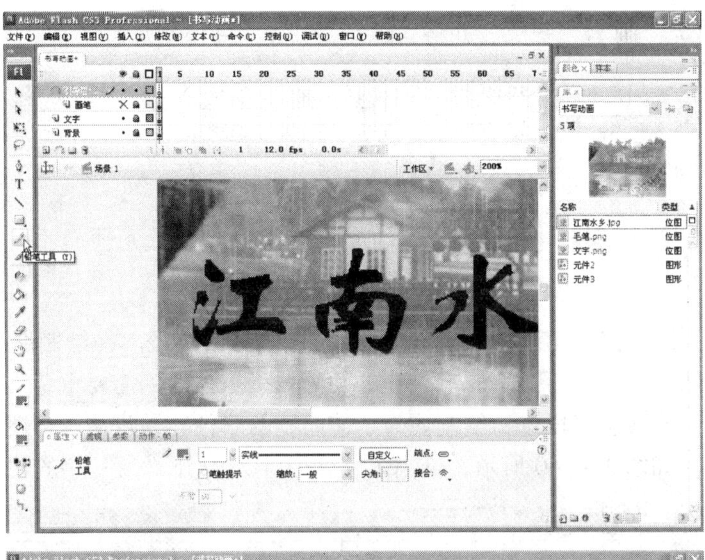

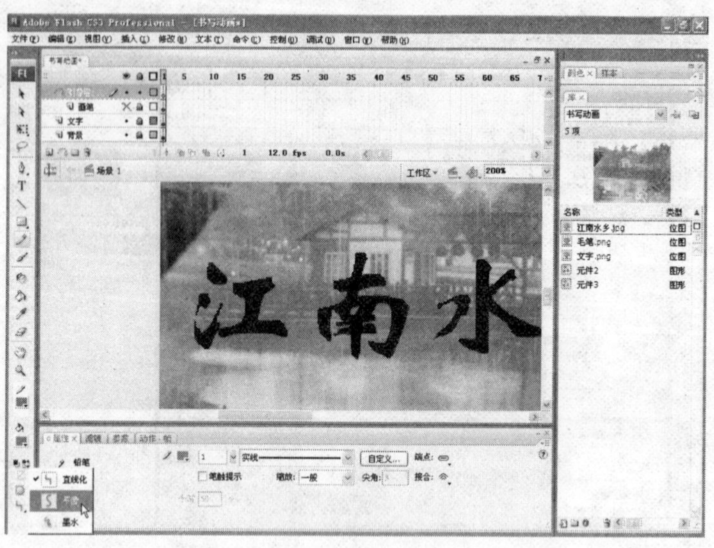

图 3－138　设置铅笔工具的属性

步骤 14：锁定“画笔”图层，并将其隐藏，如图 3－139 所示。

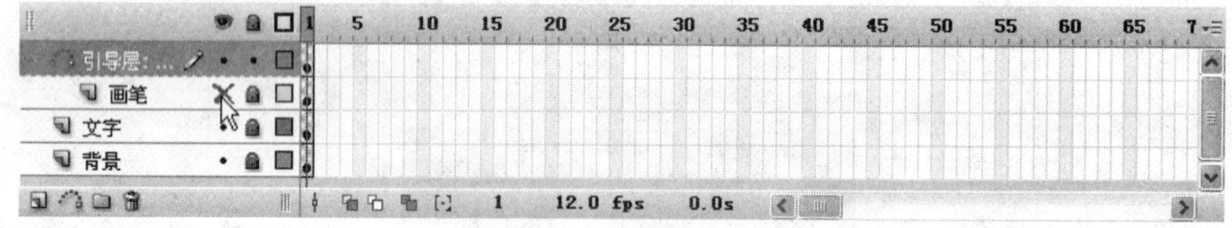

图 3－139　锁定并隐藏“画笔”图层

步骤 15：使用铅笔工具绘制“毛笔”元件的“书写”路径。在绘制路径时要注意不要出现路径重叠交错的情况，否则会影响最终的动画效果。在遇到需要重叠绘制路径时，可将路径分成两段或三段甚至多段进行绘制。为了使绘制的路径容易辨认，可使用不同的颜色绘制不同段的路径。如图 3－140 所示，绘制了“江”字及部分“南”字的“书写”路径。

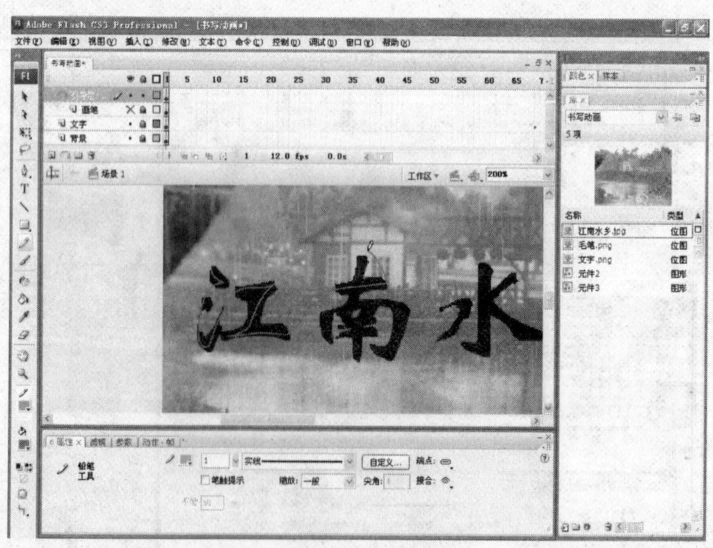

图 3－140　绘制“书写”路径（一）

步骤 16：选择工具栏中的“部分选取工具”对绘制的路径进行调整，使路径平滑，如图 3 – 141 所示。

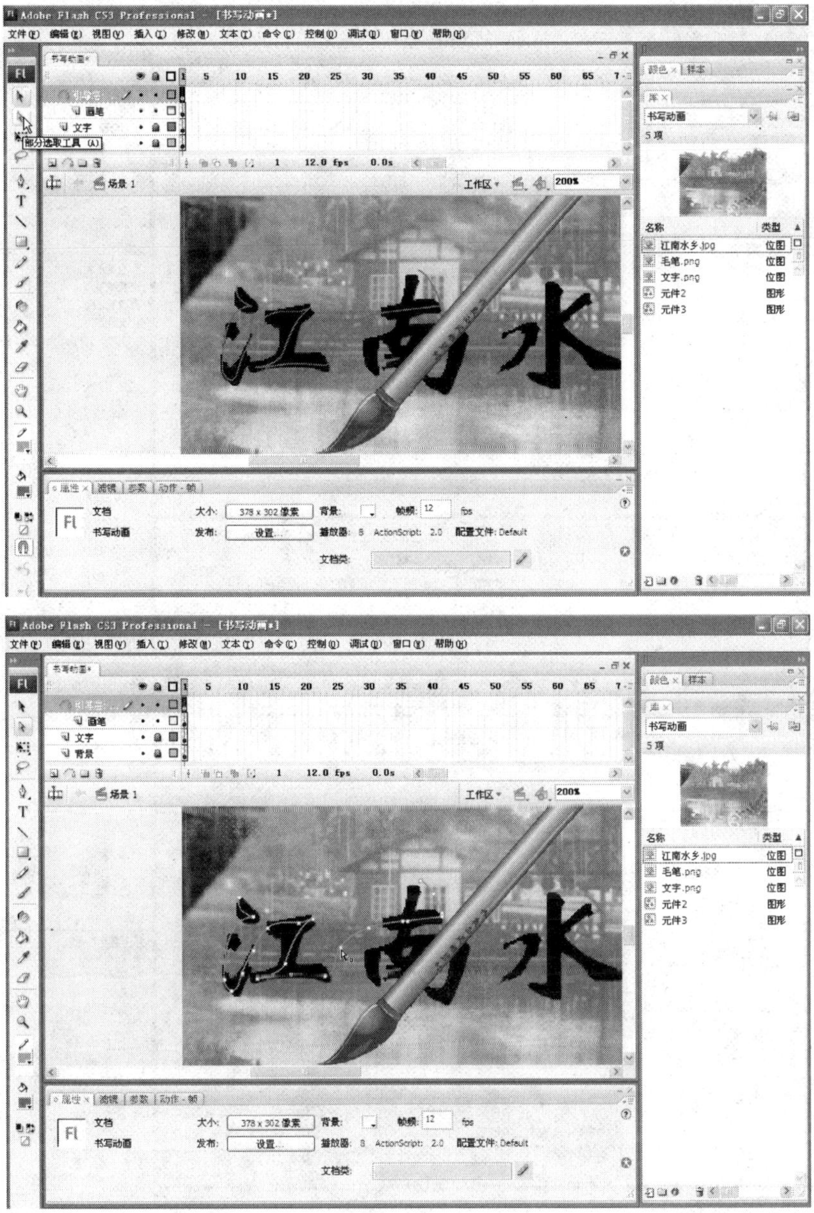

图 3 – 141　修改绘制的路径

步骤 17：取消“画笔”图层的隐藏及锁定，如图 3 – 142 所示。

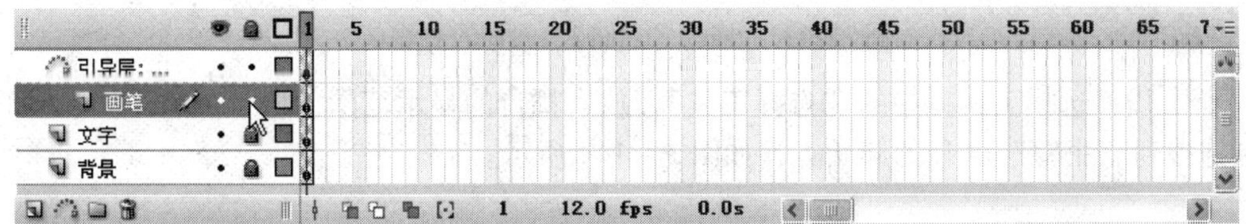

图 3 – 142　取消“画笔”图层的隐藏及锁定

步骤 18：选择工具栏中的“任意变形工具”，再选择舞台中的“元件 2”元件，改变其对称点至“元件 2”的毛笔笔尖处，如图 3 - 143 所示。

图 3 - 143　修改“元件 2”元件的对称点

步骤 19：选择工具栏中的“选择工具”，放大舞台的显示范围，将“元件 2”元件的对称点拖拽到“书写”路径的起始点，如图 3 - 144 所示。

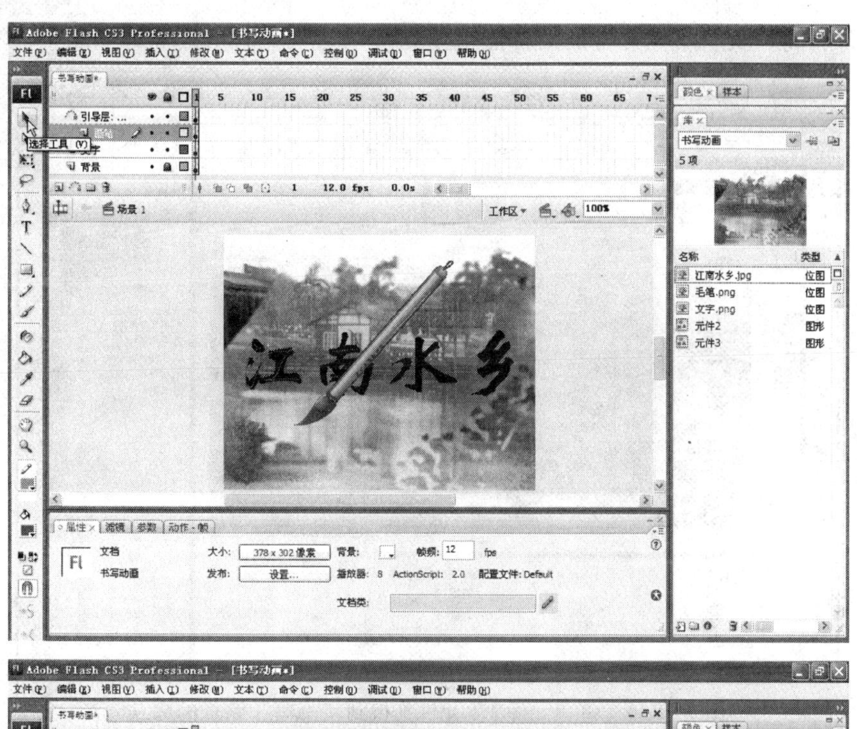

图 3－144　将“元件 2”元件拖拽到“书写”路径的起始点

步骤 20：分别在“背景”、“文字”和“引导层：画笔”图层的第 37 帧处按键盘的 F5 键插入帧，在“画笔”图层的第 37 帧处按键盘的 F6 键插入关键帧，如图 3－145 所示。

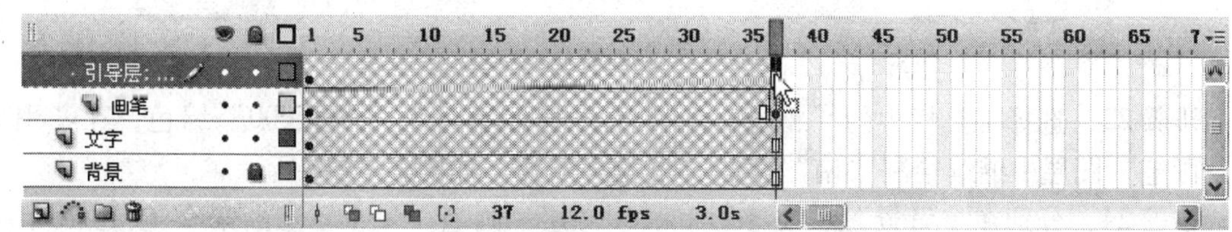

图 3－145　插入帧

步骤 21：将“元件 2”元件的对称点拖拽到“书写”路径的终点，如图 3－146 所示。

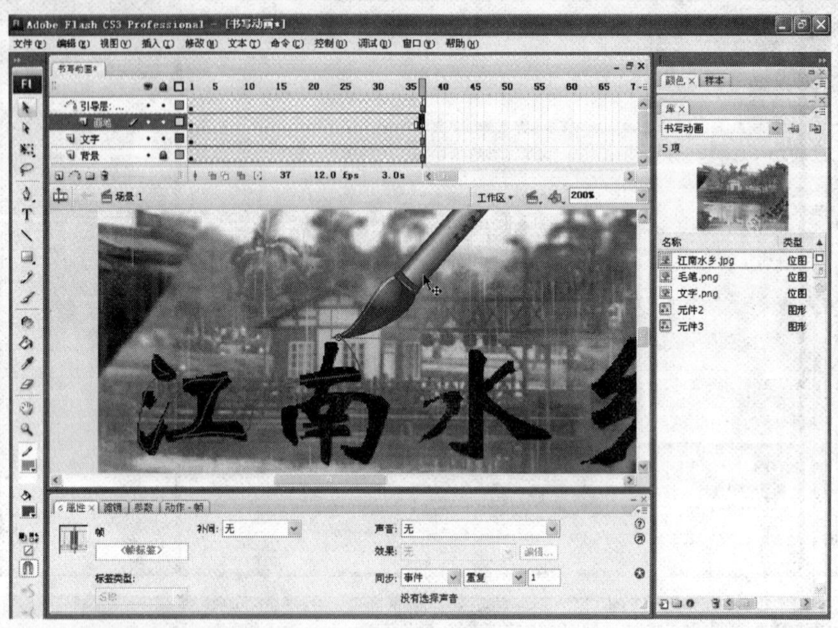

图 3－146　将“元件 2”元件拖拽到“书写”路径的终点

步骤 22：在“画笔”图层的第 1 帧到第 37 帧之间的任意一帧上单击鼠标右键，在弹出的菜单中选择“创建补间动画”命令选择创建补间动画，如图 3－147 所示。

图 3－147　创建补间动画

步骤 23：选择工具栏中的“铅笔工具”，更改笔触颜色为“#00FF00”绿色，在“引导层：画笔”图层中继续绘制“南”字的“书写”路径，如图 3－148 所示。

步骤 24：分别在“背景”、“文字”和“引导层：画笔”三个图层的第 61 帧处插入帧，并在“画笔”图层的第 38 帧处插入关键帧，如图 3－149 所示。

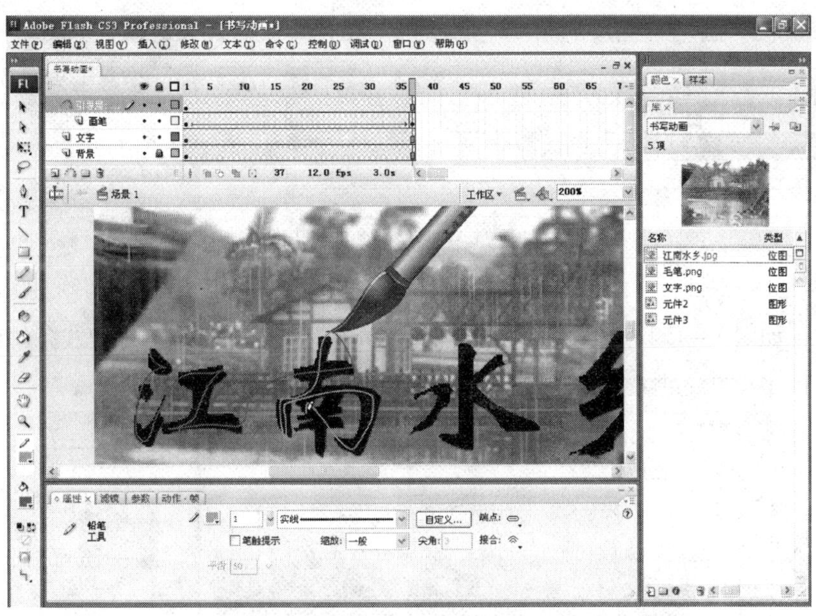

图 3 – 148　绘制“书写”路径（二）

图 3 – 149　插入帧

步骤 25：拖动“画笔”图层中的“元件 2”元件，使其对称点与“书写”路径绿色线条的起始点相对应，如图 3 – 150 所示。

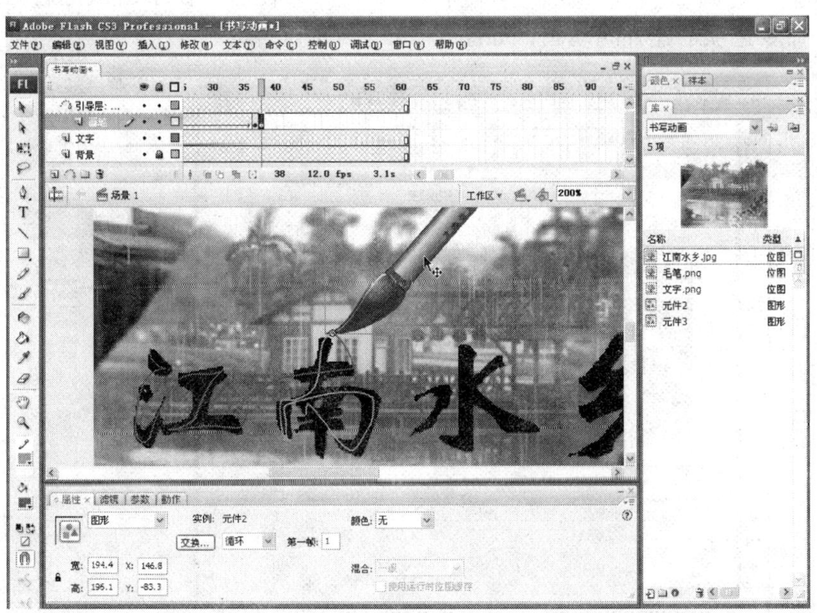

图 3 – 150　拖动“元件 2”元件的对称点到绿色线条的起始点

步骤26：在“画笔”图层的第61帧处按键盘的F6键插入关键帧，如图3－151所示。

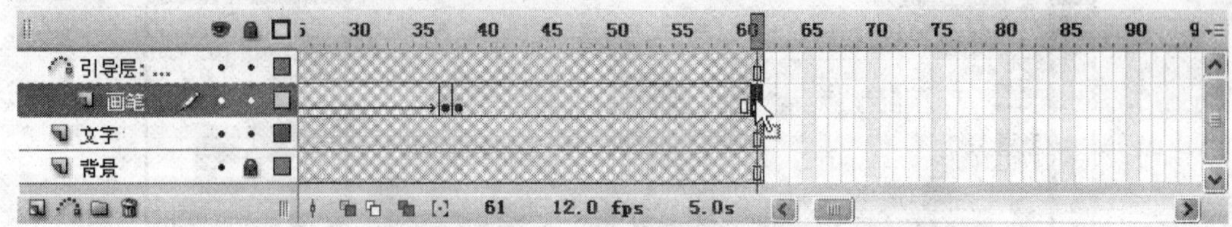

图3－151 插入关键帧

步骤27：如图3－152所示，拖动“元件2”元件，使其对称点与绿色线条的终点相对应。

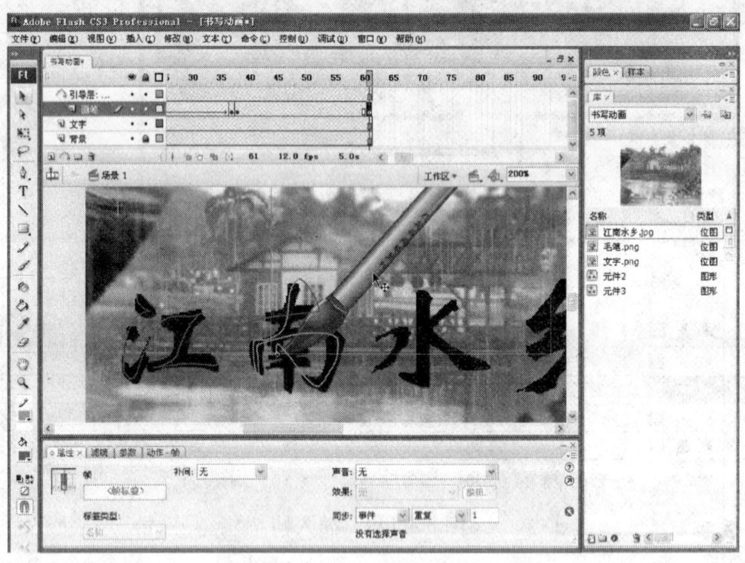

图3－152 拖动“元件2”元件的对称点到绿色线条的终点

步骤28：在“画笔”图层的第38到第61帧之间的任意一帧单击鼠标右键选择“创建补间动画”命令选项创建补间动画，如图3－153所示。

图3－153 创建补间动画

步骤29：选择工具栏中的“铅笔工具”，更改笔触颜色为“#00FF00”蓝色，在“引导层：画笔”图层中继续绘制“南”字的“书写”路径，如图3－154所示。

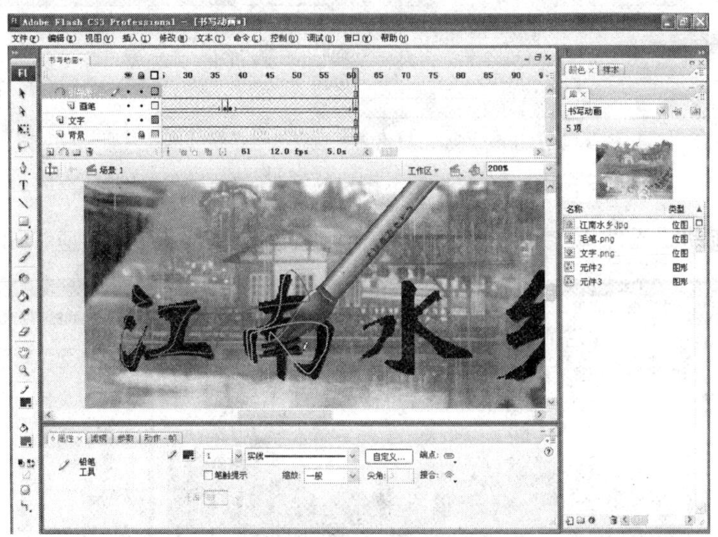

图3－154　绘制“书写”路径（三）

步骤30：在“背景”、“文字”及“引导层：画笔”图层的第85帧处插入帧，在“画笔”图层的第62帧处插入关键帧，按图3－155所示。

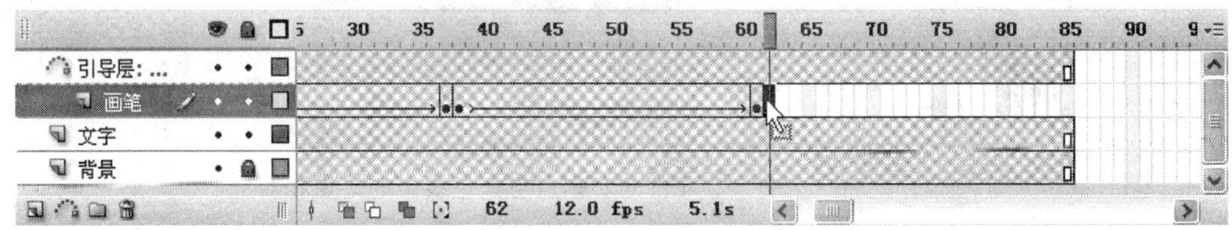

图3－155　插入帧

步骤31：拖动“元件2”元件，使其对称点与蓝色线条的起始点相对应，如图3－156所示。

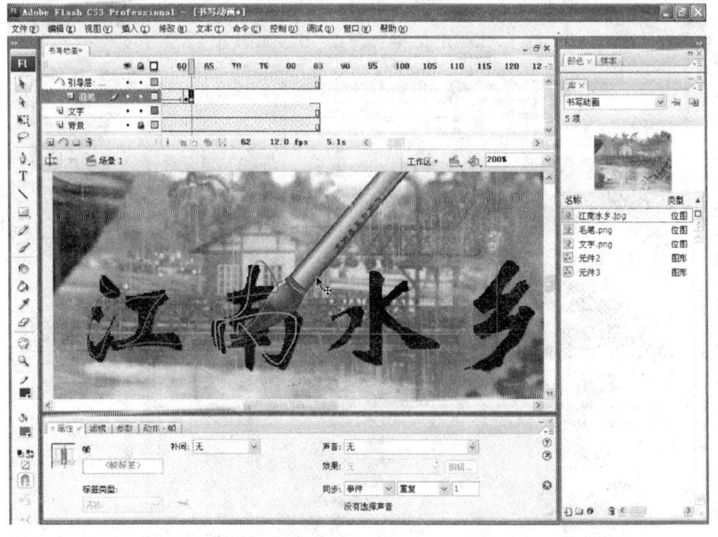

图3－156　将“元件2”元件的对称点与蓝色线条的起始点相对应

步骤 32：在“画笔”图层的第 85 帧处插入关键帧，如图 3－157 所示。

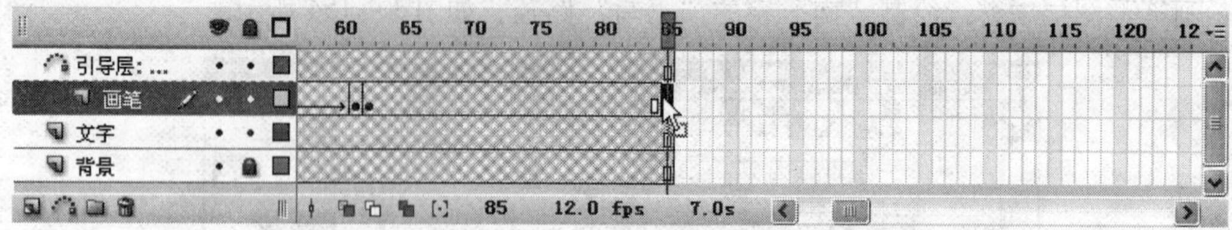

图 3－157　在“画笔”图层的第 85 帧处插入关键帧

步骤 33：拖动“元件 2”元件，使其对称点与蓝色线条的终点相对应，如图 3－158 所示。

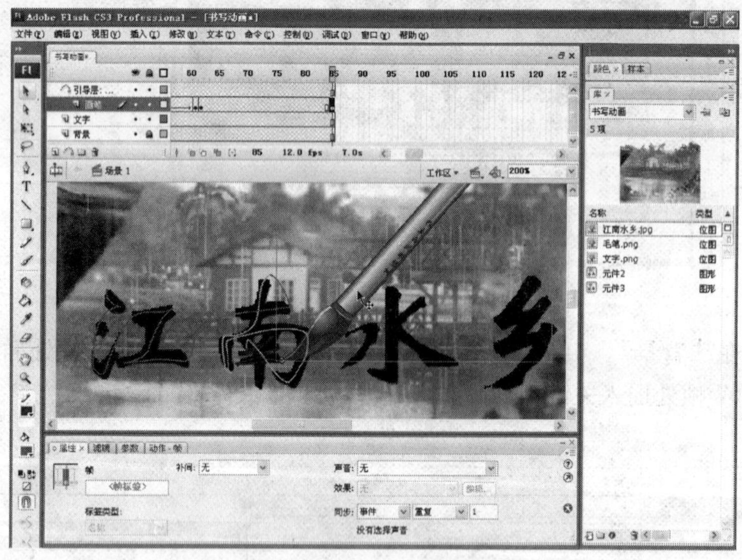

图 3－158　将“元件 2”元件的对称点与蓝色线条的终点相对应

步骤 34：在“画笔”图层的第 62 帧与第 85 帧之间的任意一帧上单击鼠标右键，选择“创建补间动画”命令选项创建补间动画，如图 3－159 所示。

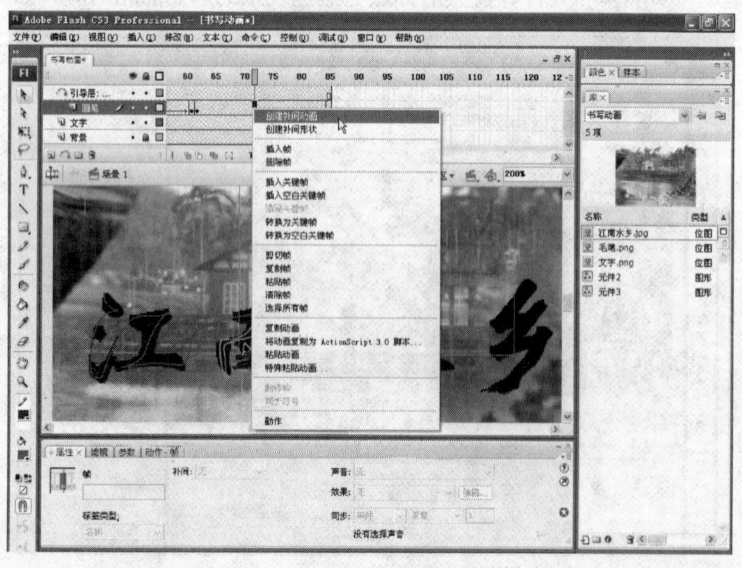

图 3－159　创建补间动画

步骤 35：选择工具栏中的“铅笔工具”，更改笔触颜色为“#FFFF00”黄色，在“引导层：画笔”图层中继续绘制“南”字及“水”字的“书写”路径，如图 3－160 所示。

图 3－160　绘制“书写”路径（四）

步骤 36：在“背景”、“文字”及“引导层：画笔”图层的第 110 帧处插入帧，在“画笔”图层的第 86 帧处插入关键帧，如图 3－161 所示。

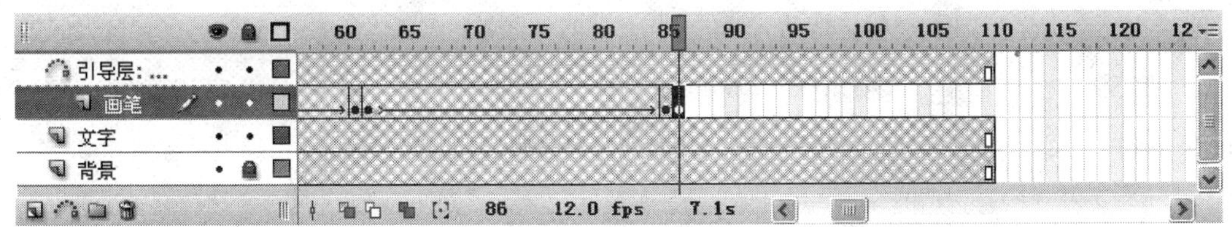

图 3－161　插入帧

步骤 37：拖动“元件 2”元件，使其对称点与黄色线条的起始点相对应，如图 3－162 所示。

图 3－162　拖动“元件 2”元件的对称点到黄色线条的起始点

步骤38：在“画笔”图层的第110帧处插入关键帧，并将“元件2”元件的对称点拖动到黄色线条的终点，如图3－163所示。

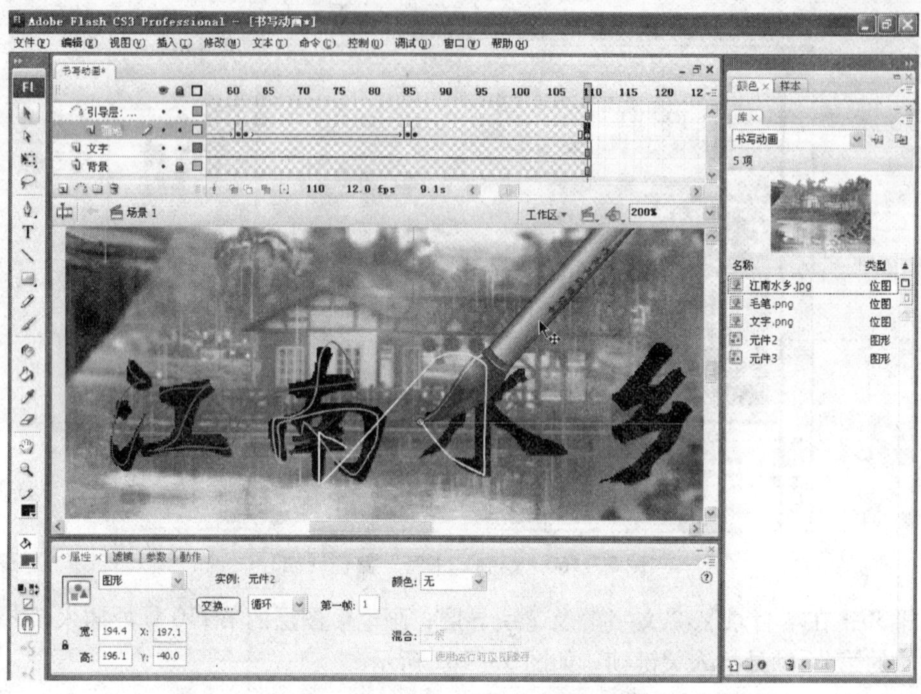

图3－163　拖动“元件2”元件的对称点到黄色线条的终点

步骤39：在“画笔”图层的第86帧到110帧之间的任意一帧上单击鼠标右键选择“创建补间动画”命令选项创建补间动画，如图3－164所示。

图3－164　创建补间动画

步骤 40：选择工具栏中的“铅笔工具”，更改笔触颜色为“#00FFFF”浅蓝色，在“引导层：画笔”图层中继续绘制“水”字的“书写”路径，如图 3－165 所示。

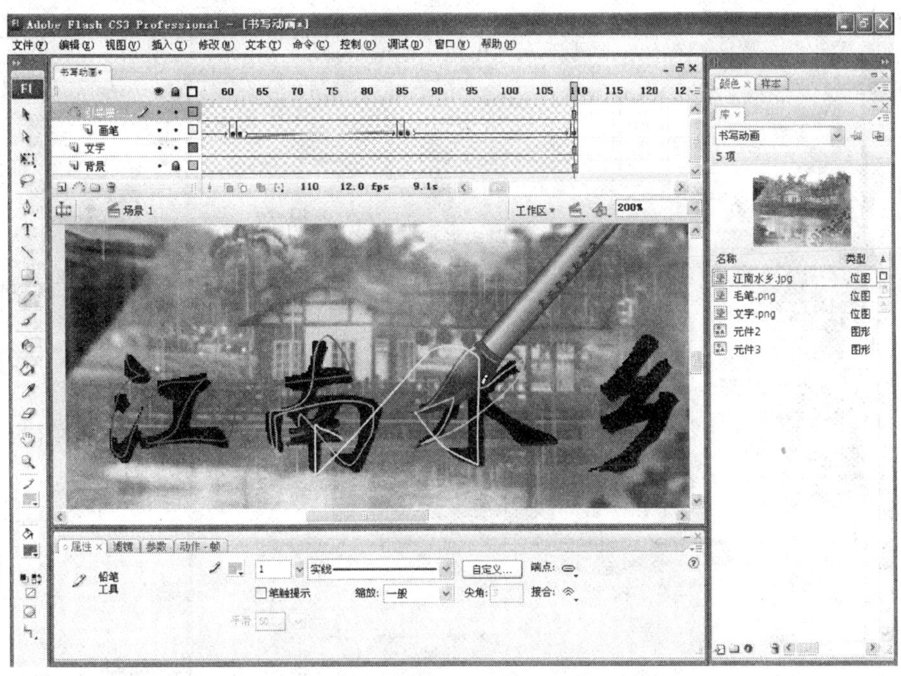

图 3－165　绘制“书写”路径（五）

步骤 41：如图 3－166 所示，在“文字”、“背景”及“引导层：画笔”图层的第 133 帧处插入帧，在“画笔”图层的第 111 帧处插入关键帧，并拖动“元件 2”元件的对称点到浅蓝色线条的起始点。

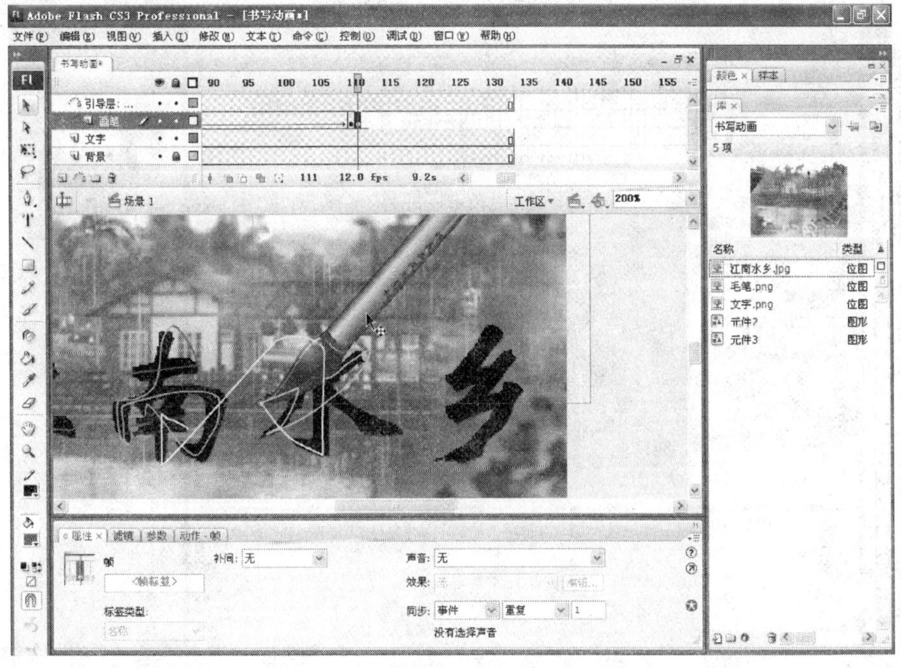

图 3－166　拖动“元件 2”元件的对称点到浅蓝色线条的起始点

步骤 42：在“画笔”图层的第 133 帧处插入关键帧，并拖动“元件 2”元件的对称点到浅蓝色线条的终点，如图 3－167 所示。

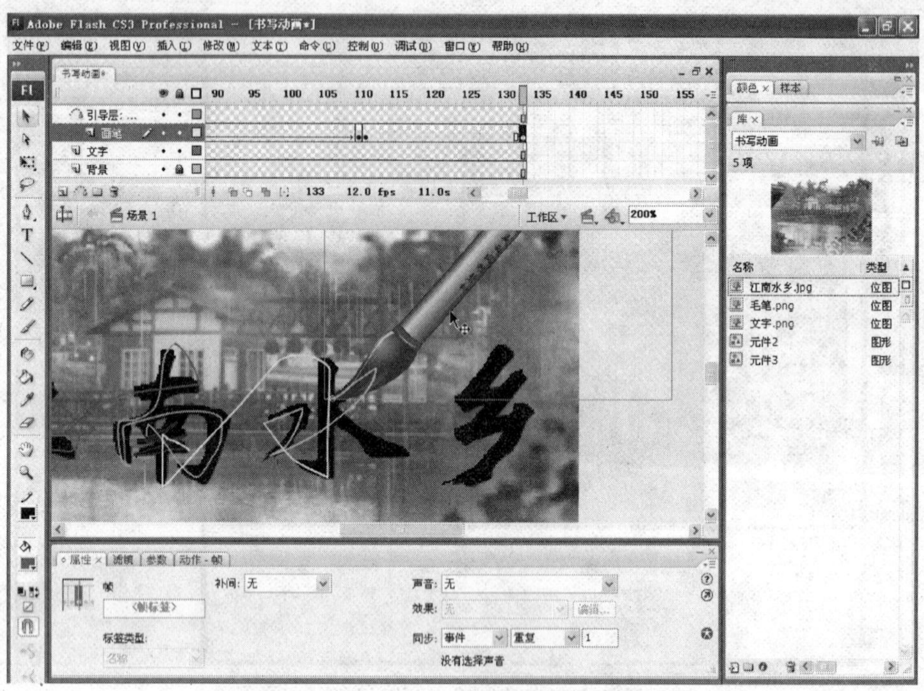

图 3－167 拖动“元件 2”元件的对称点到浅蓝色线条的终点

步骤 43：在“画笔”图层的第 111 帧到第 133 帧之间的任意一帧单击鼠标右键，选择“创建补间动画”命令选项创建补间动画，如图 3－168 所示。

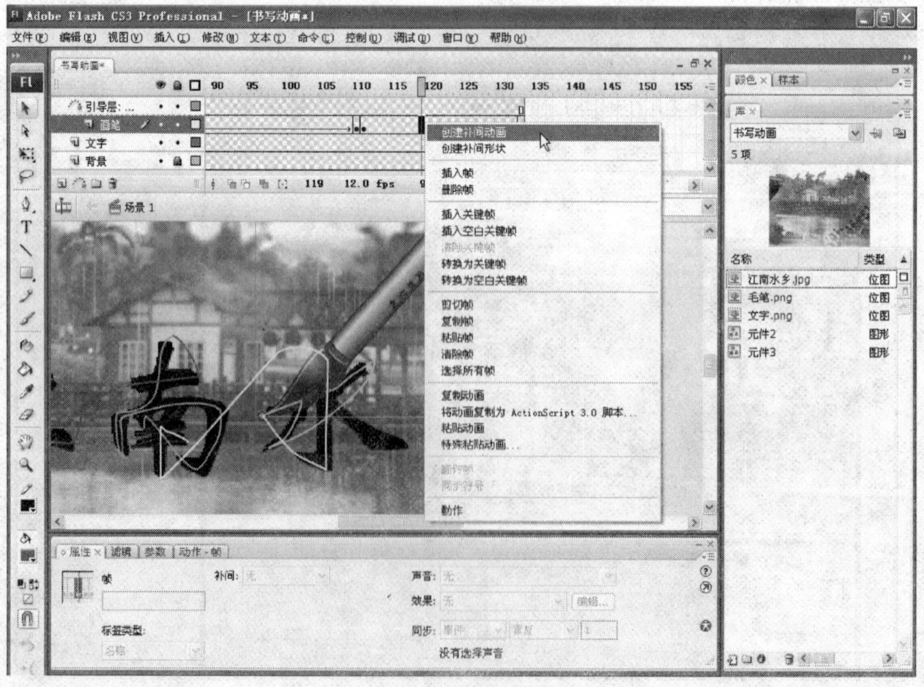

图 3－168 创建补间动画

步骤 44：选择工具栏中的“铅笔工具”，更改笔触颜色为“#FF00FF”粉色，在“引导层：画笔”图层中继续绘制“水”字及“乡”字的“书写”路径，如图 3－169 所示。

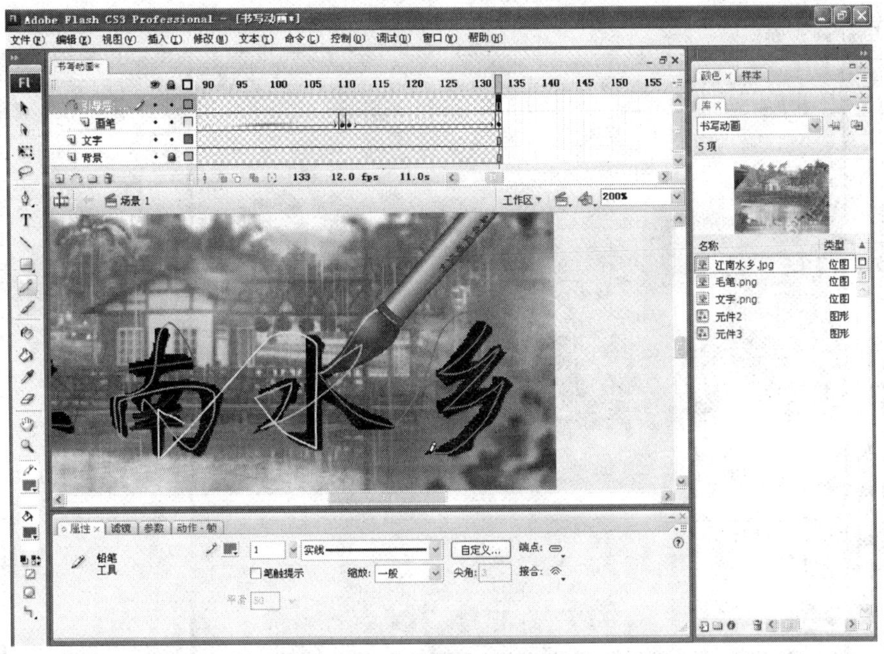

图 3－169　绘制“书写”路径（六）

步骤 45：在“文字”、“背景”及“引导层：画笔”图层的第 169 帧处插入帧，在“画笔”图层的第 134 帧处插入关键帧，并拖动“元件 2”元件的对称点到粉色线条的起始点，如图 3－170 所示。

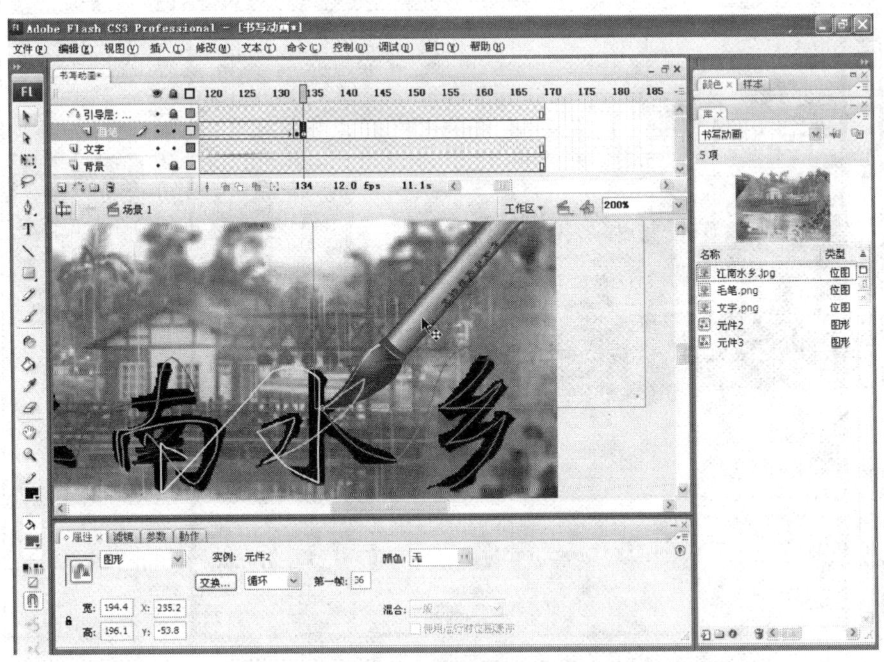

图 3－170　拖动“元件 2”元件的对称点到粉色线条的起始点

步骤 46：在“画笔”图层的第 169 帧处插入关键帧，并拖动“元件 2”元件的对称点到粉色线条的终点，如图 3－171 所示。

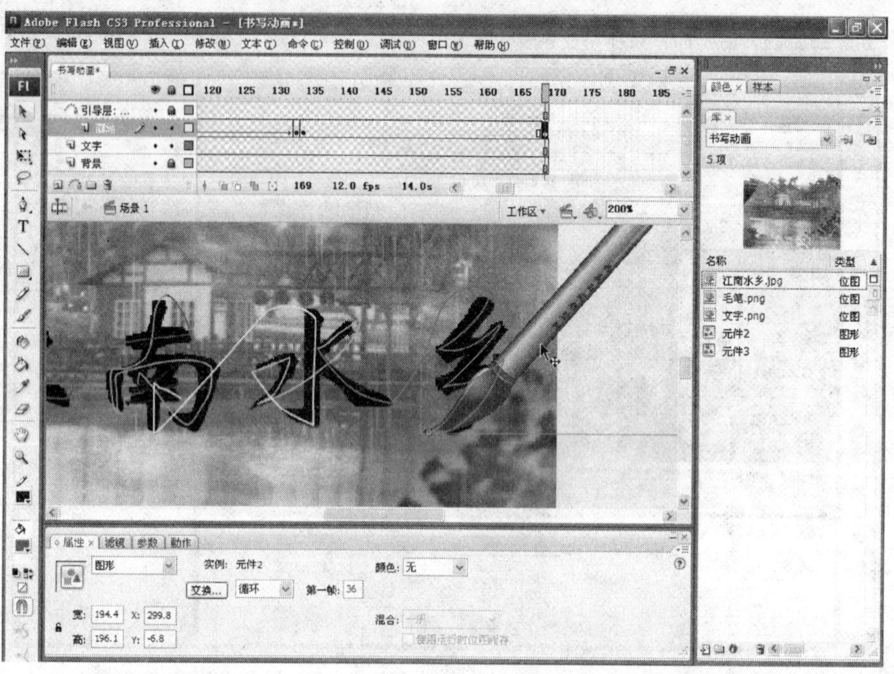

图 3－171　拖动“元件 2”元件到粉色线条的终点

步骤 47：在“画笔”图层的第 134 帧和第 169 帧之间的任意一帧上单击鼠标右键，选择“创建补间动画”命令选项创建补间动画，如图 3－172 所示。

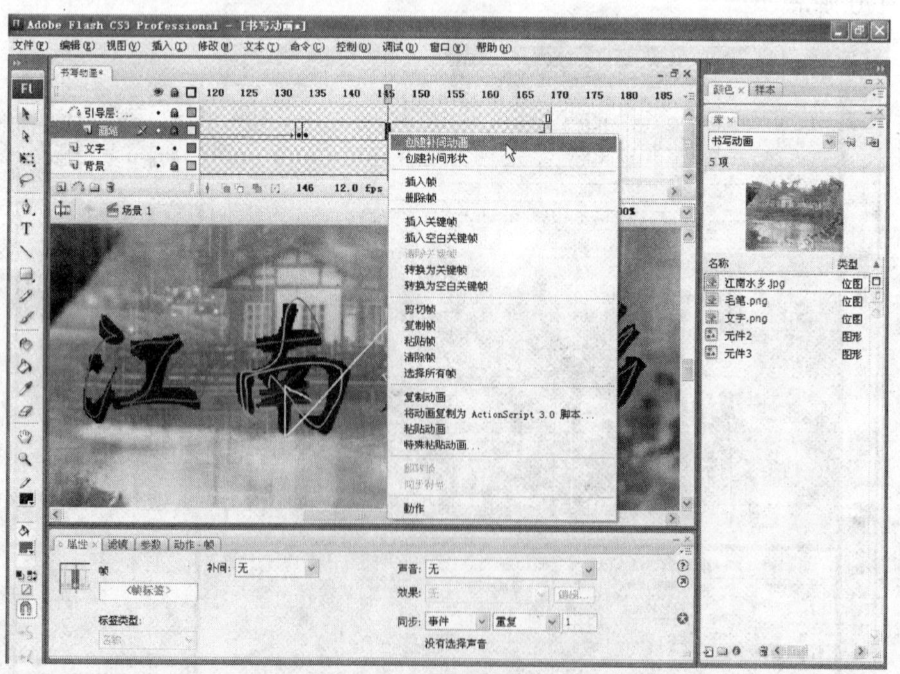

图 3－172　创建补间动画

步骤 48：至此，毛笔的“书写”路径及毛笔的动作就制作完成了，下面要进行文字的修改，使其随毛笔的移动协调显现。如图3－173所示，取消“文字”图层的锁定，并全选该图层中的所有帧，按键盘上的Ctrl＋B组合键两次对文字进行打散，并在该图层上单击鼠标右键，执行“转换为关键帧”命令选项，将该图层中的所有帧转换为关键帧。

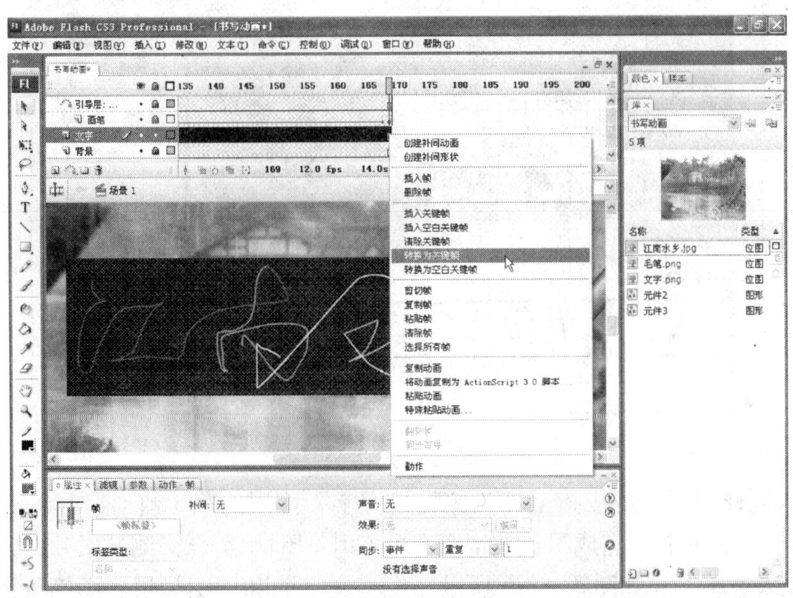

图3－173　将“文字”图层的所有帧转换为关键帧

步骤49：锁定“画笔”和“引导层：画笔“图层，选择“文字”图层的第1帧，并使用工具栏中的“橡皮擦工具”擦除多余的文字，如图3－174所示。

图3－174　使用“橡皮擦工具”擦除多余的文字

步骤50：选择“文字”图层的第2帧，同样使用工具栏中的“橡皮擦工具”擦除多余的文字，如图3－175所示。

图 3 – 175　擦除多余的文字

步骤 51：同样使用“橡皮擦工具”擦除“文字”图层的第 3 帧到第 169 帧多余的文字。至此，“书写”动画就制作完成了。按键盘上的 Ctrl + Enter 组合键测试影片，发现文字书写衔接太快，效果并不好。如图 3 – 176 所示，将“文字”和“引导层：画笔”图层分别延长 1 帧，在“背景”图层的第 170 帧插入关键帧。

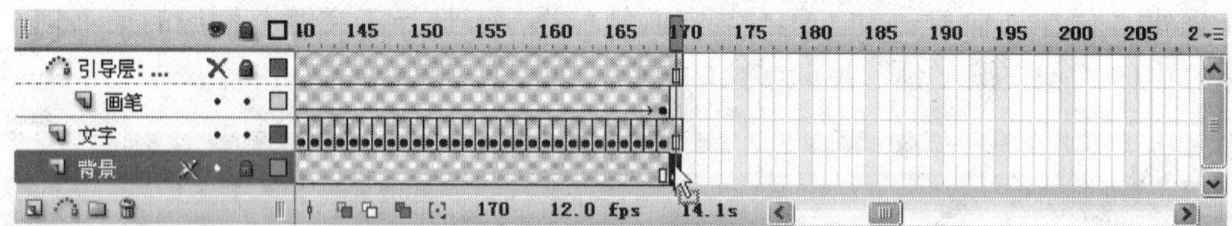

图 3 – 176　相应的图层延长 1 帧

步骤 52：选中“背景”图层的第 170 帧，单击鼠标右键执行“动作”命令选项打开“动作”面板，如图 3 – 177 所示。

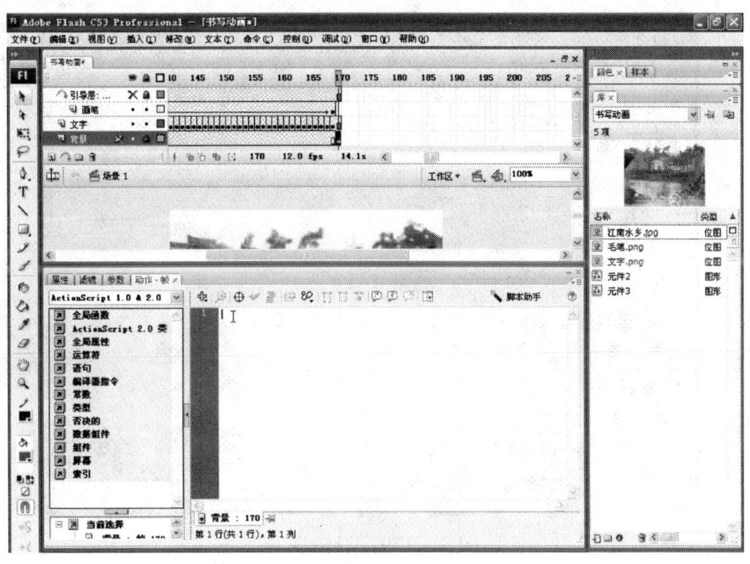

图 3 – 177　打开“动作”面板

步骤 53：如图 3 – 178 所示，在“动作”面板中输入控制代码：“stop ( );”。

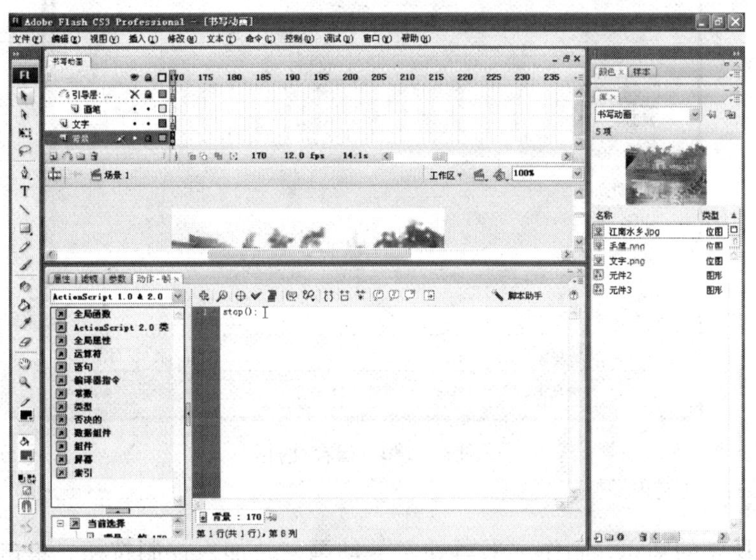

图 3 – 178　在动作面板中输入控制代码

步骤 54：再次测试影片，效果理想。按键盘上的 Ctrl + Shift + Alt + S 组合键导出影片，选择影片存储位置，将其文件名命名为“书写动画”，保存类型设置为“Flash 影片 (＊. swf)”，设置完成单击 保存(S) 按钮即可，如图 3 – 179 所示。在随即弹出的“导出 Flash Player”对话框中按其默认设置，单击 确定 按钮即可。

步骤 55：按键盘上的 Ctrl + S 组合键，在弹出的“另存为”对话框中，设置保存文件的位置及文件名后，单击 保存(S) 按钮即可保存文件，如图 3 – 180 所示。

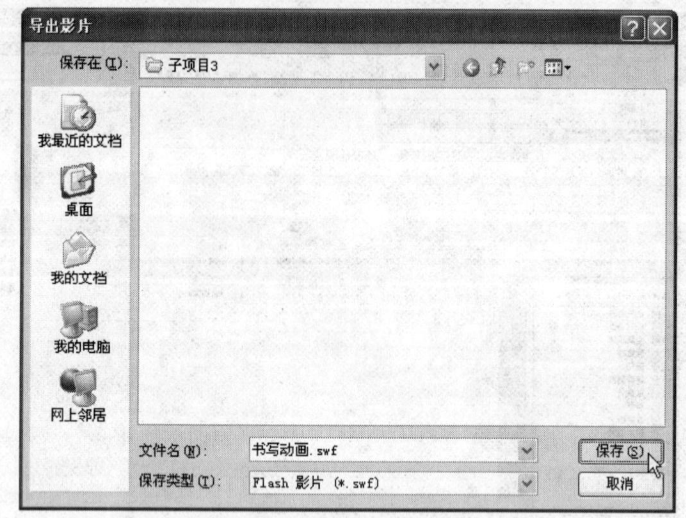

图 3 - 179　导出影片

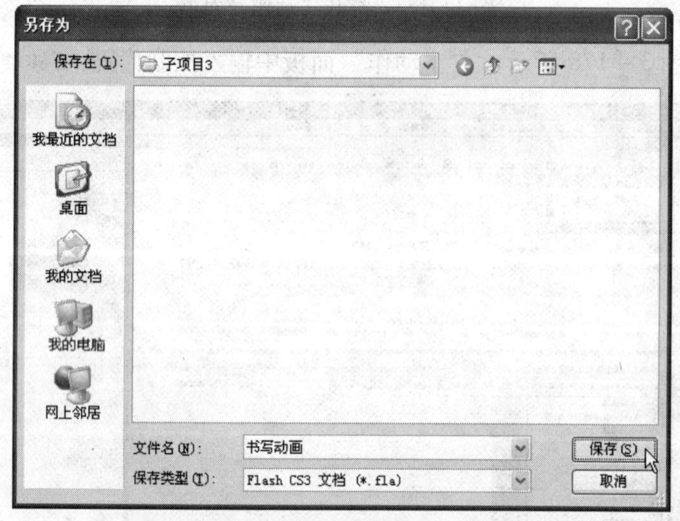

图 3 - 180　保存文件

项目练习：

运用前面所学的知识，制作“书写姓名”动画，并加入控制按钮，单击该按钮，可以使动画重新播放。

项目四　综合动画的设计与制作

子项目 1　制作“遮罩”动画

实训目的：

了解 Flash CS3 的遮罩特色，体会“遮罩”动画的适用范围，掌握 Flash CS3 中“遮罩”动画的制作方法。

项目实例：

本实例中，将制作一个“培训光盘”和“培训教材”的宣传动画。

项目要求：

如图 4－1 所示为本实例动画的最终效果。实例中将以“培训光盘”作为主背景，通过“遮罩”动画使“培训教材”以动态的形式不断变化显示范围，并且在变化的过程中显示“教材资料…”和“培训光盘…”等文字。

图 4－1　动画最终效果

项目分析：

本实例重点为“遮罩”动画的制作，要注意遮罩层的应用，同时要注意遮罩层中元素的动态变化。

制作步骤：

步骤1：启动Flash CS3程序，在其初始界面中选择“新建”选项中的“Flash文件(ActionScript2.0)”选项；在Flash CS3操作界面中执行“文件→导入→导入到库”命令选项，在弹出的“导入到库”对话框中选择“培训光盘.jpg”、“培训教材.jpg”、“文字1.png”和“文字2.png”，并单击 打开(O) 按钮将素材文件导入到库中，如图4-2所示。

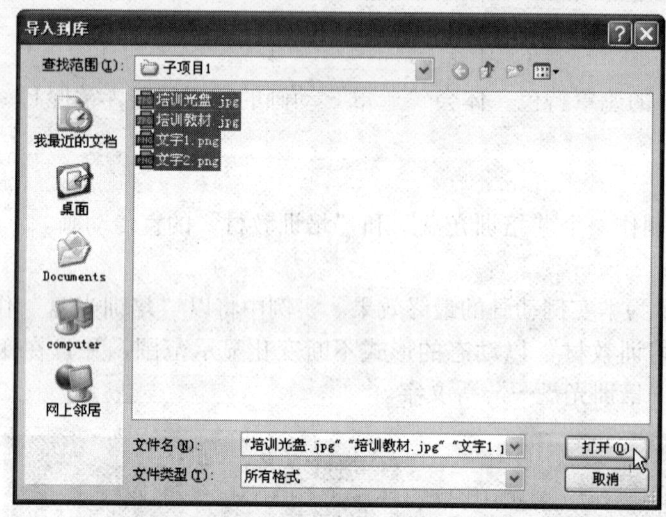

图4-2 导入素材文件到库中

步骤2：如图4-3所示为库面板中导入的素材。“文字1.png”和“文字2.png”两个素材在导入到库中时自动生成了“元件3”和“元件4”两个图形元件。

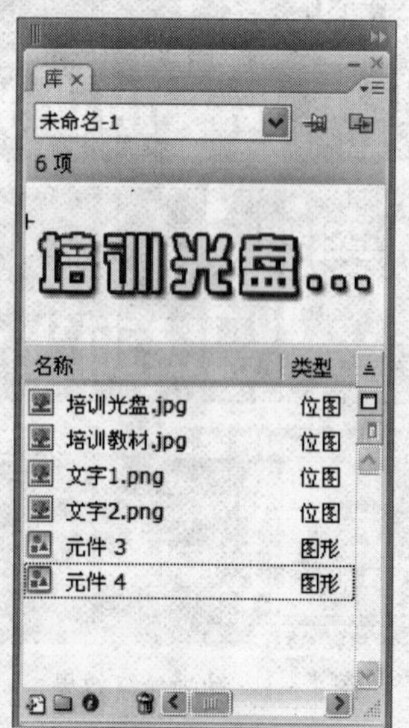

图4-3 导入到库面板中的素材

步骤 3：选中库面板中的“培训光盘.jpg”元件，按住鼠标左键将其拖到舞台中，并查看其尺寸，如图 4－4 所示。

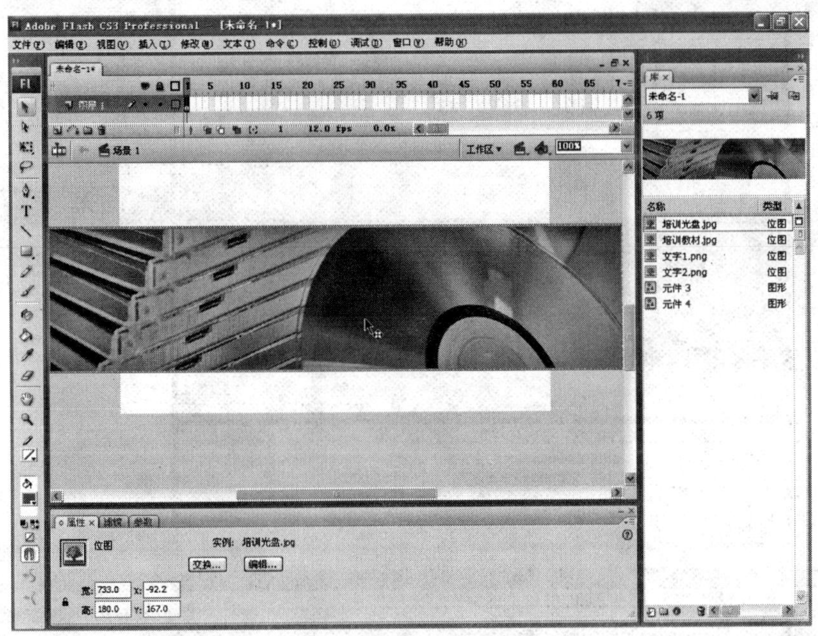

图 4－4　查看“培训光盘.jpg”的尺寸

步骤 4：按照“培训光盘.jpg”元件的尺寸，将舞台的尺寸修改为“宽 733 像素，高 180 像素”，如图 4－5 所示。

文档属性
标题(T):
描述(D):
尺寸(I): 733 (宽) x 180 (高)
匹配(A): 打印机(P) 内容(C) 默认(E)
背景颜色(B):
帧频(F): 12 fps
标尺单位(R): 像素
设为默认值(M) 确定 取消

图 4－5　修改舞台的尺寸

步骤 5：设置“培训光盘.jpg”元件的对齐属性为相对于舞台水平居中、垂直居中，如图 4－6 所示。

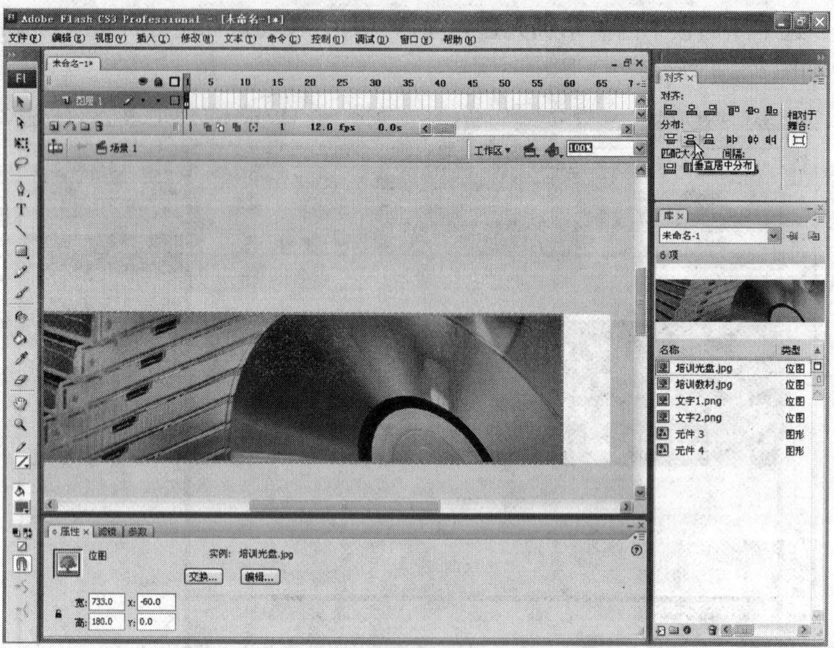

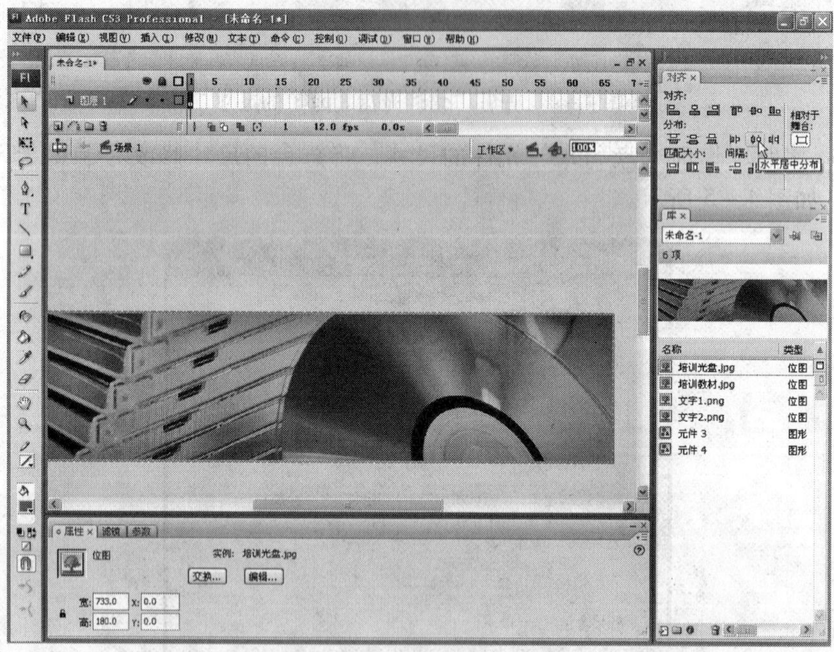

图4－6　设置“培训光盘.jpg”元件的对齐属性

步骤6：将“图层1”重命名为“背景”，并将该图层锁定，如图4－7所示。

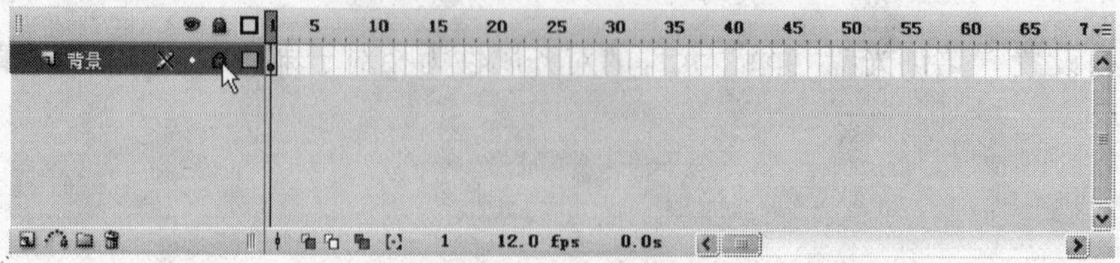

图4－7　重命名“图层1”并将其锁定

步骤7：单击按钮新建图层，如图4－8所示。

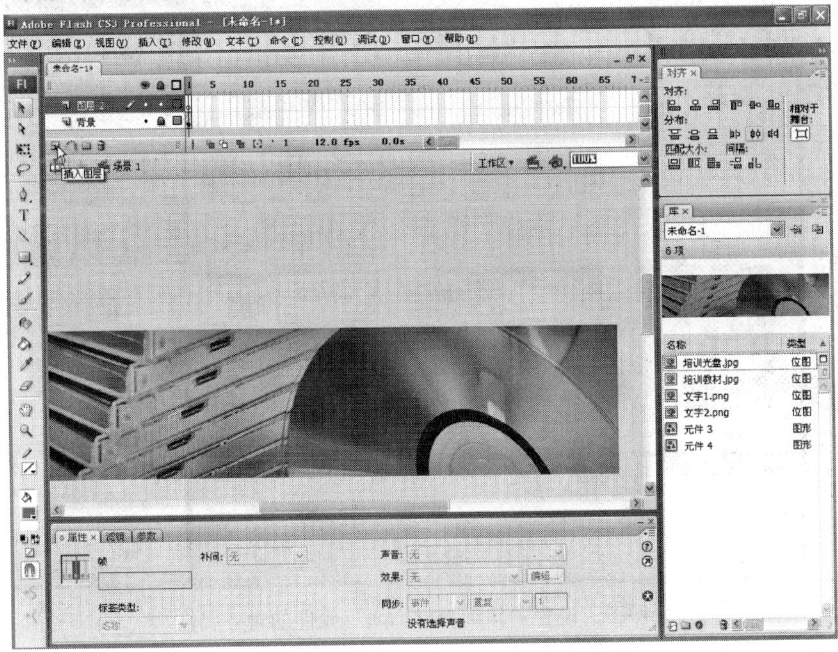

图4－8　新建图层

步骤8：如图4－9所示，将“培训教材.jpg”元件拖拽到舞台中，并设置其对齐属性为相对于舞台水平居中、垂直居中。

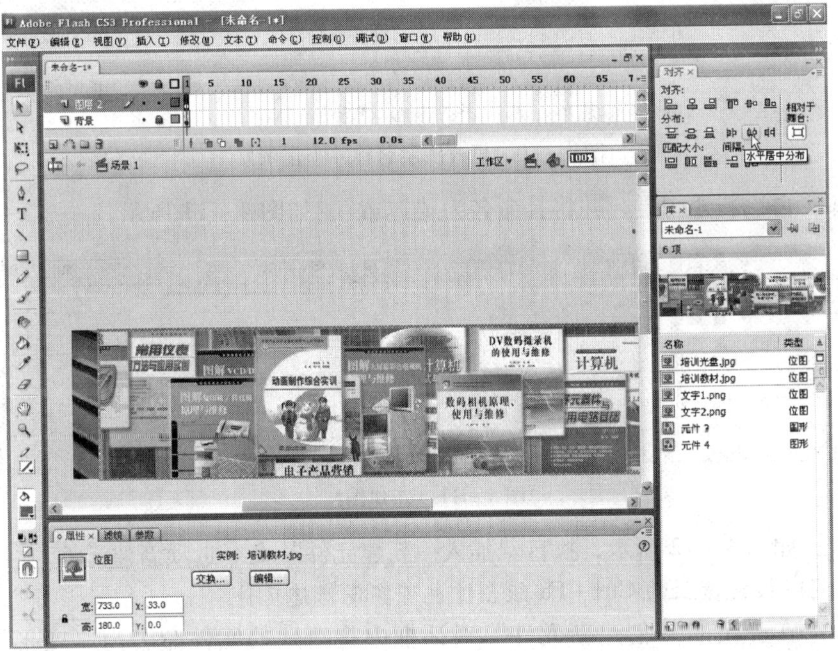

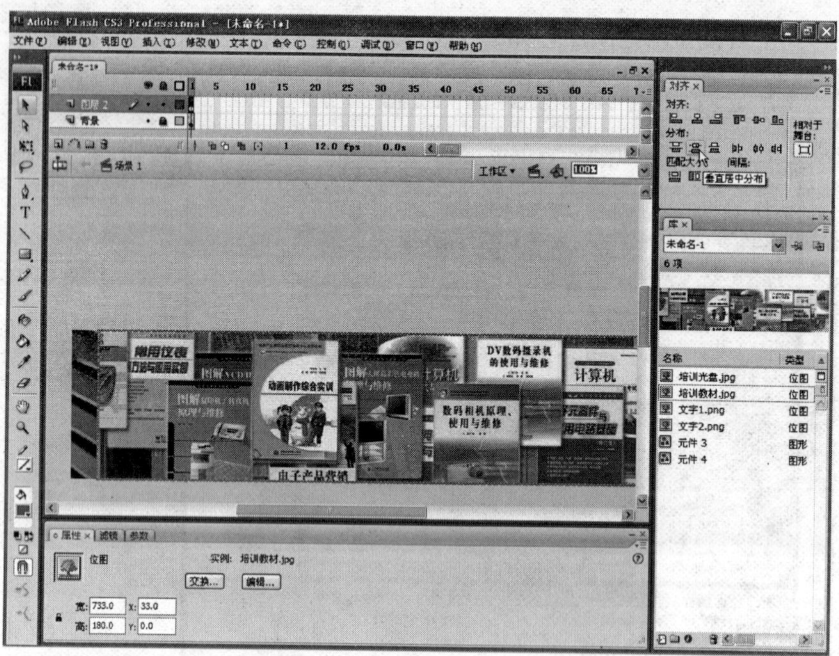

图 4-9　设置“培训教材.jpg”元件的对齐属性

步骤 9：更改图层名称为“教材”，并锁定该图层，如图 4-10 所示。

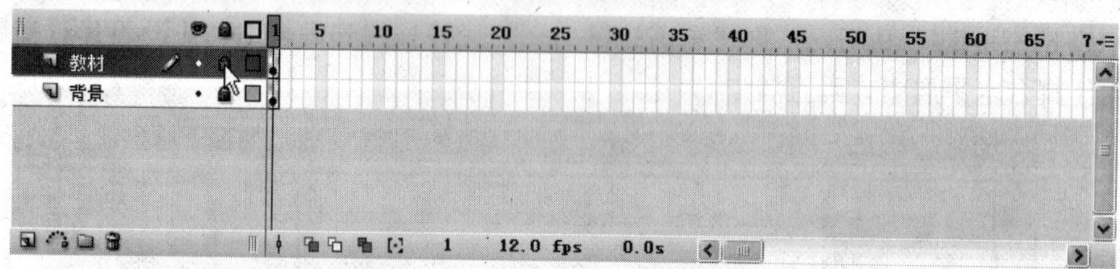

图 4-10　更改图层名称并锁定图层

步骤 10：再次新建图层，并将其命名为“遮罩”，如图 4-11 所示。

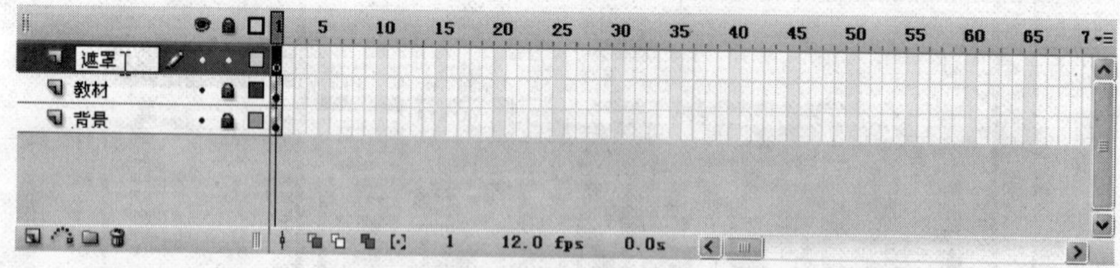

图 4-11　新建图层

步骤 11：如图 4-12 所示，执行“插入→新建元件”命令选项新建元件。

说明： 同时按键盘上的 Ctrl + F8 组合键也可实现新建元件。

步骤 12：在弹出的“创建新元件”对话框中将新建的元件命名为“变形”，设置其“类型”属性为“图形”，如图 4-13 所示。

步骤 13：选择工具栏中的“矩形工具”，如图 4-14 所示。

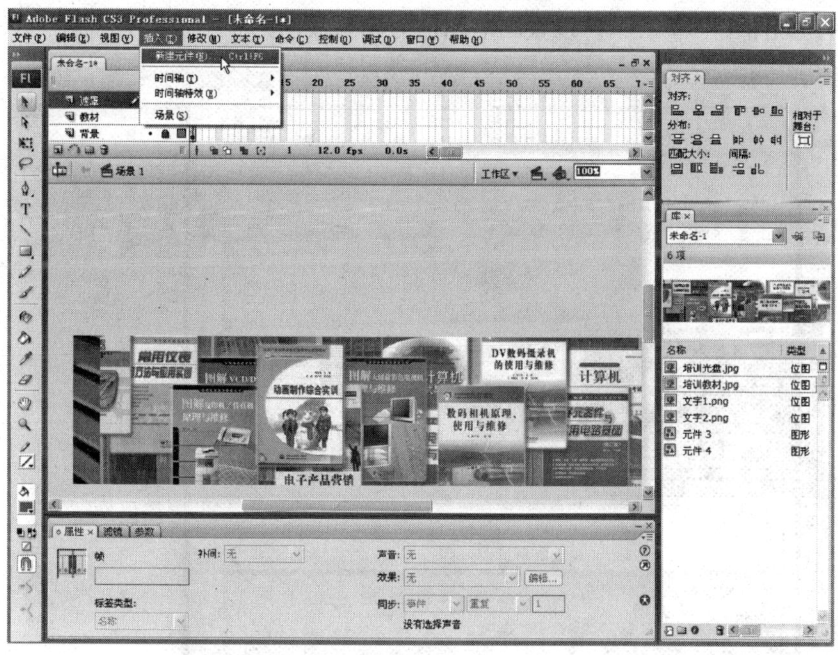

图 4－12　新建元件

图 4－13　设置新建元件的属性

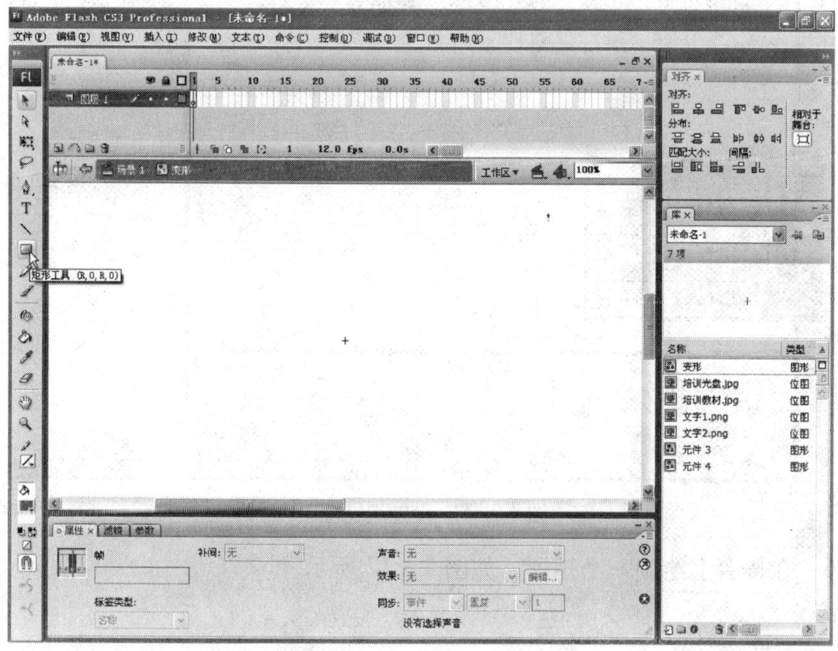

图 4－14　选择“矩形工具”

步骤 14：如图 4 – 15 所示，设置画笔颜色为没有颜色。

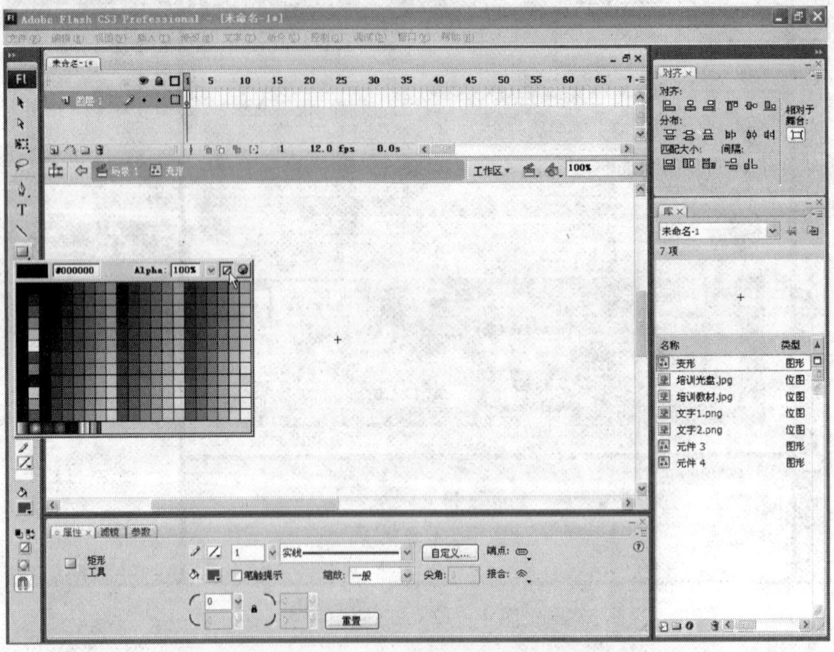

图 4 – 15　设置画笔颜色

步骤 15：如图 4 – 16 所示，设置填充颜色为“#FF0000”红色。

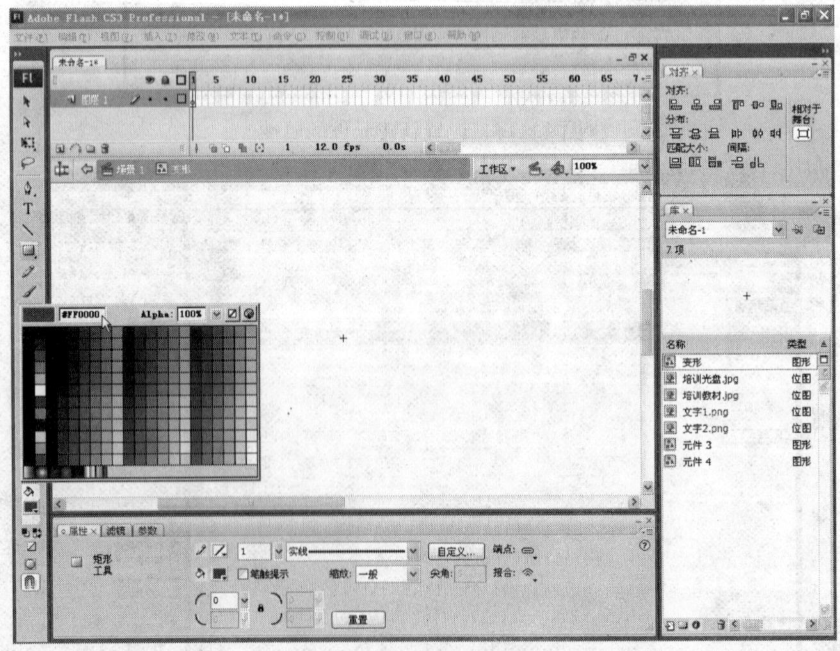

图 4 – 16　设置填充颜色

步骤 16：在舞台上绘制一个矩形，如图 4 – 17 所示。

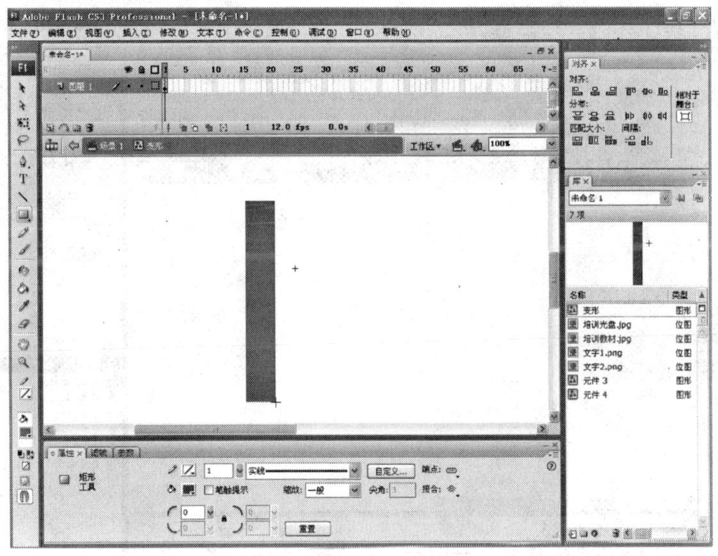

图 4－17　绘制矩形

步骤 17：单击“场景 1”按钮返回到场景 1，如图 4－18 所示。

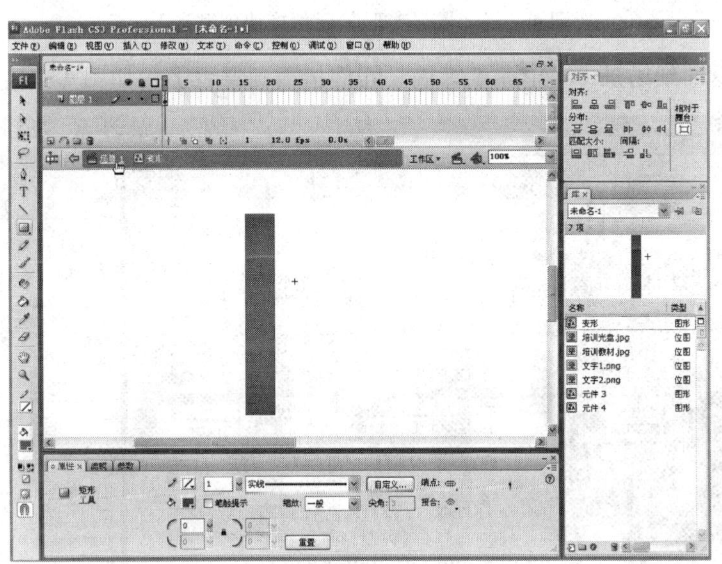

图 4－18　返回场景 1

步骤 18：再次执行“插入→新建元件”命令选项，在弹出的“创建新元件”对话框中设置元件名为“遮罩”，设置“类型”为“影片剪辑”，如图 4－19 所示。

图 4－19　设置新建元件属性

步骤 19：将库面板中的“变形”图形元件拖拽到舞台上，如图 4－20 所示。

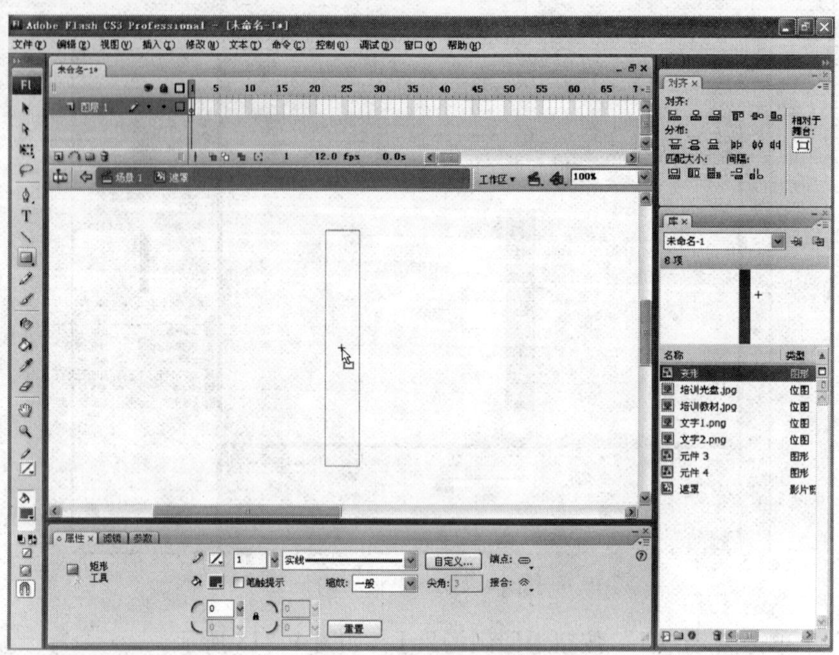

图 4－20　将“变形”元件拖拽到舞台上

步骤 20：返回到场景 1，并将“遮罩”元件拖拽到舞台上，如图 4－21 所示。

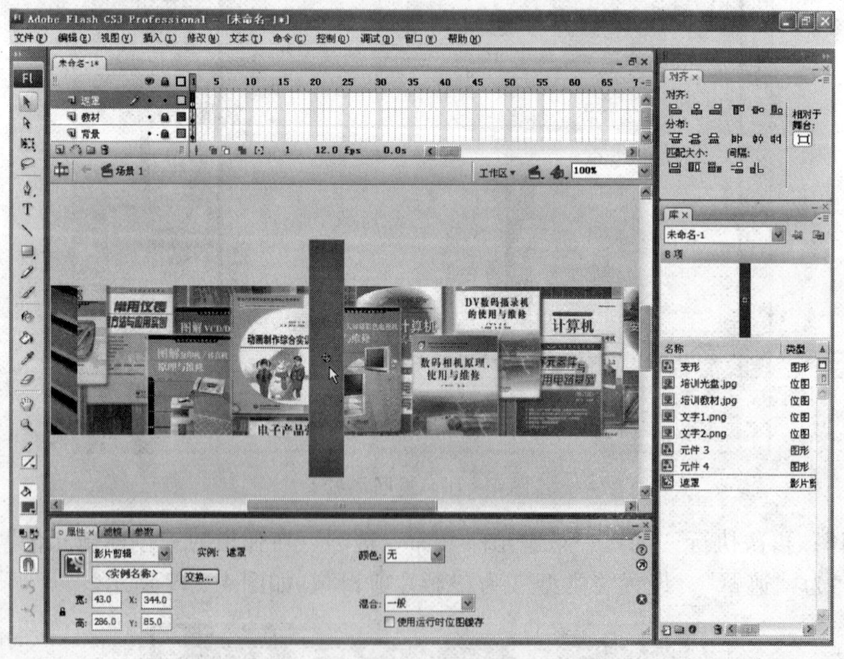

图 4－21　将“遮罩”元件拖拽到舞台上

步骤 21：用鼠标左键双击舞台中的“遮罩”元件进入“遮罩”影片剪辑的编辑状态，如图 4－22 所示。

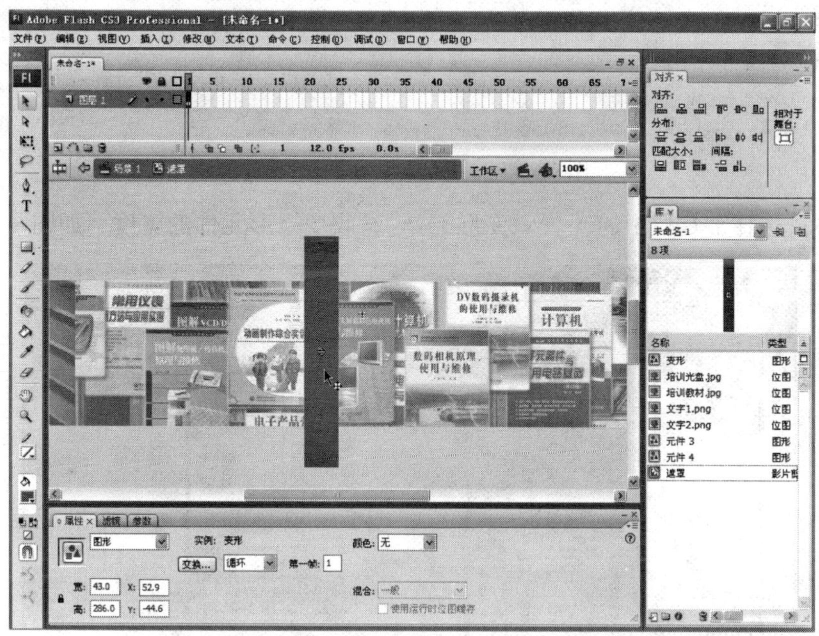

图 4－22　进入“遮罩”影片剪辑的编辑状态

步骤 22：选中舞台上的矩形元件，在属性面板中，取消其宽、高比的锁定状态，并设置其宽度为“10”，高度保持不变，如图 4－23 所示。

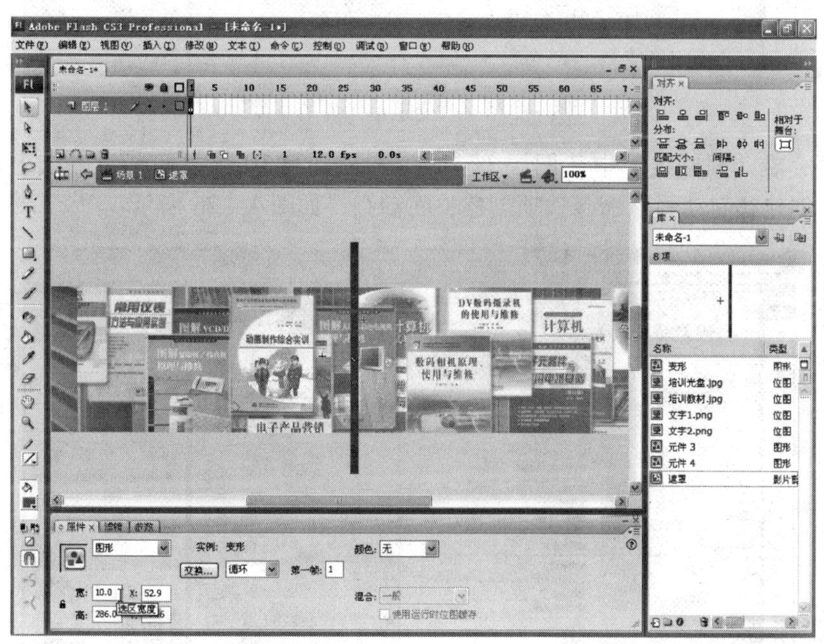

图 4－23　设置矩形元件的宽度

步骤 23：选择“时间线”中“图层 1”的第 10 帧，并按键盘上的 F6 键插入关键帧，如图 4－24 所示。

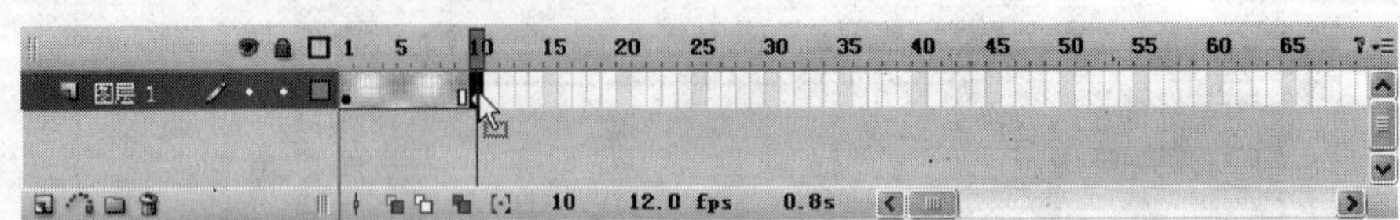

图 4－24 在第 10 帧处插入关键帧

步骤 24：选择工具栏中的“任意变形工具”，改变矩形元件的宽度，如图 4－25 所示。

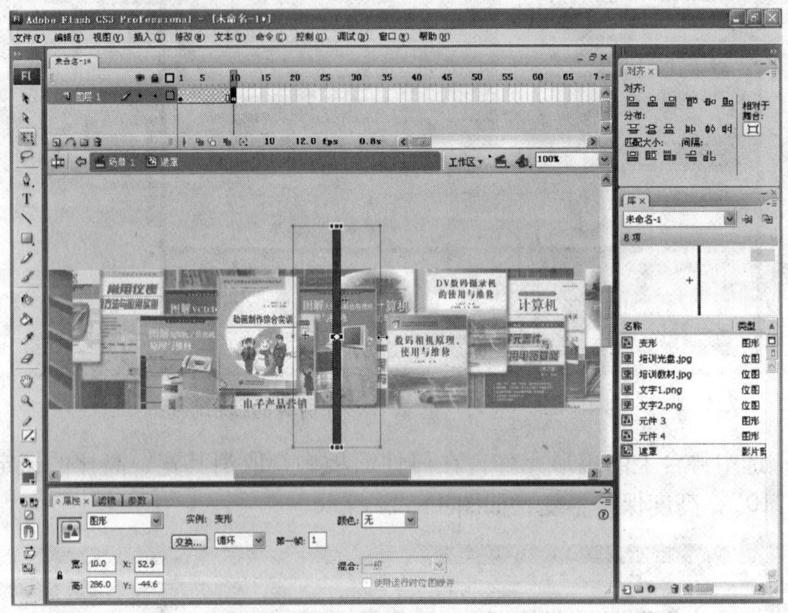

图 4－25 改变矩形元件的宽度

步骤 25：在“时间线”中“图层 1”的第 1 帧到第 10 帧之间任意一帧上单击鼠标右键，选择“创建补间动画”命令选项创建补间动画，如图 4－26 所示。

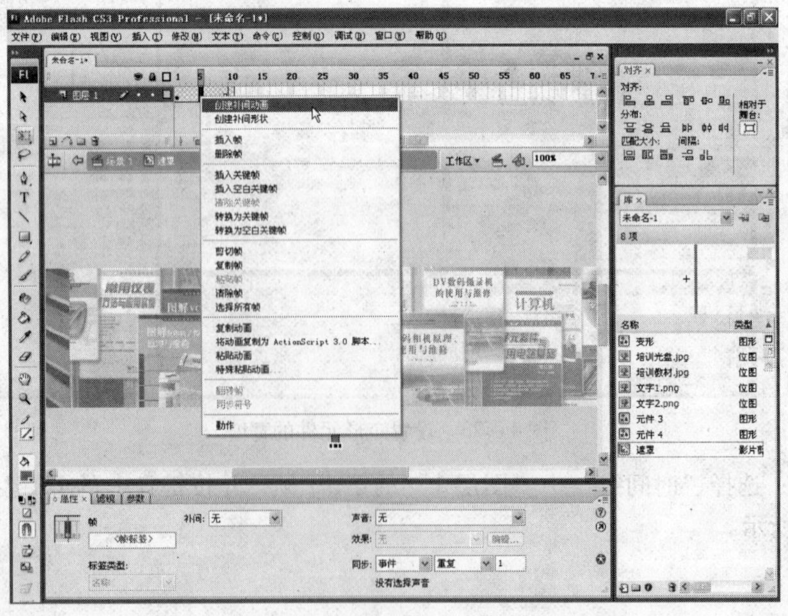

图 4－26 创建补间动画

步骤 26：在“时间线”中“图层 1”的第 20 帧处插入关键帧，如图 4－27 所示。

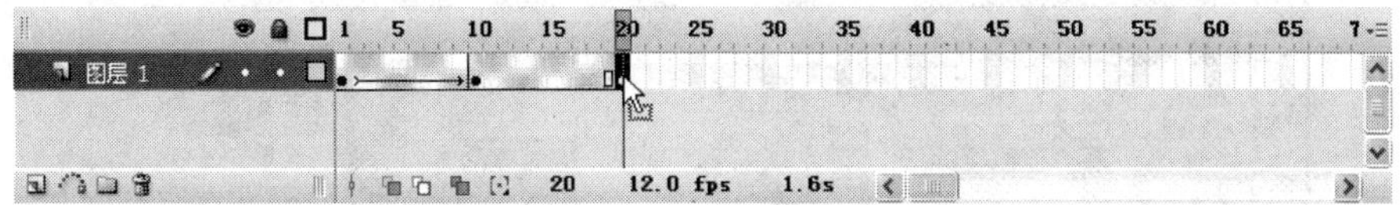

图 4－27　在第 20 帧处插入关键帧

步骤 27：如图 4－28 所示，改变矩形元件的宽度，并设置其 X 轴坐标为 300。

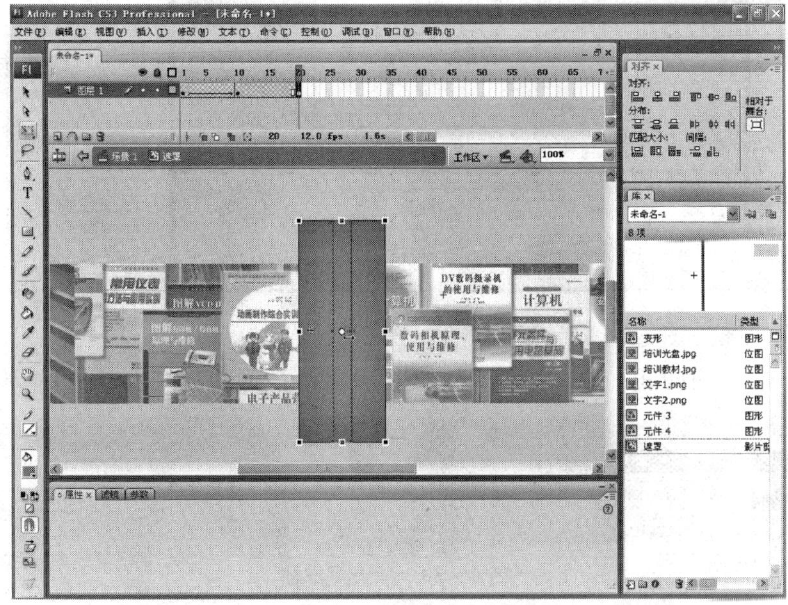

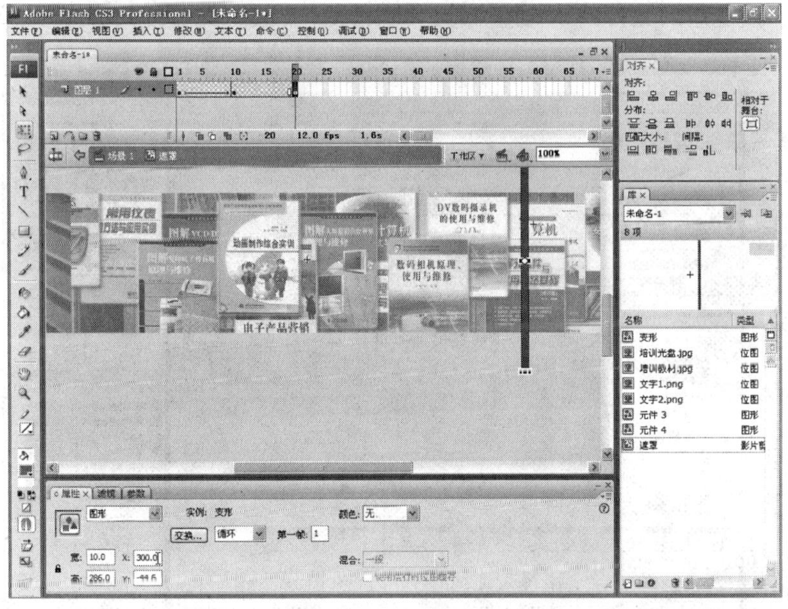

图 4－28　改变矩形的宽度及 X 轴坐标

步骤 28：在“时间线”中“图层 1”的第 10 帧到第 20 帧之间的任意一帧单击鼠标右键选择“创建补间动画”命令选项创建补间动画，如图 4－29 所示。

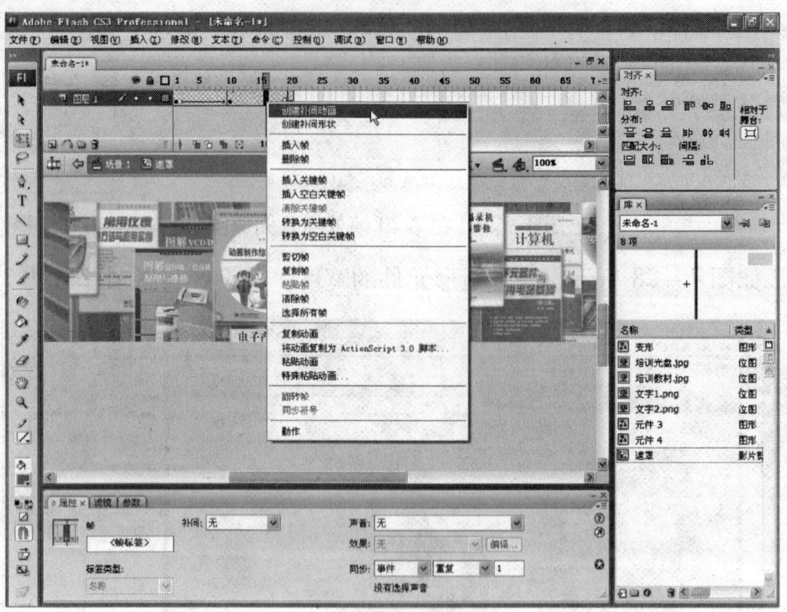

图 4 - 29　创建补间动画

步骤 29：在“时间线”中“图层 1”的第 30 帧处插入关键帧，如图 4 - 30 所示。

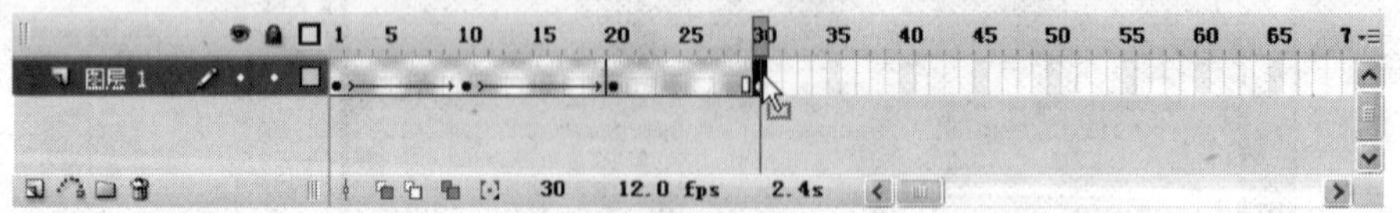

图 4 - 30　插入关键帧

步骤 30：改变矩形元件的 X 轴坐标为“ - 10”，并改变其宽度，如图 4 - 31 所示。

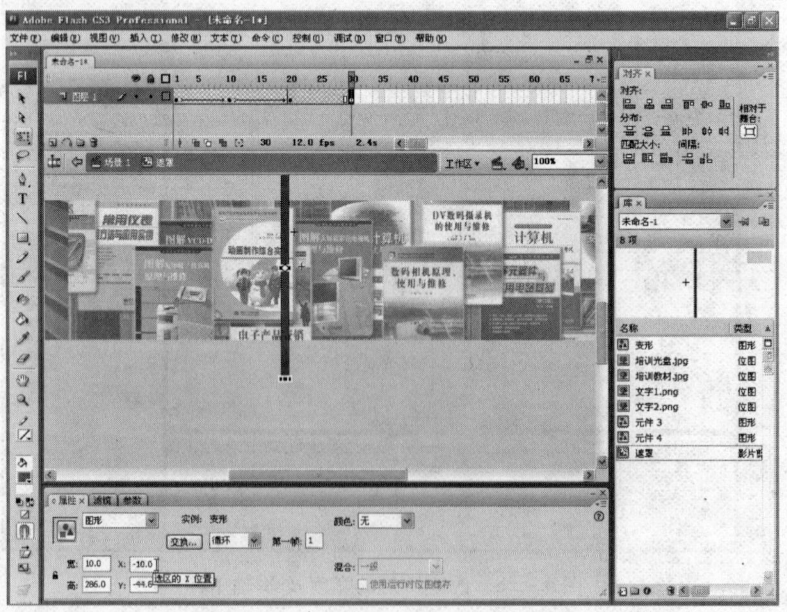

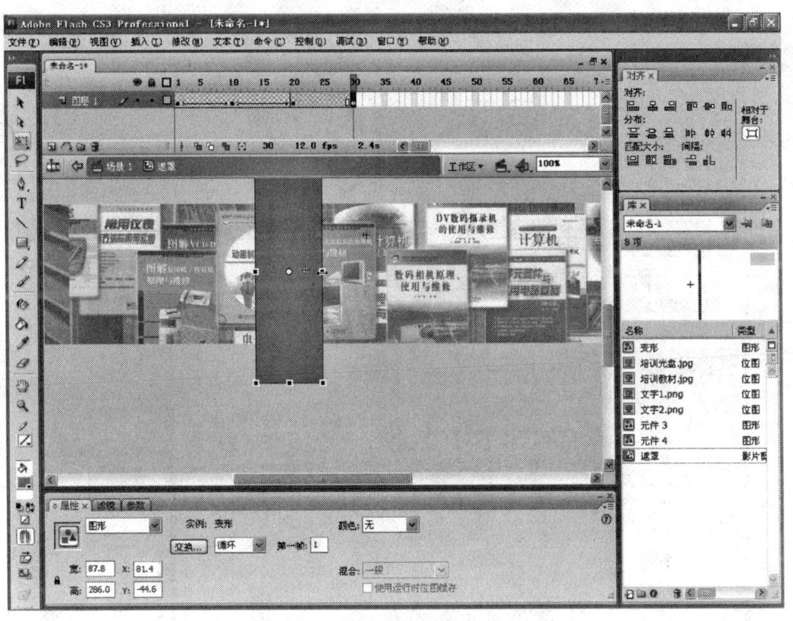

图 4－31　改变矩形的位置及宽度

步骤31：在“图层1”的第20帧到第30帧之间的任意一帧单击鼠标右键，选择“创建补间动画”命令选项创建补间动画，如图4－32所示。

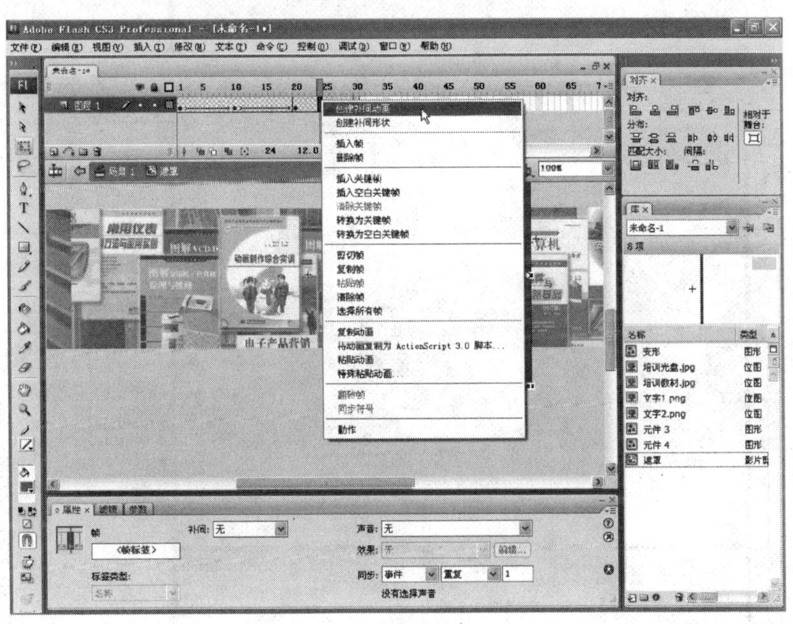

图 4－32　创建补间动画

步骤32：在“时间线”中“图层1”的第40帧处插入关键帧，如图4－33所示。

步骤33：设置矩形元件的X轴坐标为“－100”，并改变其宽度，如图4－34所示。

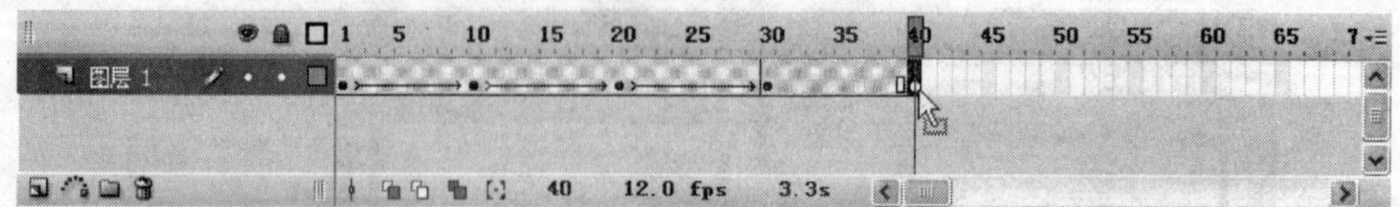

图 4 – 33　插入关键帧

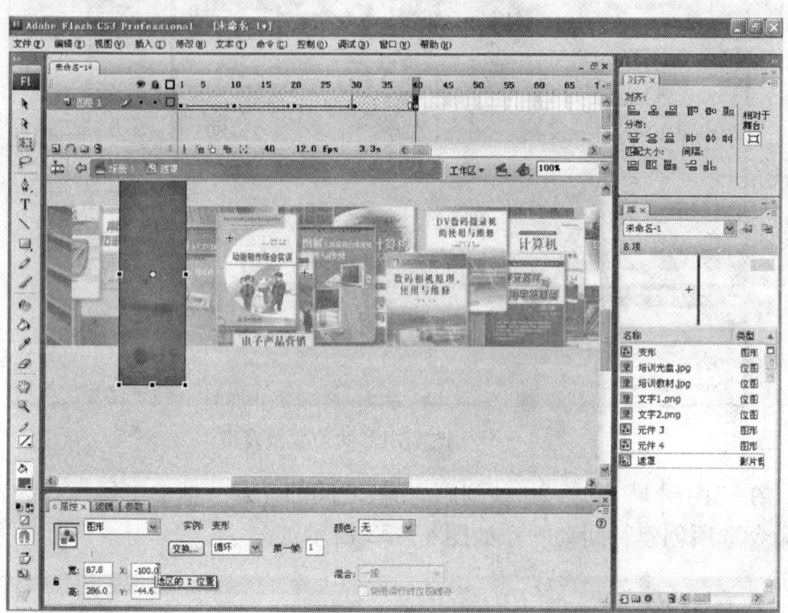

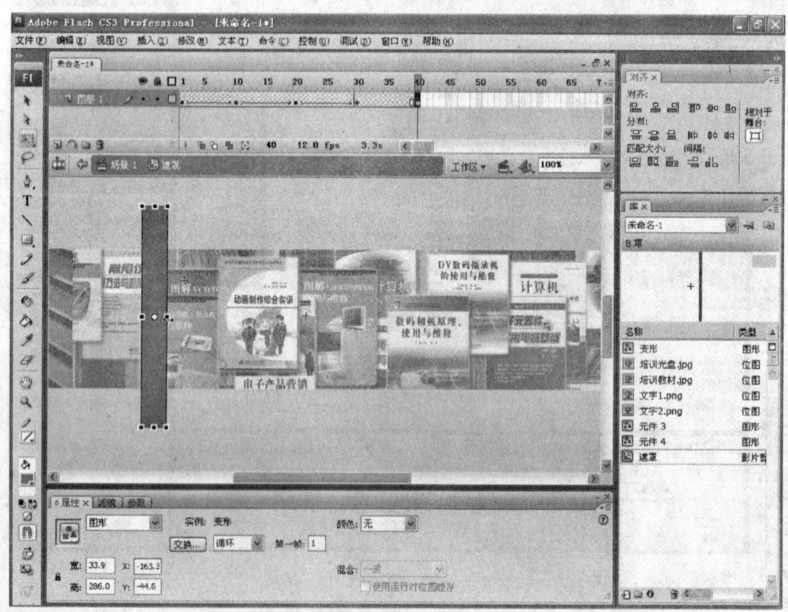

图 4 – 34　改变矩形元件的 X 轴坐标及宽度

步骤 34：在“图层 1”的第 30 帧到第 40 帧之间的任意一帧单击鼠标右键，选择“创建补间动画”命令选项创建补间动画，如图 4 – 35 所示。

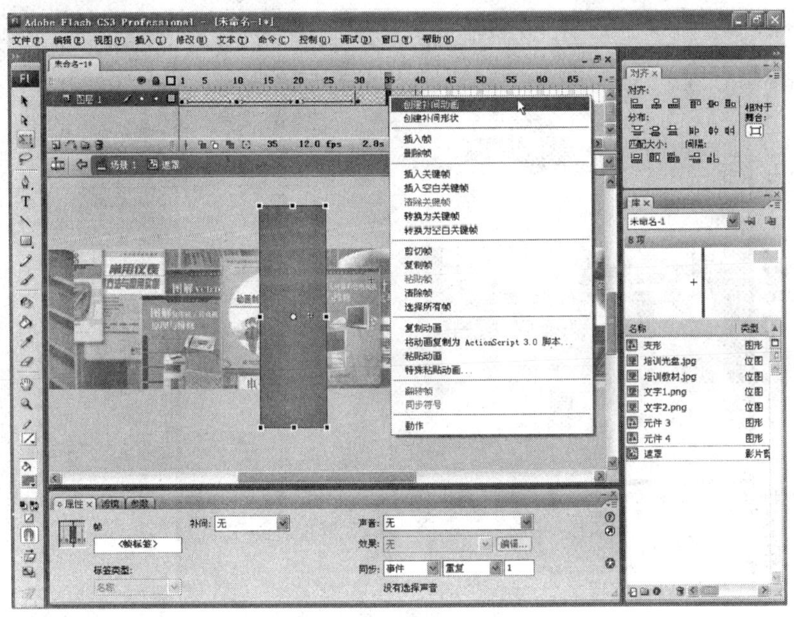

图 4－35　创建补间动画

步骤 35：单击“时间线”中“图层 1”的第 50 帧，并按键盘上的 F6 键插入关键帧，如图 4－36 所示。

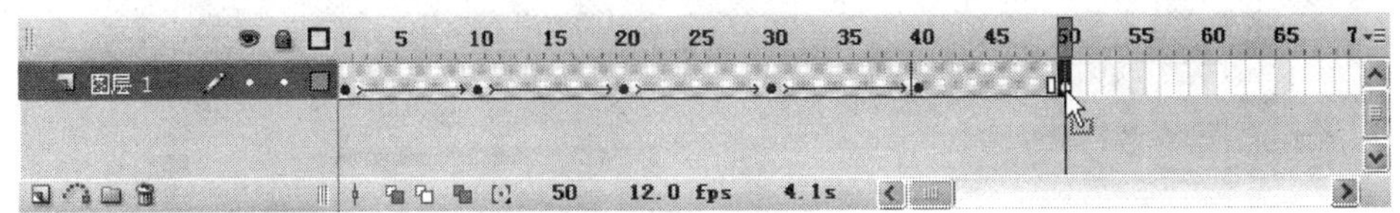

图 4－36　插入关键帧

步骤 36：设置矩形元件的 X 轴坐标为“110”，并改变矩形元件的宽度，如图 4－37 所示。

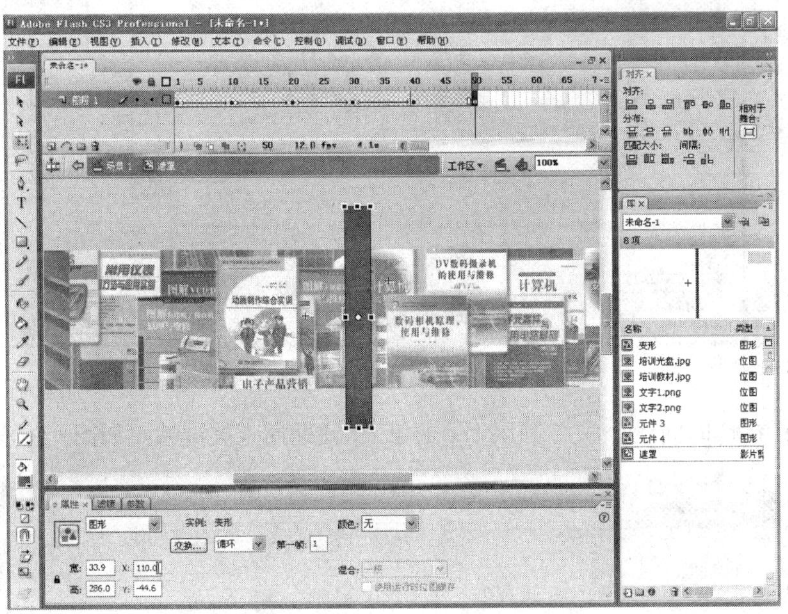

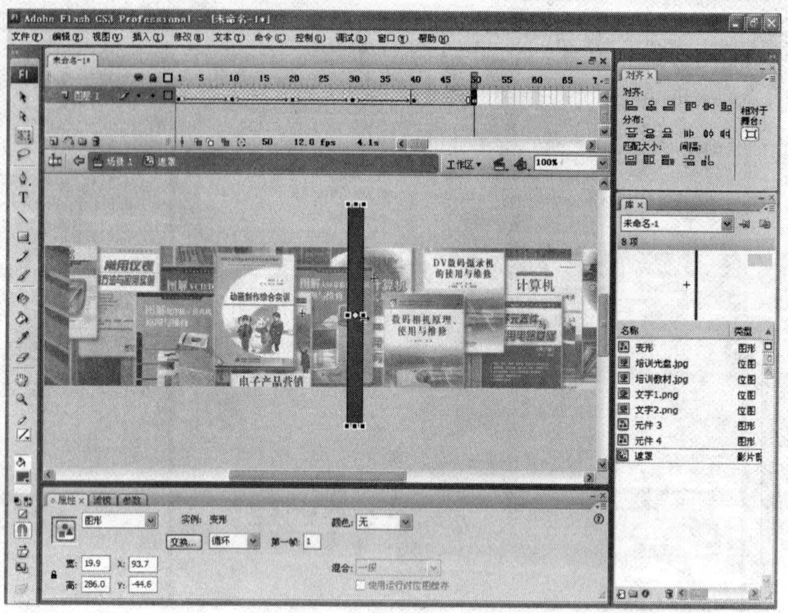

图4－37 设置矩形元件的X轴坐标及宽度

步骤37：在“图层1”的第40帧到第50帧之间的任意一帧单击鼠标右键，选择“创建补间动画”命令选项创建补间动画，如图4－38所示。

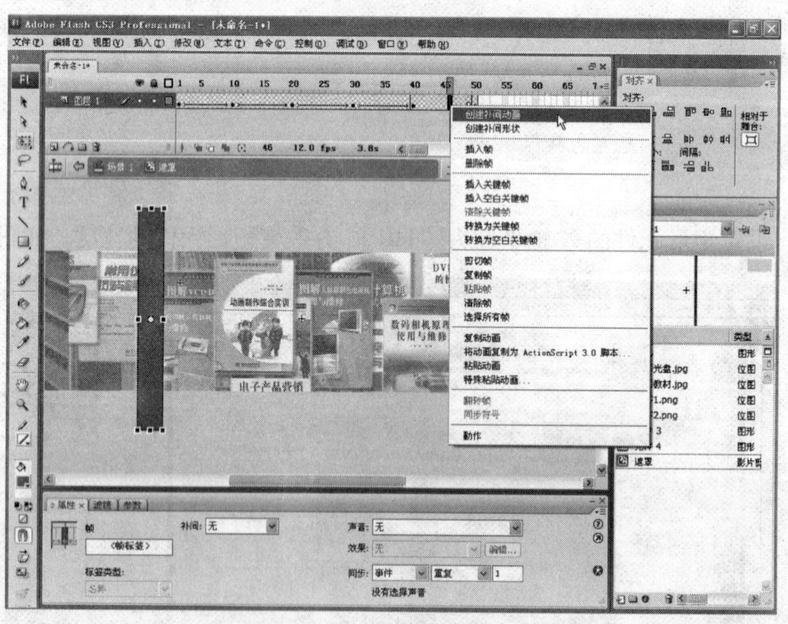

图4－38 创建补间动画

步骤38：在“时间线”中“图层1”的第60帧处插入关键帧，如图4－39所示。

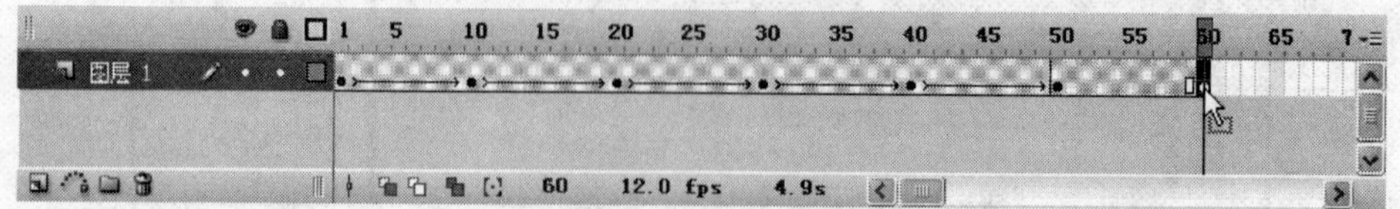

图4－39 插入关键帧

步骤39：改变矩形元件的宽度，使其覆盖整个舞台，如图4－40所示。

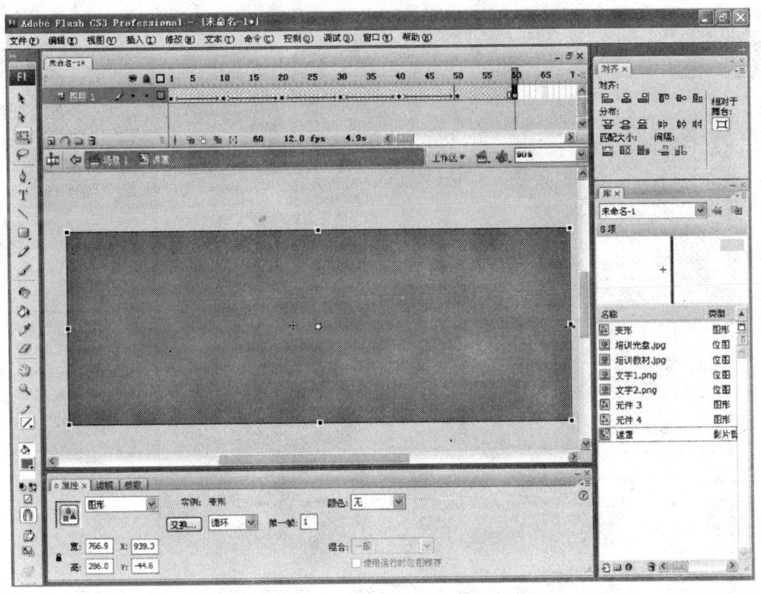

图4－40　改变矩形元件的宽度

步骤40：在“图层1”的第50帧到第60帧之间的任意一帧单击鼠标右键，选择“创建补间动画”命令选项创建补间动画，如图4－41所示。

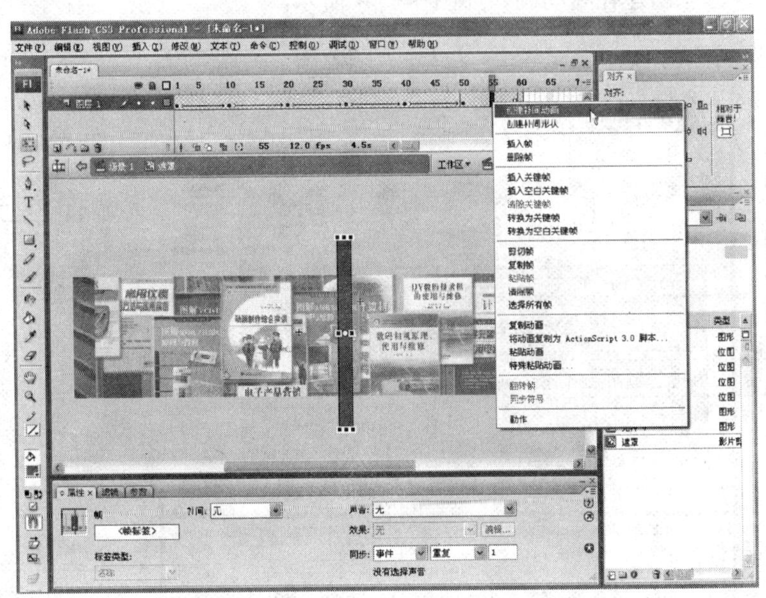

图4－41　创建补间动画

步骤41：如图4－42所示，在“时间线”中“图层1”的第70帧处插入关键帧。

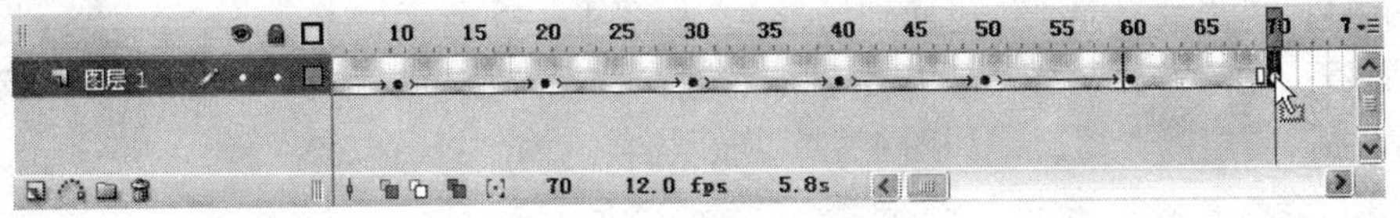

图4－42　插入关键帧

步骤 42：更改矩形元件的宽度，如图 4－43 所示。

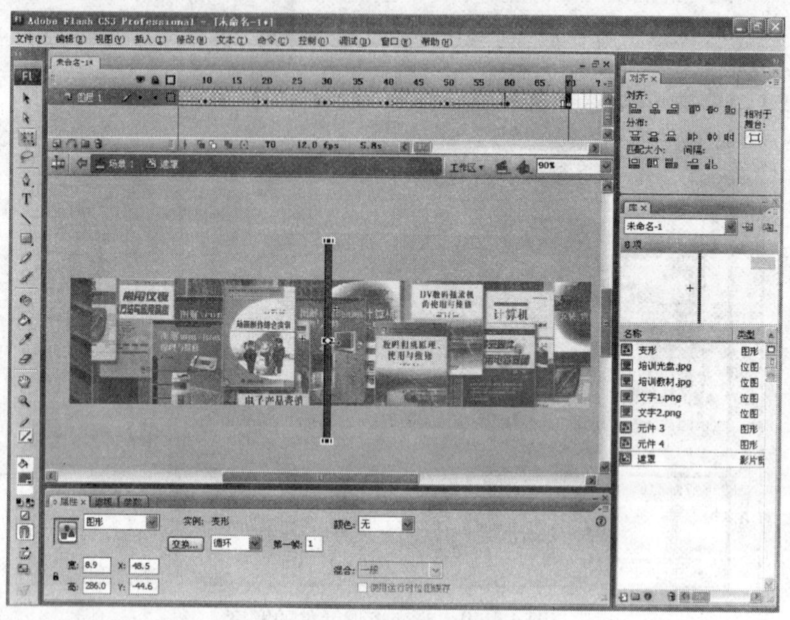

图 4－43 改变矩形元件的宽度

步骤 43：在“图层 1”的第 60 帧到第 70 帧之间的任意一帧单击鼠标右键，选择“创建补间动画”命令选项创建补间动画，如图 4－44 所示。

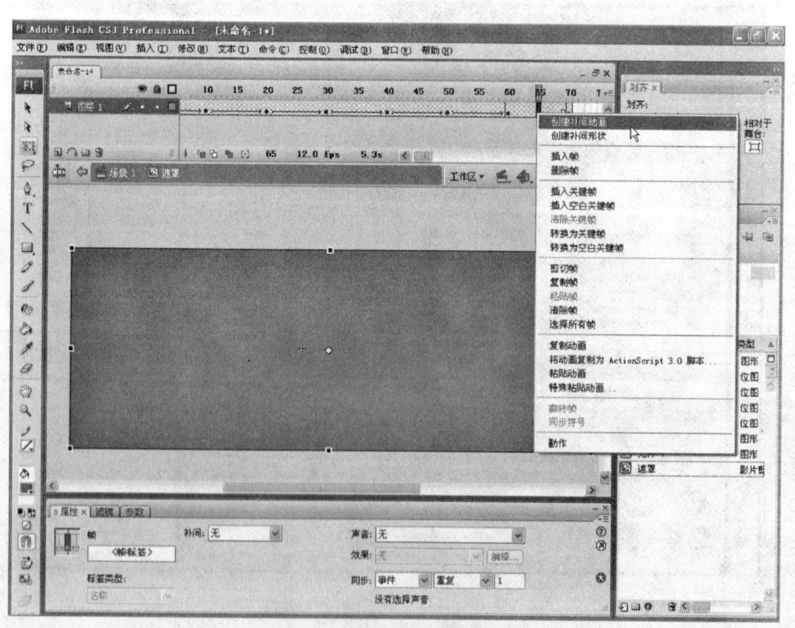

图 4－44 创建补间动画

步骤 44：单击“场景 1”返回到场景 1，如图 4－45 所示。

步骤 45：在“遮罩”图层上单击鼠标右键，选择“遮罩层”选项，将“遮罩”图层设置为“教材”图层的遮罩层，如图 4－46 所示。

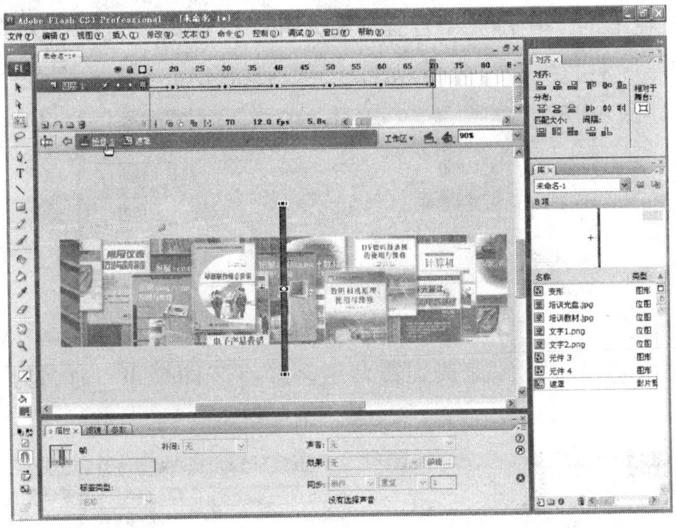

图 4 - 45　返回到场景 1

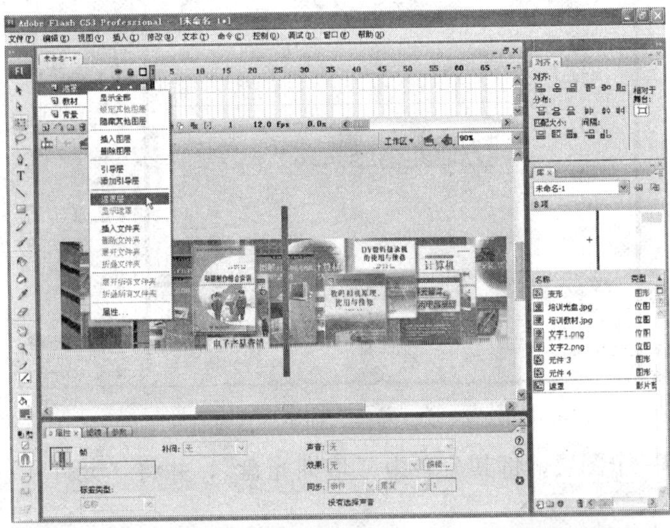

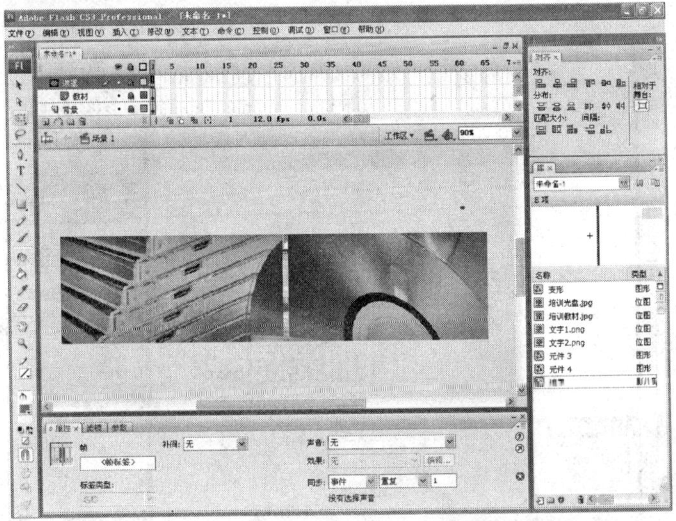

图 4 - 46　设置“遮罩”图层为“遮罩层”图层

步骤 46：按键盘上的 Ctrl + F8 组合键新建元件，设置其“名称”为“文字动画”，“类型”为“影片剪辑”，如图 4 - 47 所示。

图 4 - 47　新建“文字动画”元件

步骤 47：将“元件 3”元件拖拽到舞台上，并将“图层 1”命名为“教材资料”，如图 4 - 48 所示。

图 4 - 48　更改“图层 1”的名称

步骤 48：新建一个图层，将其命名为“培训光盘”，并将“元件 4”元件拖拽到舞台上，如图 4 - 49 所示。

图 4 - 49　新建“培训光盘”图层并拖拽“元件 4”元件到舞台上

步骤49：返回场景1，新建一个图层，并将其命名为“文字”，如图4－50所示。

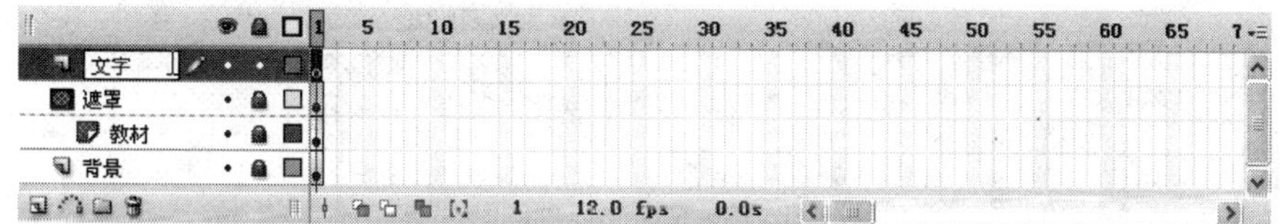

图4－50　新建“文字”图层

步骤50：将“文字动画”元件拖拽到舞台上，如图4－51所示。

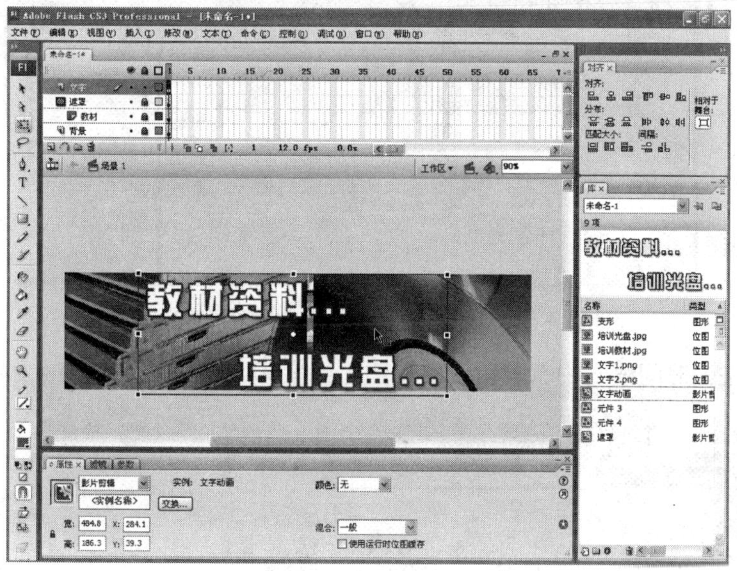

图4－51　拖拽“文字动画”元件到舞台上

步骤51：用鼠标左键双击舞台中的“文字动画”元件，进入其编辑状态，如图4－52所示。

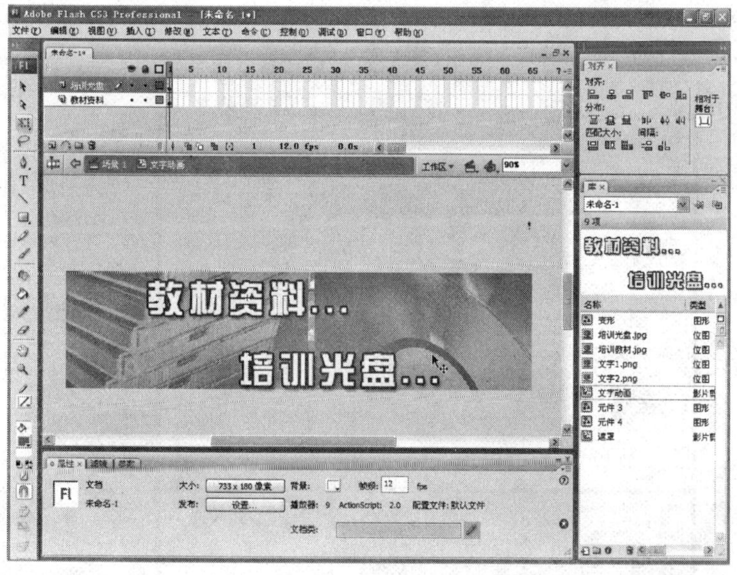

图4－52　进入“文字动画”元件的编辑状态

步骤52：选择舞台中“元件3”教材资料图形元件，设置其X轴坐标为“－320”，Y

轴坐标为“-60”，如图4-53所示。

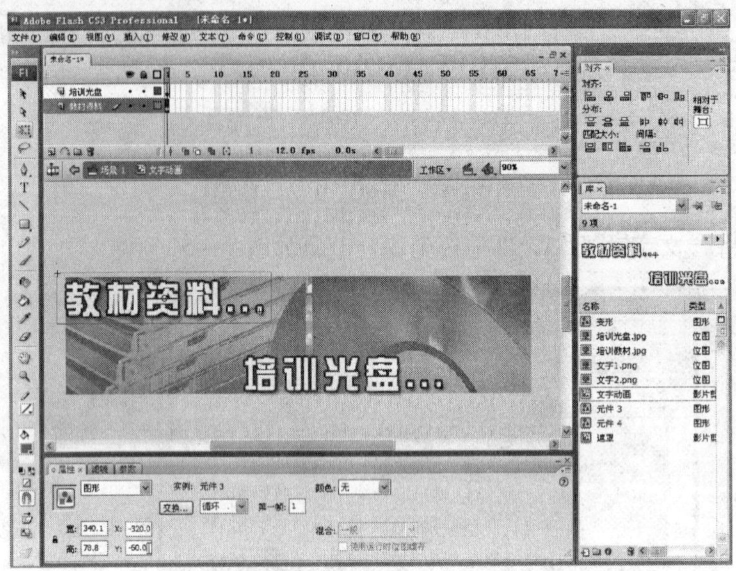

图4-53 设置“元件3”图形元件的坐标

步骤53：在“时间线”中“教材资料”图层的第30帧处插入关键帧，如图4-54所示。

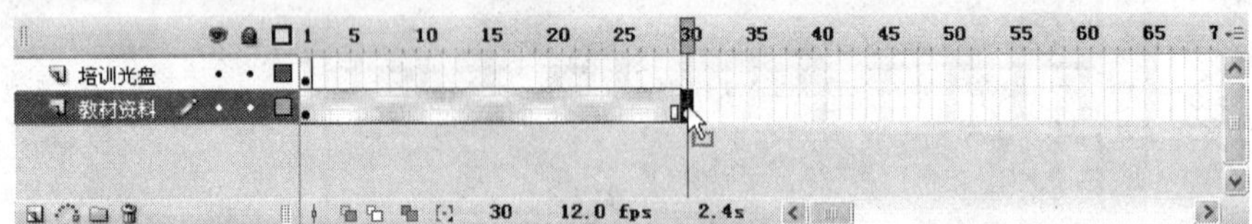

图4-54 插入关键帧

步骤54：设置“元件3”教材资料图形元件的X轴坐标为“-280”，Y轴坐标为“-60”。如图4-55所示。

图4-55 设置30帧处“元件3”图形元件的坐标

步骤55：返回到第1帧，设置“元件3”教材资料图形元件的“颜色”属性为“Alpha”，值为“0%”，如图4－56所示。

图4－56 设置第1帧处“元件3”图形元件的Alpha属性

步骤56：如图4－57所示，在“教材资料”图层的第1帧到第30帧之间的任意一帧上单击鼠标右键，选择“创建补间动画”命令选项创建补间动画。

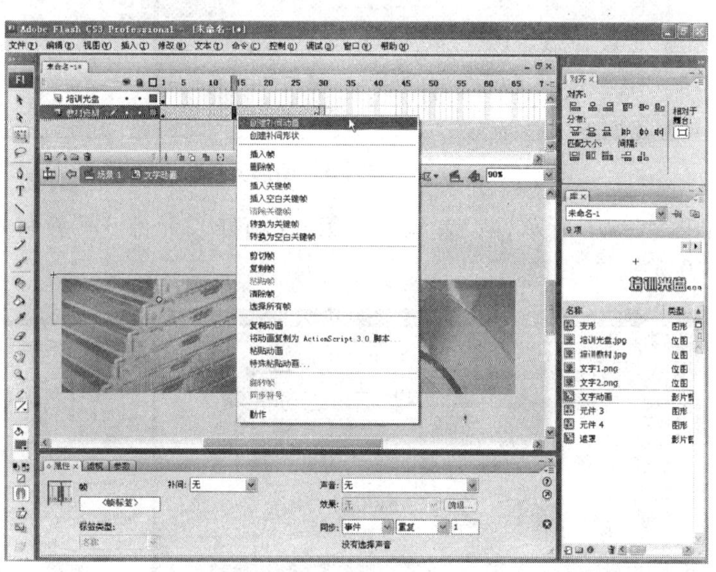

图4－57 创建补间动画

步骤57：如图4－58所示，在该图层的第45帧处插入关键帧。

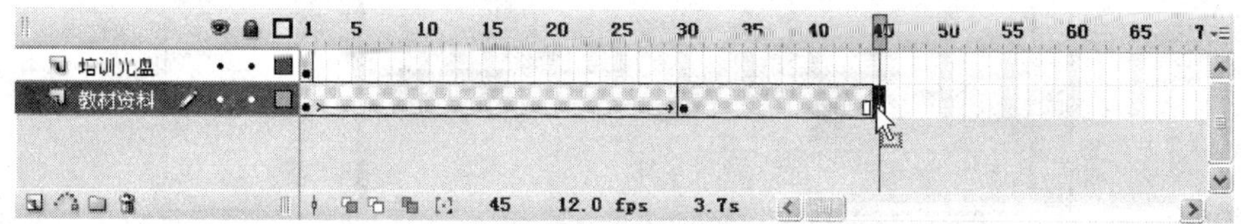

图4－58 插入关键帧（一）

步骤 58：如图 4－59 所示，在该图层的第 60 帧处插入关键帧。

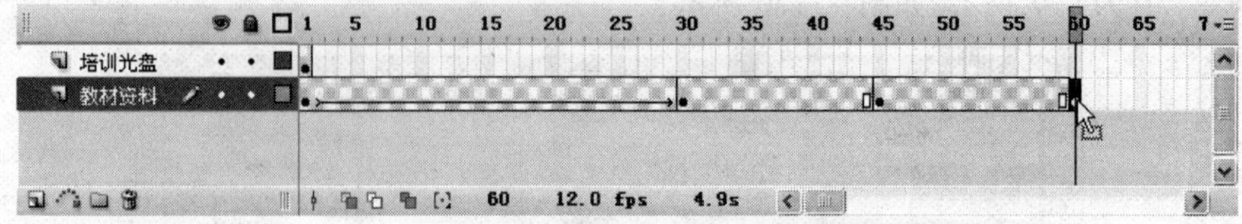

图 4－59 插入关键帧（二）

步骤 59：设置“元件 3”教材资料图形元件的 X 轴坐标为“100”，Y 轴坐标为“－60”，如图 4－60 所示。

图 4－60 设置“元件 3”图形元件的坐标

步骤 60：如图 4－61 所示，设置该图层第 60 帧处“元件 3”教材资料图形元件的“Alpha”值为“0%”。

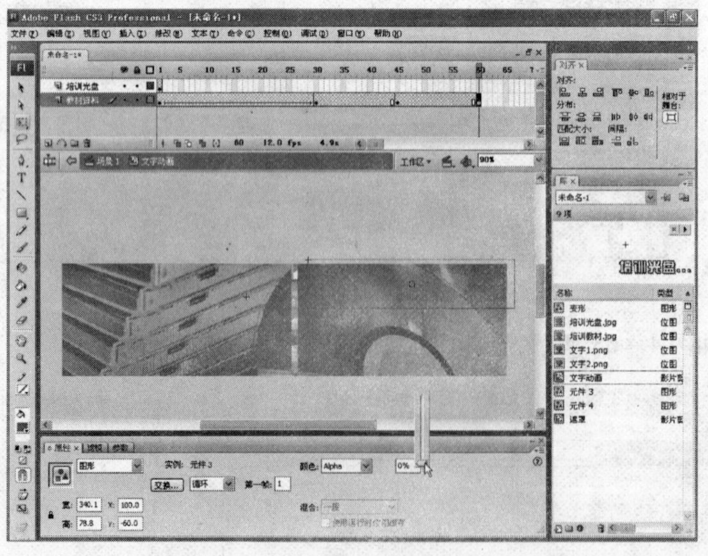

图 4－61 设置该图层第 60 帧处“元件 3”图形元件的 Alpha 值

步骤 61：如图 4－62 所示，在该图层第 45 帧到第 60 帧之间的任意一帧上单击鼠标右键，选择“创建补间动画”命令选项创建补间动画。

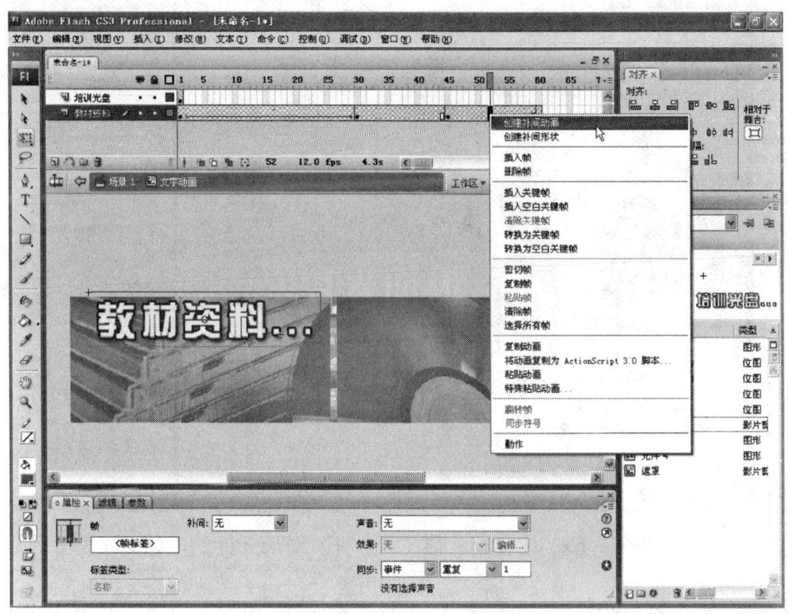

图 4－62　创建补间动画

步骤 62：如图 4－63 所示，在该图层第 70 帧处插入关键帧。

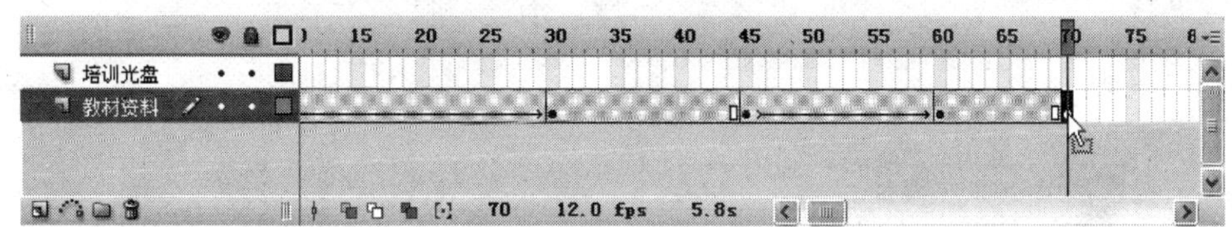

图 4－63　插入关键帧

步骤 63：如图 4－64 所示，锁定“教材资料”图层。

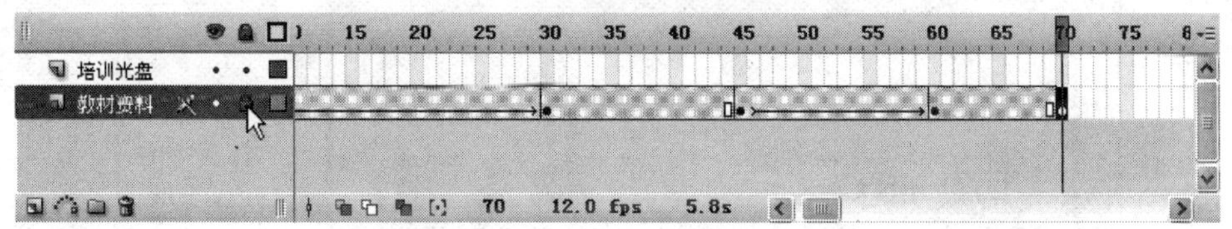

图 4－64　锁定“教材资料”图层

步骤 64：选择“培训光盘”图层，并设置第 1 帧中“元件 4”培训光盘图形元件的 X 轴坐标为“60”，Y 轴坐标为“25”，如图 4－65 所示。

步骤 65：如图 4－66 所示，在该图层第 30 帧处插入关键帧。

步骤 66：设置“元件 4”培训光盘图形元件的 X 轴坐标为“20”，Y 轴坐标为“25”，如图 4－67 所示。

图 4－65　设置第 1 帧“元件 4”图形元件的坐标

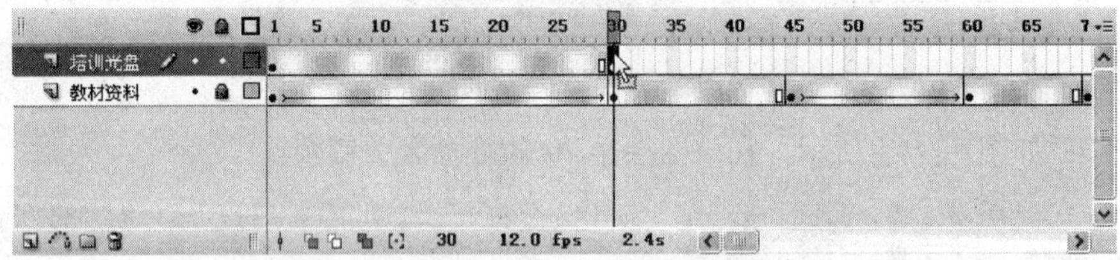

图 4－66　在该图层第 30 帧处插入关键帧

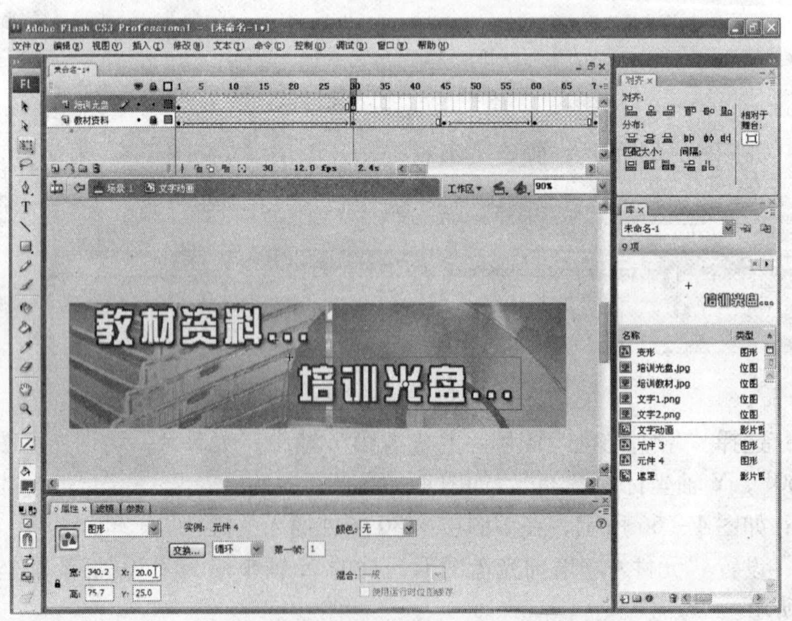

图 4－67　设置第 30 帧处“元件 4”图形元件的坐标

步骤 67：返回到第 1 帧，设置“元件 4”培训光盘图形元件的“Alpha”值为“0%”，如图 4－68 所示。

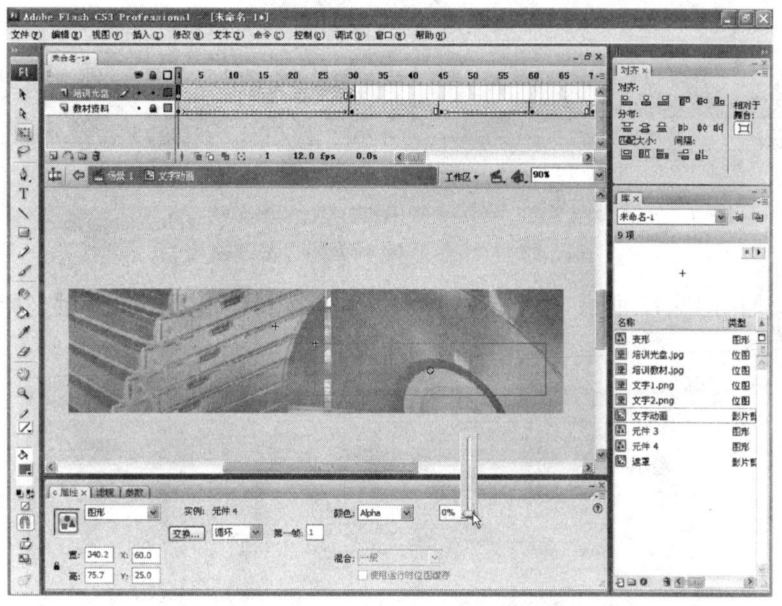

图 4 – 68　设置第 1 帧中“元件 4”图形元件的 Alpha 值

步骤 68：如图 4 – 69 所示，在该图层第 1 帧与第 30 帧之间的任意一帧上单击鼠标右键，选择“创建补间动画”命令选项创建补间动画。

图 4 – 69　创建补间动画

步骤 69：如图 4 – 70 所示，在该图层第 45 帧处插入关键帧。

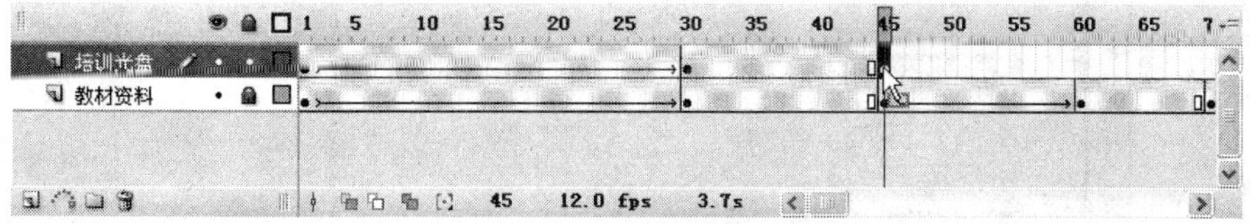

图 4 – 70　在第 45 帧处插入关键帧

步骤70：如图4－71所示，在该图层第60帧处插入关键帧。

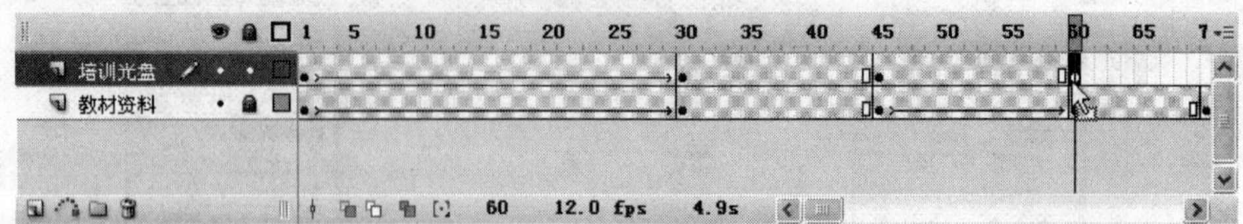

图4－71 在第60帧处插入关键帧

步骤71：如图4－72所示，设置“元件4”培训光盘图形元件的X轴坐标为“－300”，Y轴坐标为“25”。

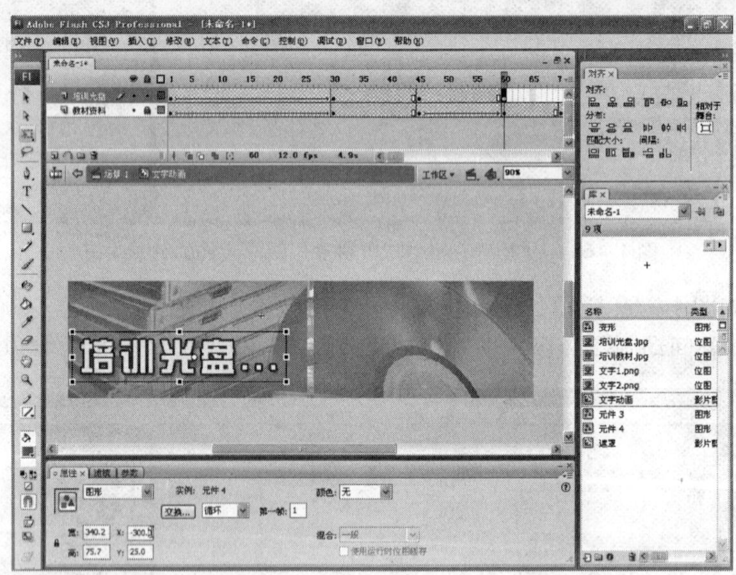

图4－72 设置第60帧处“元件4”图形元件的坐标

步骤72：如图4－73所示，设置“元件4”培训光盘图形元件的“Alpha”值为“0%”。

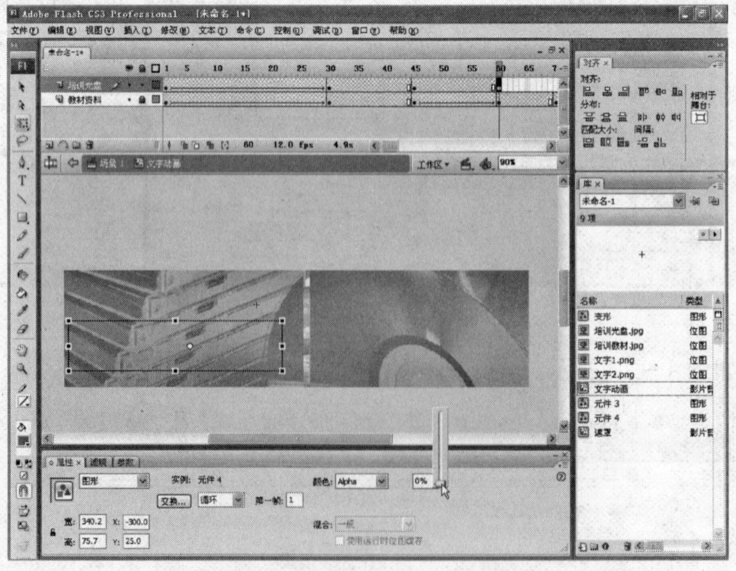

图4－73 设置“元件4”图形元件的Alpha值

步骤 73：在该图层第 45 帧到第 60 帧之间的任意一帧上单击鼠标右键，选择“创建补间动画”命令选项创建补间动画，如图 4 – 74 所示。

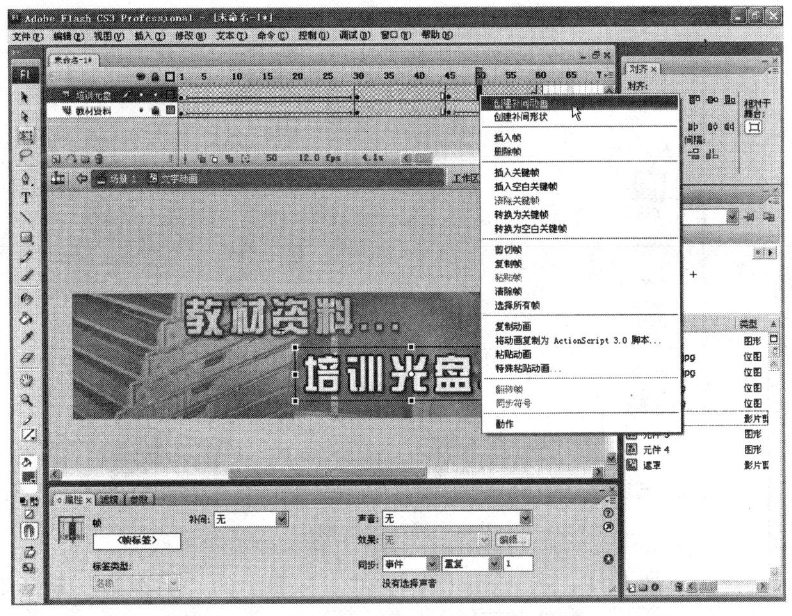

图 4 – 74　创建补间动画

步骤 74：如图 4 – 75 所示，在该图层第 70 帧处插入关键帧。

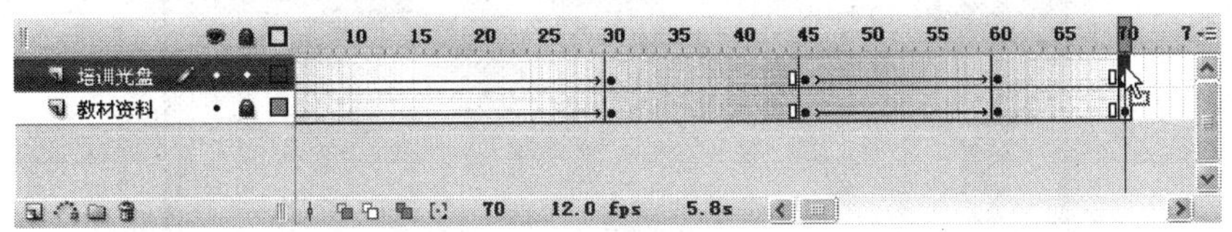

图 4 – 75　在第 70 帧处插入关键帧

步骤 75：按键盘上的 Ctrl + Enter 组合键测试影片，发现“培训光盘…”及“教材资料…”进入的时间有些不合适。按住 Shift 键选中“培训光盘”和“教材资料”两个图层的第 1 帧，并按住鼠标左键将其拖动到第 10 帧的位置，如图 4 – 76 所示。此时，两个图层的前 10 帧均变成了空白帧。

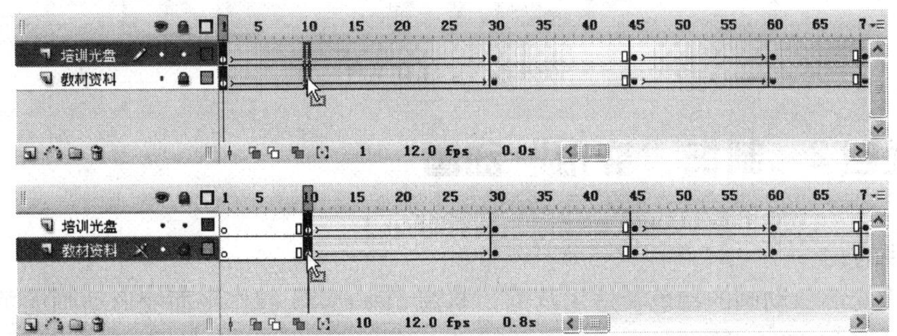

图 4 – 76　拖动两个图层的第 1 帧到第 10 帧的位置

步骤 76：再次测试影片，效果理想。按键盘上的 Ctrl + Shift + Alt + S 组合键导出影片，选择影片存储位置，将文件名命名为“遮罩动画”，保存类型设置为“Flash 影片（*.swf）”，

设置完成单击 保存(S) 按钮，如图 4－77 所示。在随即弹出的“导出 Flash Player”对话框中按其默认设置，单击 确定 按钮即可。

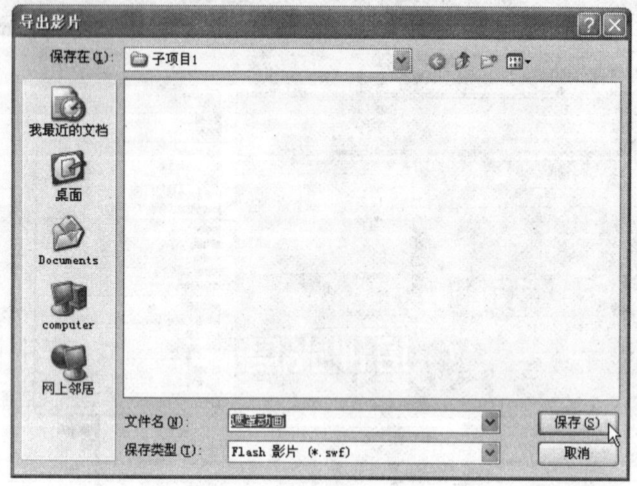

图 4－77　导出影片

步骤 77：按键盘上的 Ctrl＋S 组合键保存文件。在弹出的“另存为”对话框中，设置保存文件的位置及文件名，单击 保存(S) 按钮即可，如图 4－78 所示。

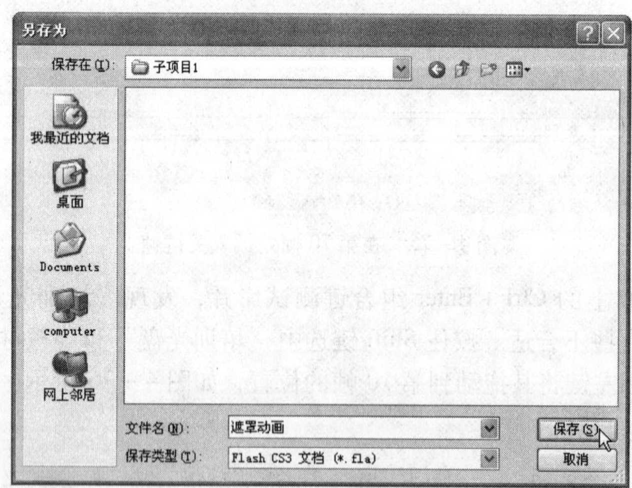

图 4－78　保存文件

子项目 2　制作“变形”动画

实训目的：

体会“变形”动画的特色及适用范围，掌握 Flash CS3 制作平面变形动画的关键要素和基本方法。

项目分析：

制作一个以体育运动为主题的动画（该实训内容为整个动画中的主要组成部分），图 4－79 所示为该动画中的六个基本元件。

图 4－79　该动画中的六个基本元件

动画的内容是六个基本元件的形状的变化，其中最关键的是添加形状提示点，使变化更加流畅美观。要求整个动画设计精细，变形巧妙，充分体现出“变形”动画的特色。

制作步骤：

步骤 1：启动 Flash CS3 应用程序，如图 4－80 所示为 Flash CS3 的程序界面。

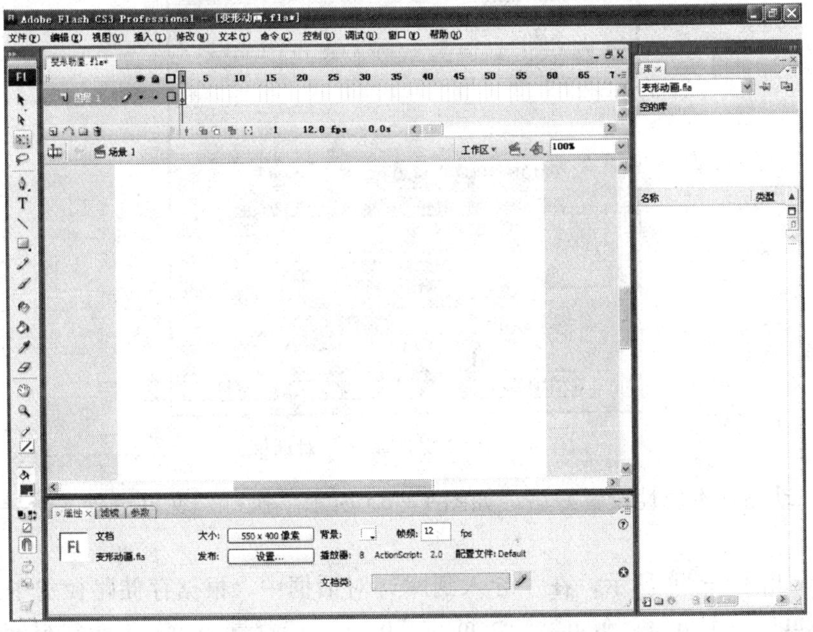

图 4－80　Flash CS3 的程序界面

步骤 2：用鼠标单击菜单栏上的“修改”选项，如图 4－81 所示，并在随后弹出的选项列表中单击选择“文档”命令选项（该命令也可以直接按键盘上的 Ctrl＋J 组合键）。

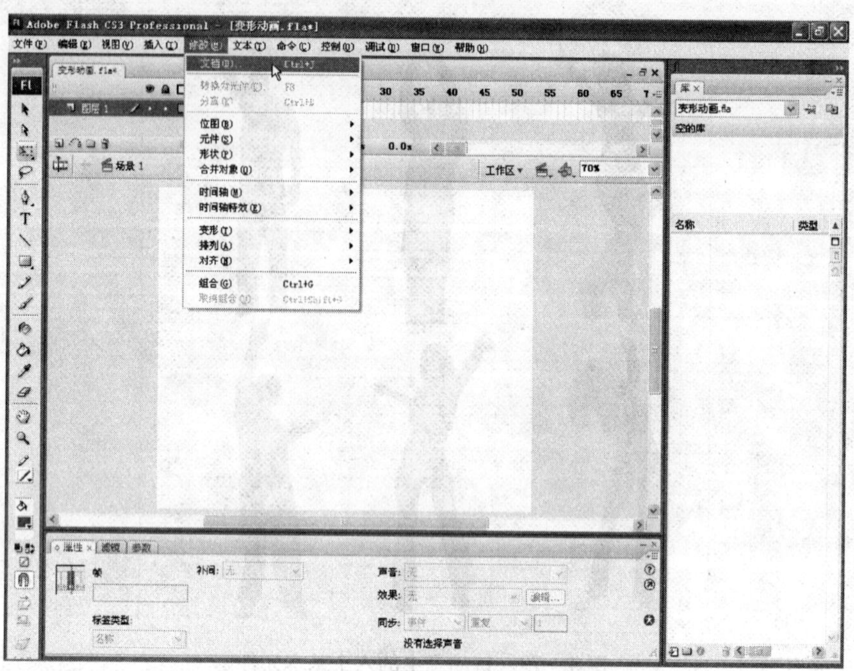

图 4－81　执行“文档”命令选项

步骤 3：在“文档属性”对话框中设置尺寸为“650 像素 × 545 像素”，帧数为“12fps”，如图 4－82 所示。设置完成后，单击 确定 按钮确认。

图 4－82　“文档属性”对话框

步骤 4：动画基本属性设置好后，如图 4－83 所示，执行“文件→导入→导入到库”命令选项。

步骤 5：如图 4－84 所示，在“导入到库”对话框中，根据存储路径选中需要导入的“1. ai”、“2. ai”、“3. ai”、“4. ai”、“5. ai”、“6. ai”、“背景 . jpg”七个素材文件。然后单击 打开(O) 按钮，将这七个文件导入到库中。

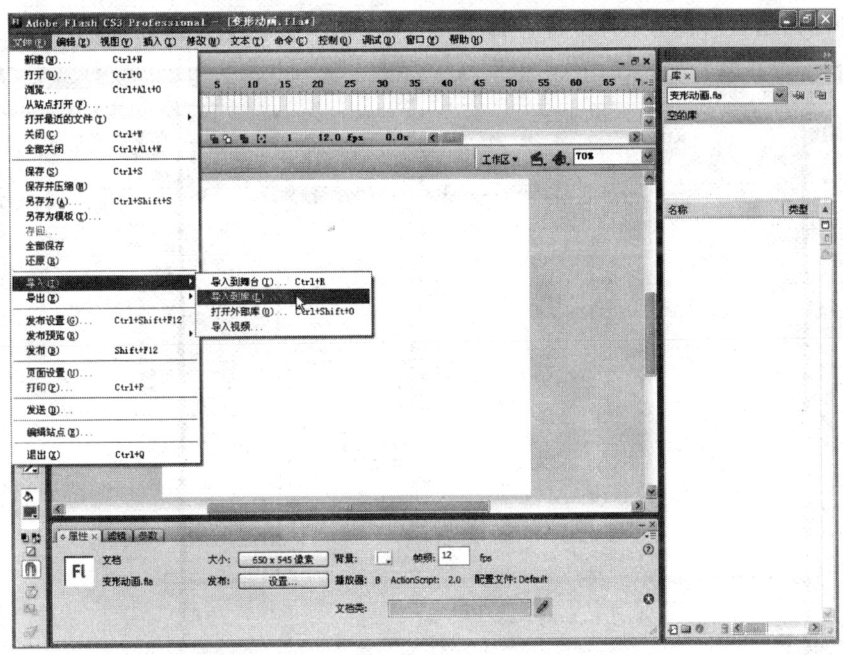

图 4－83　执行“导入到库”命令选项

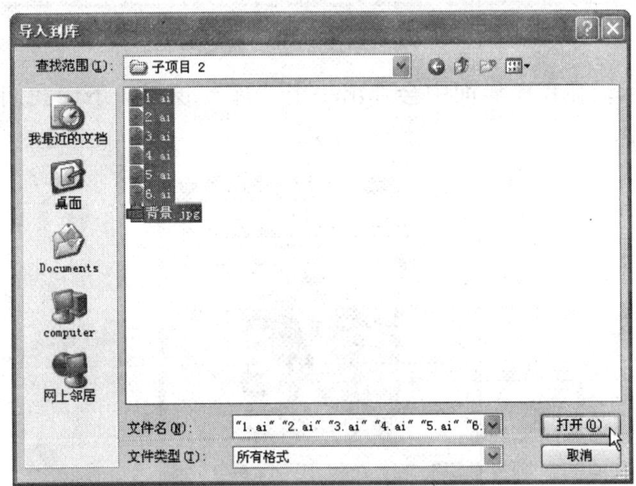

图 4－84　“导入到库”对话框

步骤 6：在元素导入“库”时会弹出提示框，如图 4－85 所示，单击 确定 按钮即可。

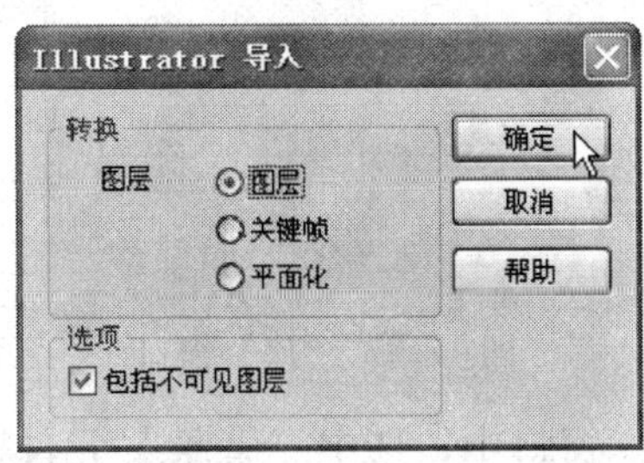

图 4－85　提示框

步骤 7：当素材文件导入到库后，用鼠标单击菜单栏上的“窗口”选项，如图 4－86 所示，并在弹出的选项列表中选择“库”命令选项（该命令也可直接按键盘上的 F11 键实现）。

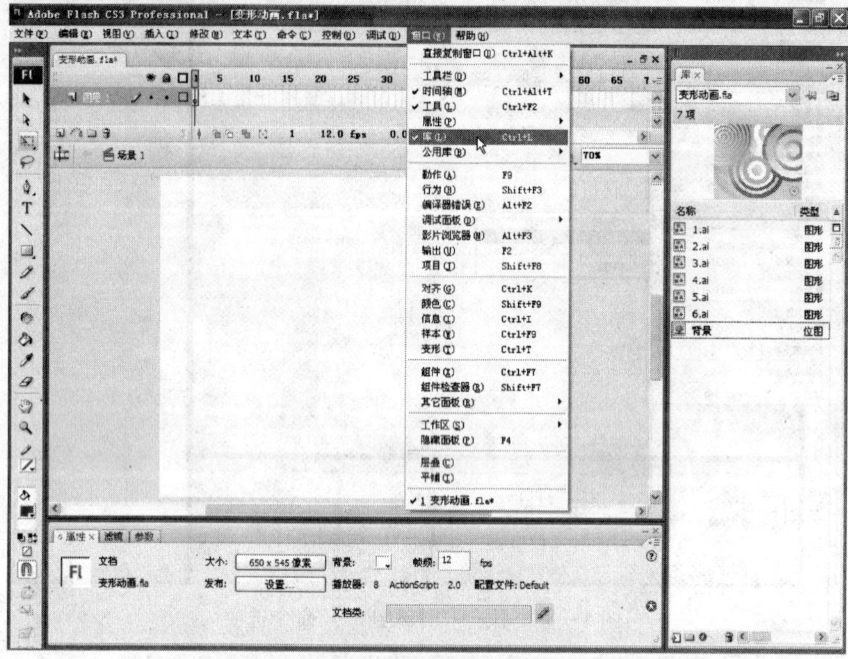

图 4－86 执行“库”命令选项

如图 4－87 所示，在程序界面中会弹出一个“库”窗口。下面我们要将库中的元件导入到当前编辑窗口中。

图 4－87 “库”窗口

步骤 8：将鼠标移至“库”窗口中，选中“背景”元件，同时按住鼠标左键不放，将“背景”元件拖动到当前“场景 1”的编辑窗口中，如图 4－88 所示。

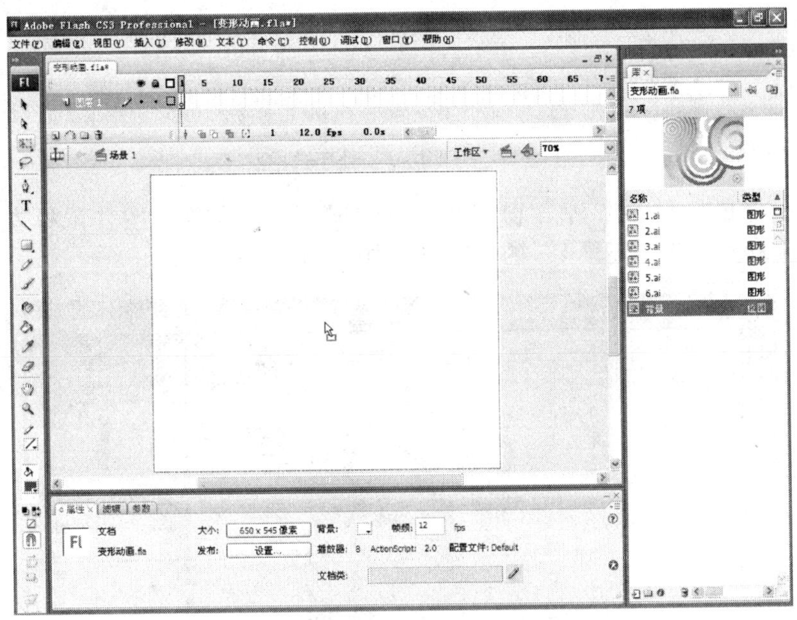

图 4－88　将“背景”元件添加到“场景 1”编辑窗口中

步骤 9：导入背景后的效果，如图 4－89 所示。

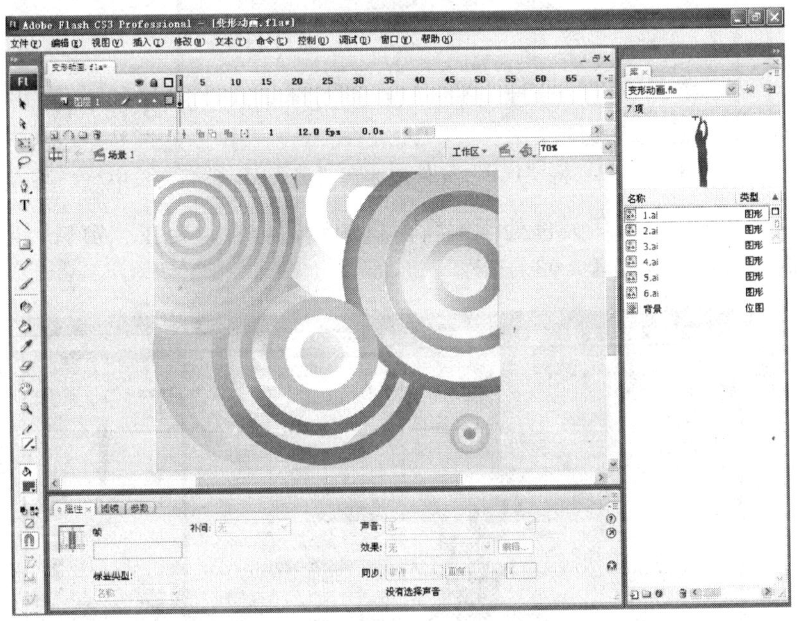

图 4－89　导入背景后的效果

步骤 10：单击“时间线”中的按钮，增加一个新的图层“图层 2”，如图 4－90 所示。

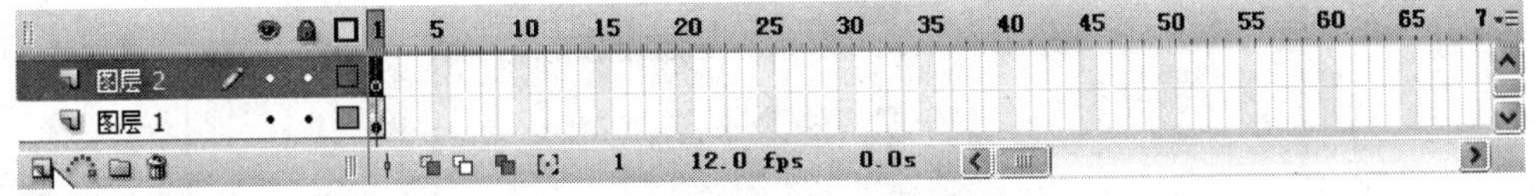

图 4－90　增加一个新的图层

步骤 11：单击“图层 2”图层，使其处于选中状态，如图 4－91 所示。

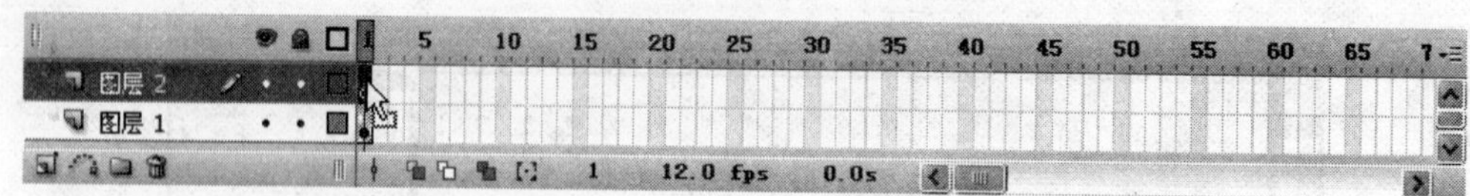

图 4－91 “图层 2”处于选中状态

步骤 12：将鼠标移至“库”窗口中，选中“1. ai”元件，按住鼠标左键不放，将“1. ai”元件拖动到当前“场景 1”的编辑窗口中，如图 4－92 所示。

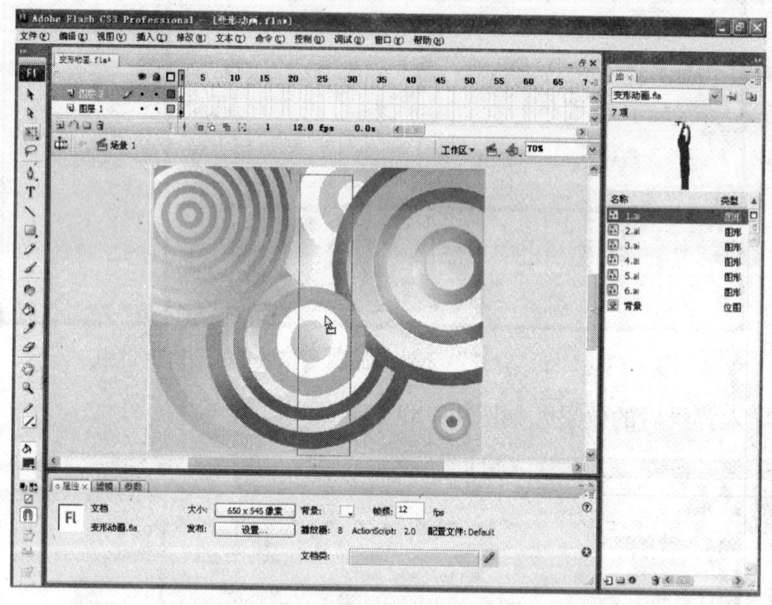

图 4－92 将“1. ai”元件添加到“场景 1”编辑窗口中

步骤 13：为了使“1. ai”元件处于编辑窗口的合适位置，要在“窗口”菜单列表中执行“对齐”命令选项，如图 4－93 所示。

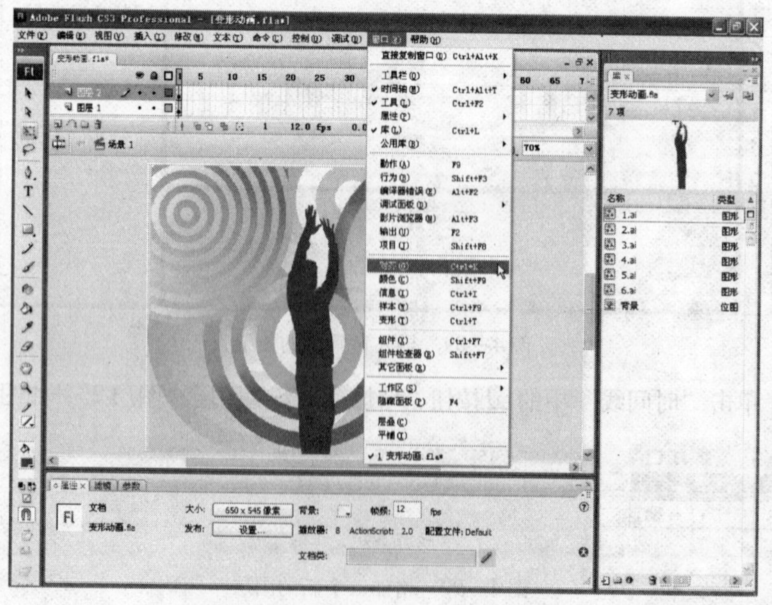

图 4－93 执行“对齐”命令选项

步骤 14：程序会弹出“对齐”设置面板。确认编辑窗口中的“1. ai”元件处于选中状态，先用鼠标在“对齐”设置面板上单击“相对于舞台”下方的 按钮，使其处于激活状态，然后再用鼠标单击 水平中间分布按钮，如图 4 – 94 所示。

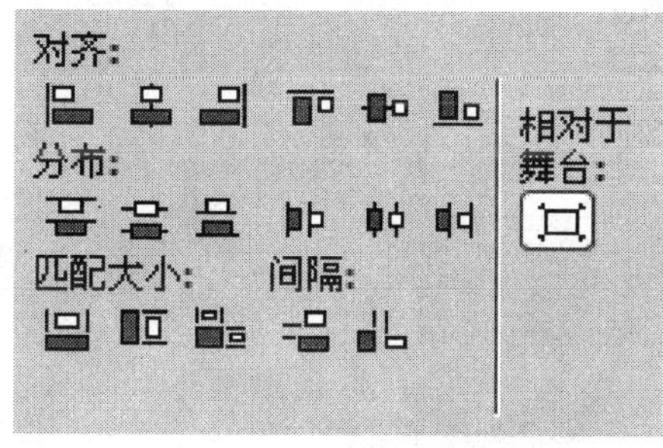

图 4 – 94 调整“1. ai”元件水平位置

步骤 15：调整“1. ai”元件垂直位置，如图 4 – 95 所示。

图 4 – 95 调整“1. ai”元件垂直位置

步骤 16：“1. ai”元件位置调整完毕，用鼠标单击选中位于编辑窗口中的“1. ai”元件。如图 4 – 96 所示，用鼠标单击菜单栏上的“修改”选项，并从弹出的下拉列表中单击执行“分离”命令选项（该命令也可按键盘上的 Ctrl + B 组合键实现）。

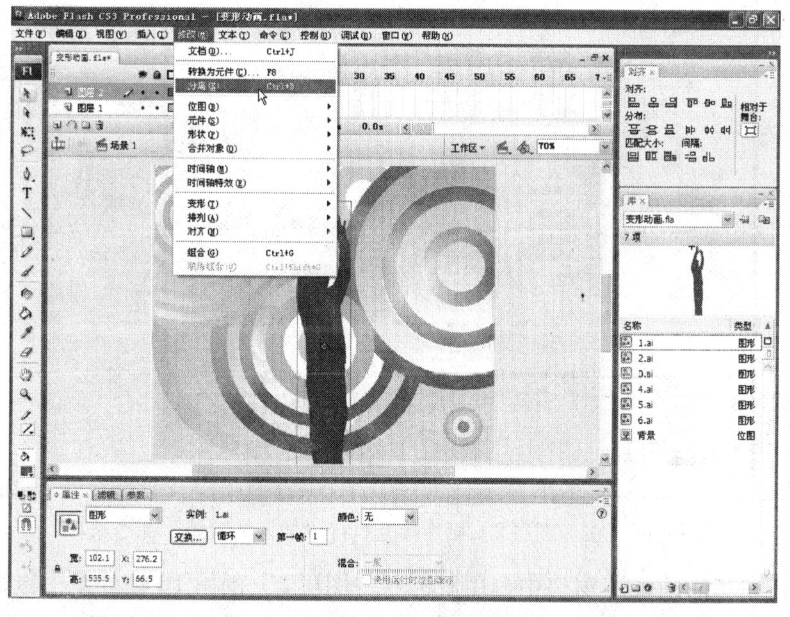

图 4 – 96 执行“分离”命令选项

步骤 17：连续执行两次“分离”命令选项，将编辑窗口中的“1. ai”元件彻底分离，如图 4 – 97 所示。此时，“修改”选项列表中的“分离”选项为失效状态。

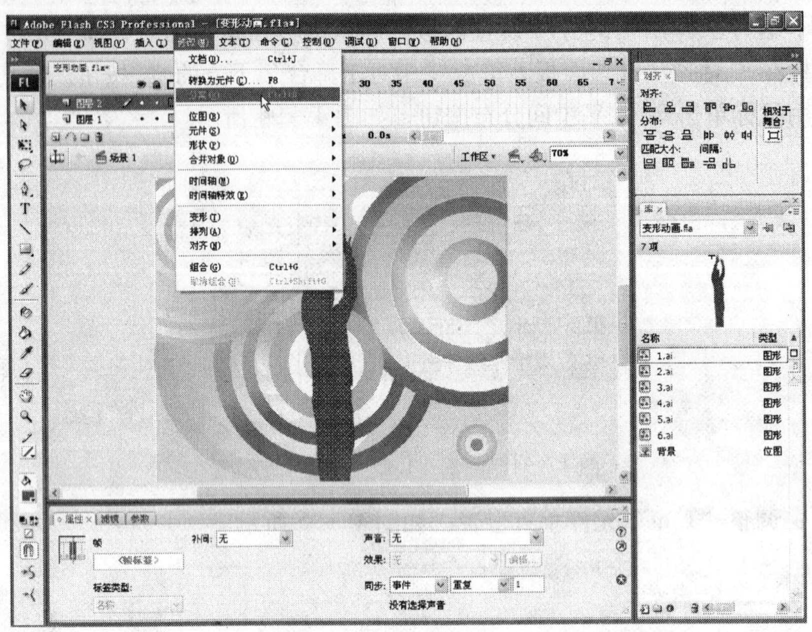

图 4－97　分离后的“1. ai”元件效果

步骤 18：将鼠标移至“时间线”窗口，如图 4－98 所示，在“图层 2”的第 5 帧处单击鼠标右键，并在弹出的选项列表中选择“插入关键帧”命令选项。

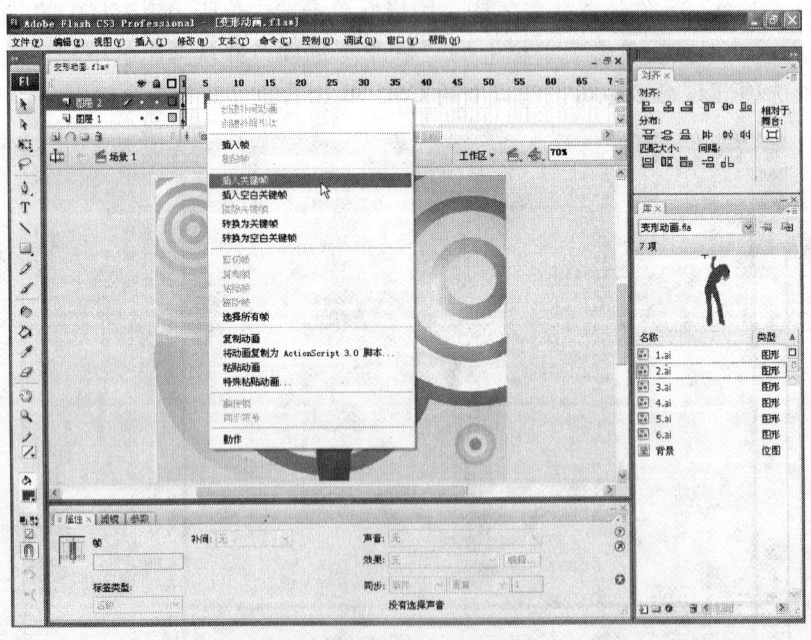

图 4－98　在“图层 2”第 5 帧处执行“插入关键帧”命令选项

步骤 19：在“时间线”窗口中，用鼠标在“图层 2”的第 10 帧处单击鼠标右键，并在弹出的选项列表中执行“插入空白关键帧”命令选项，如图 4－99 所示。

步骤 20：如图 4－100 所示，从“库”窗口中选中“2. ai”元件并将其拖拽到“场景 1”的编辑窗口中。

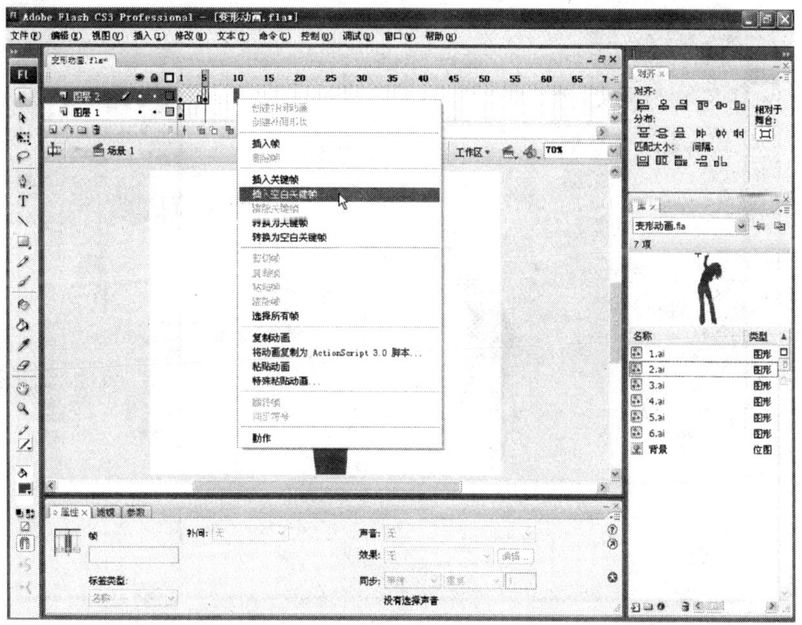

图4－99　在“图层2”第10帧处执行“插入空白关键帧”命令选项

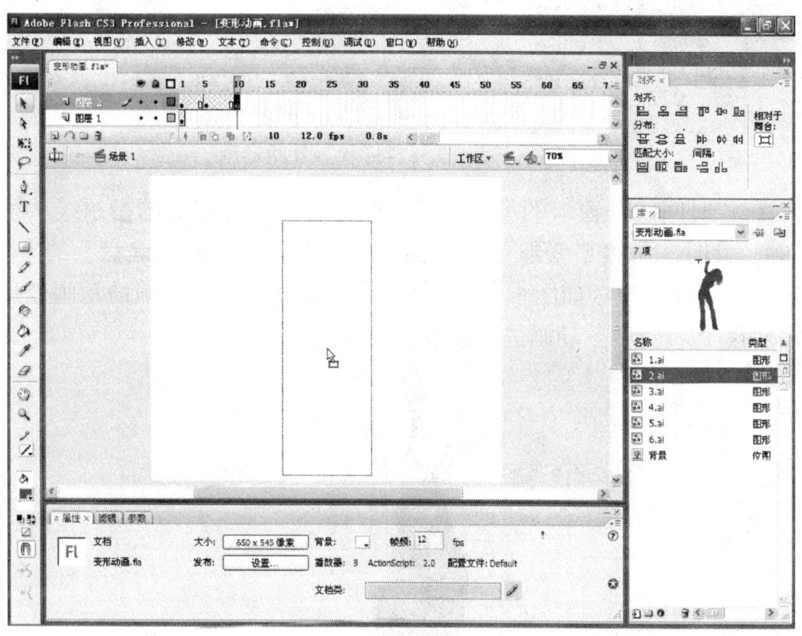

图4－100　将“2. ai”元件添加到“场景1”编辑窗口中

步骤21：按照“1. ai”元件位置的调整方法，将“2. ai”元件也调整到编辑窗口的合适位置。

步骤22：选中“2. ai”元件后，重复执行“修改”选项列表中的“分离”命令选项直至将“2. ai”元件彻底分离，最终效果如图4－101所示。

步骤23：在“时间线”窗口中，用鼠标单击“图层2”中第5帧到第10帧之间的任意一帧。然后将鼠标移至位于程序界面下方的“属性”面板上，如图4－102所示，单击“补间”处的下拉列表按钮，并在弹出的下拉列表中选择“形状”命令选项。

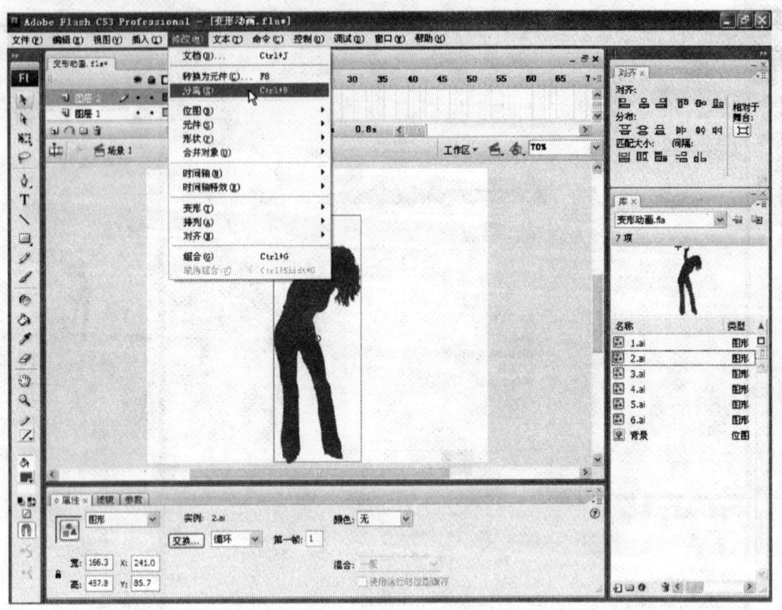

图 4 – 101　分离“2. ai”元件

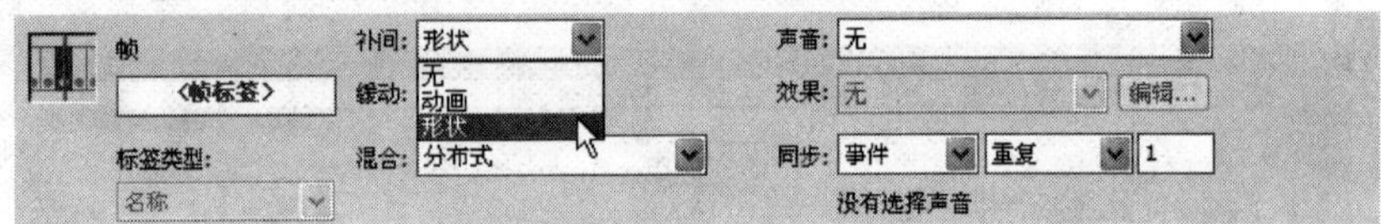

图 4 – 102　选择“形状”补间动画

步骤 24：在“时间线”窗口的“图层 2”中，有一根带箭头的指示线从第 5 帧开始一直指向第 10 帧。此时，虽然“变形”动画创建成功了，但如果按键盘上的 Enter 键进行预览就可以发现效果不甚理想，如图 4 – 103 所示为变形过程中第 9 帧的动画效果。因此，接下来我们还需对整个“变形”动画进行细节上的调整。

图 4 – 103　第 9 帧的动画效果

步骤 25：在“时间线”窗口中选中“图层 2”上的第 5 帧后，如图 4 – 104 所示，将鼠标移至菜单栏单击“修改→形状→添加形状提示”命令选项（该命令也可按键盘上的 Ctrl + Shift + H 组合键实现）。

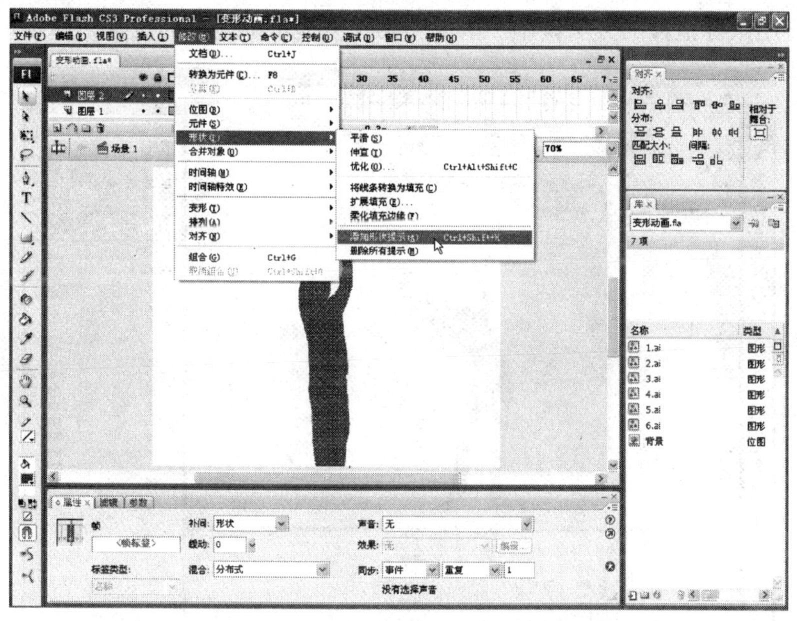

图4－104　执行“添加形状提示”命令选项

步骤26：如图4－105所示，在“场景1”编辑窗口中的元件主体上（当前为“1. ai”元件）会出现一个红色的“ⓐ”提示标记点。

说明：提示标记点是用来标示变形时的位置对应关系的，执行一次“添加形状提示”命令选项即会添加一个提示标记点。提示标记点以英文字母a～z为序号，最多可添加26个。

步骤27：重复执行3次“添加形状提示”命令选项，使当前编辑窗口中的“1. ai”元件上的提示标记点增加到4个，分别为ⓐ、ⓑ、ⓒ、ⓓ。

步骤28：用鼠标拖拽的方法在“场景1”编辑窗口中将4个提示标记点分别放置到相应位置，如图4－106所示。

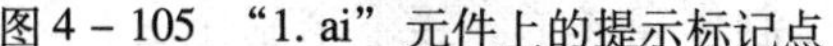

图4－105　“1. ai”元件上的提示标记点

图4－106　调整提示标记点的位置

步骤29：“图层2”第5帧的提示标记点调整完毕后，选中“图层2”的第10帧。可以看到，第10帧的“2. ai”元件上也有4个提示标记点且重合在一起，只能看到“ⓓ”提示标记点。同样用鼠标拖拽的方法调整“2. ai”元件上提示标记点的位置，如图 4 – 107 所示。

图 4 – 107　调整提示标记点的位置

步骤 30：单击第 5 帧可以看到该帧上的提示标记点也由原先的红色自动变成了黄色。这说明，对“变形”动画的细节调整是成功的。

步骤 31：再次按 Enter 键预览，可以发现变形的效果非常流畅了。如图 4 – 108 所示仍为第 9 帧的动画效果，这与步骤 24 时看到的效果有了很大的改进。

图 4 – 108　调整后的第 9 帧的效果

至此，由“1. ai”到“2. ai”的“变形”动画就制作完成了。接下来制作由“2. ai”到“3. ai”的变形过程。为了使每个动作在变换的过程中有一个停顿，对于每个动作都要留出 5 帧的停顿时间。

步骤 32：在“时间线”窗口中的“图层 2”的第 15 帧处单击鼠标右键，并在弹出的选项列表中单击“插入关键帧”命令选项，如图 4－109 所示。此时“时间线”窗口中第 10 帧到第 15 帧即为“2. ai”元件的停顿时间，如图 4－110 所示。

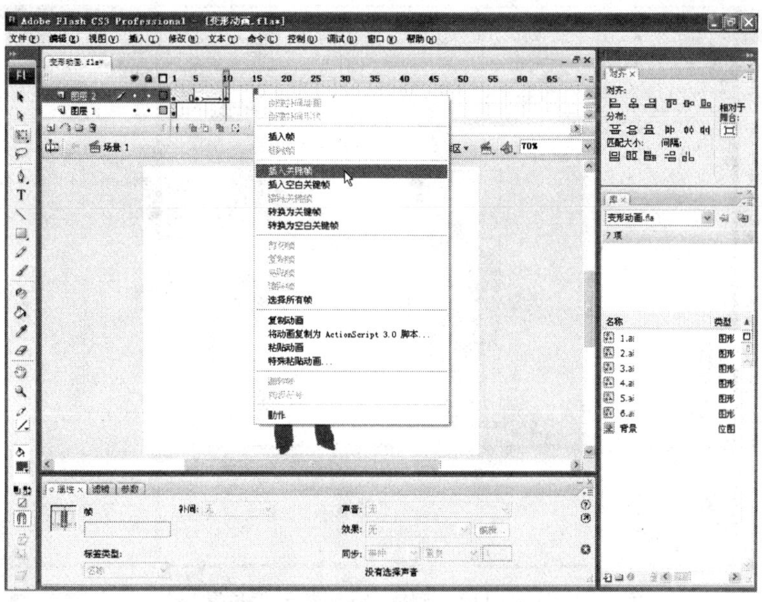

图 4－109 插入关键帧

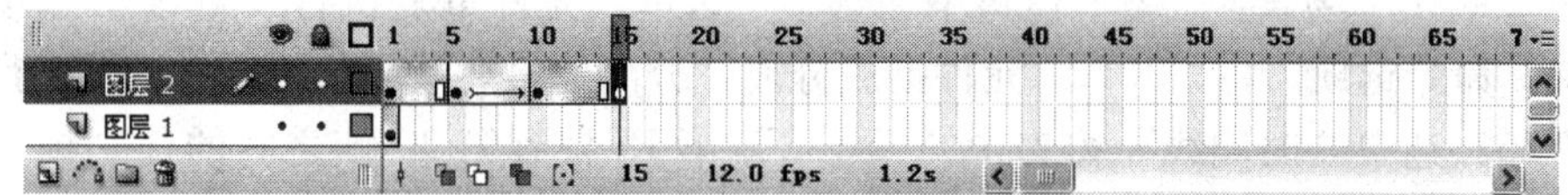

图 4－110 “2. ai”元件的停顿时间

步骤 33：在“图层 2”第 20 帧处执行“插入空白关键帧”命令选项，如图 4－111 所示。

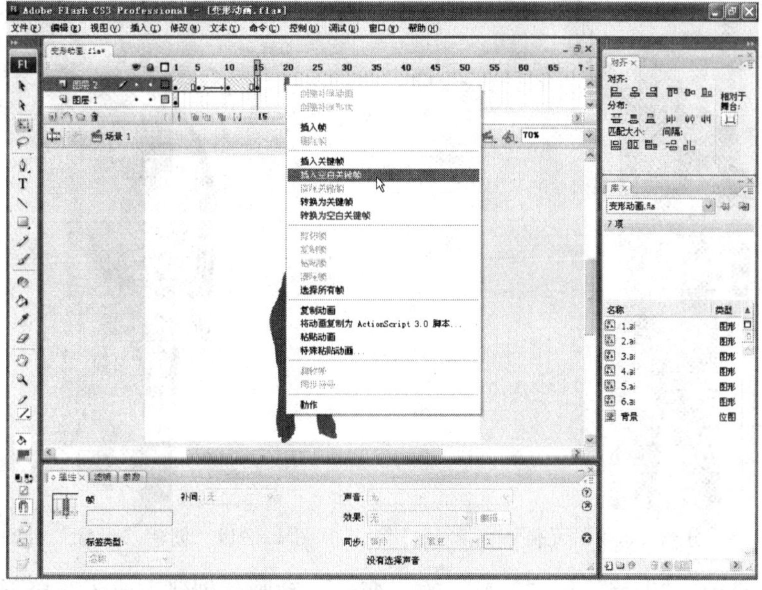

图 4－111 插入空白关键帧

步骤34：从“库”窗口中将“3. ai”元件拖拽到“场景1”编辑窗口中，然后按照前面的步骤，将“3. ai”元件调整到“场景1”编辑窗口的合适位置，如图4－112所示。

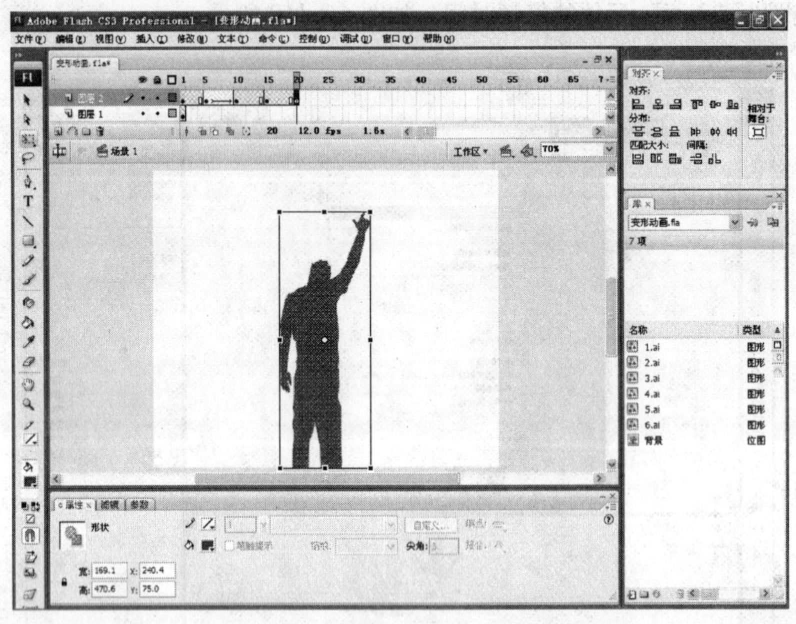

图4－112　调整“3. ai”元件位置

步骤35：在“场景1”编辑窗口中，选中“3. ai”元件重复执行“修改”选项列表中的“分离”命令选项，将“3. ai”元件彻底分离。分离的最终效果如图4－113所示。

步骤36：选中“时间线”窗口中“图层2”第15帧到第20帧之间的任一帧，在“属性”面板中将“补间”设为“形状”，如图4－114所示。

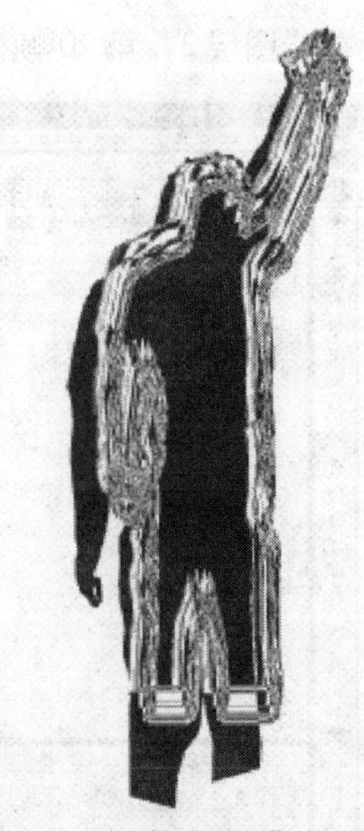

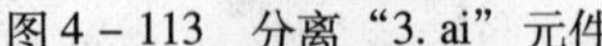

图4－113　分离“3. ai”元件

图4－114　创建“形状”补间动画

步骤37：至此，“2. ai”到“3. ai”的“变形”动画就创建完成了。接下来，与先前对“1. ai”到“2. ai”的变形调整一样，选中“时间线”窗口“图层2”的第15帧，执行4次

“修改”选项列表中的“添加形状提示”命令选项，为当前元件添加4个提示标记点。

步骤38：如图4-115所示，将这4个提示标记点拖拽到相应位置。

图4-115 调整提示标记点

步骤39：第15帧的提示标记点调整完毕后，单击“图层2”第20帧，用同样的方法调整4个提示标记点的位置，直至这4个提示标记点显示为绿色，如图4-116所示。

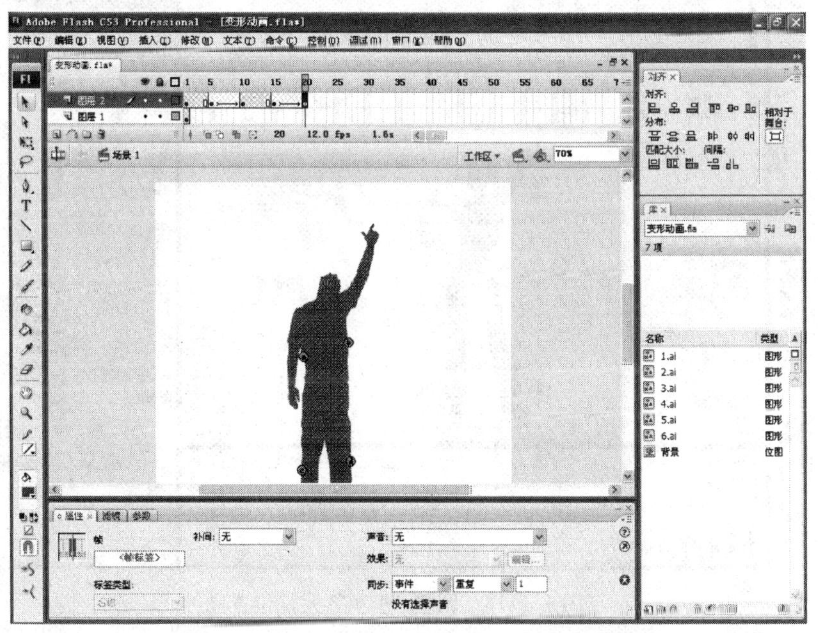

图4-116 调整第20帧处的提示标记点

步骤40：在“时间线”窗口“图层2”的第25帧处执行“插入关键帧”命令选项，并确保第20帧到第25帧之间无任何补间动画，如图4-117所示。

图 4－117　第 25 帧处添加关键帧

步骤 41：在“时间线”窗口“图层 2”的第 30 帧处执行“插入空白关键帧”命令选项。然后，从“库”窗口中将“4. ai”元件拖拽到“场景 1”编辑窗口中，并将元件的位置调整到“场景 1”编辑窗口的合适位置，如图 4－118 所示。

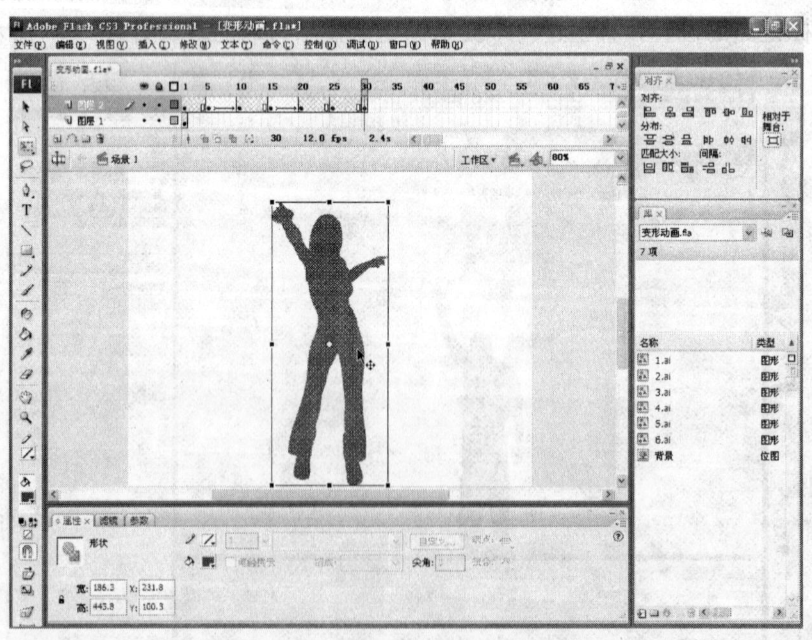

图 4－118　调整“4. ai”元件位置

步骤 42：重复执行“修改”选项列表中的“分离”命令选项，将“4. ai”元件彻底分离。

步骤 43：在第 25 帧到第 30 帧之间创建“形状”补间动画，如图 4－119 所示。

步骤 44：为第 25 帧处的“3. ai”元件添加 4 个提示标记点，然后，先后对第 25 帧和 30 帧的元件进行提示标记点的调整，如图 4－120 所示。

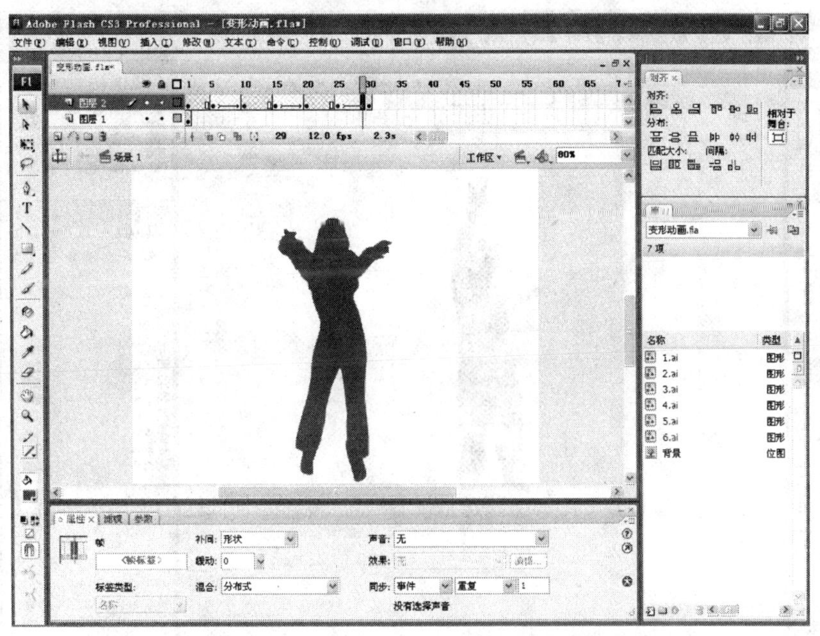

图 4 - 119　创建“形状”补间动画

图 4 - 120　第 25 和第 30 帧的提示标记点调整效果

步骤 45：如图 4 - 121 所示，此时“时间线”窗口中第 30 帧到第 35 帧即为“4. ai”元件的停顿时间。

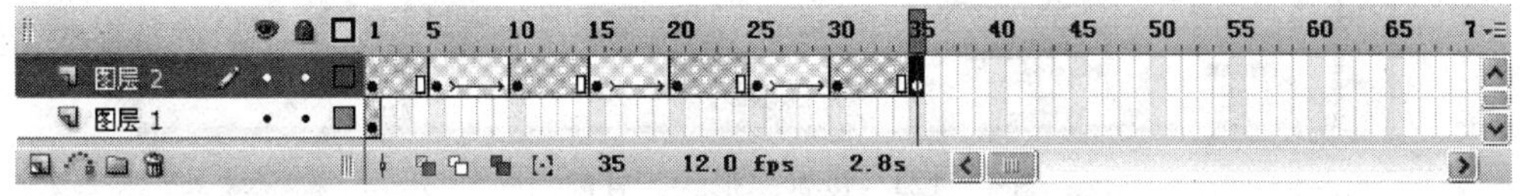

图 4 - 121　“4. ai”元件的停顿时间

步骤 46：在“图层 2”第 40 帧处执行“插入空白关键帧”命令选项。从“库”窗口中将“5. ai”元件拖拽到“场景 1”编辑窗口中，然后按照前面的步骤，将“5. ai”元件调整到“场景 1”编辑窗口的合适位置，如图 4 - 122 所示。

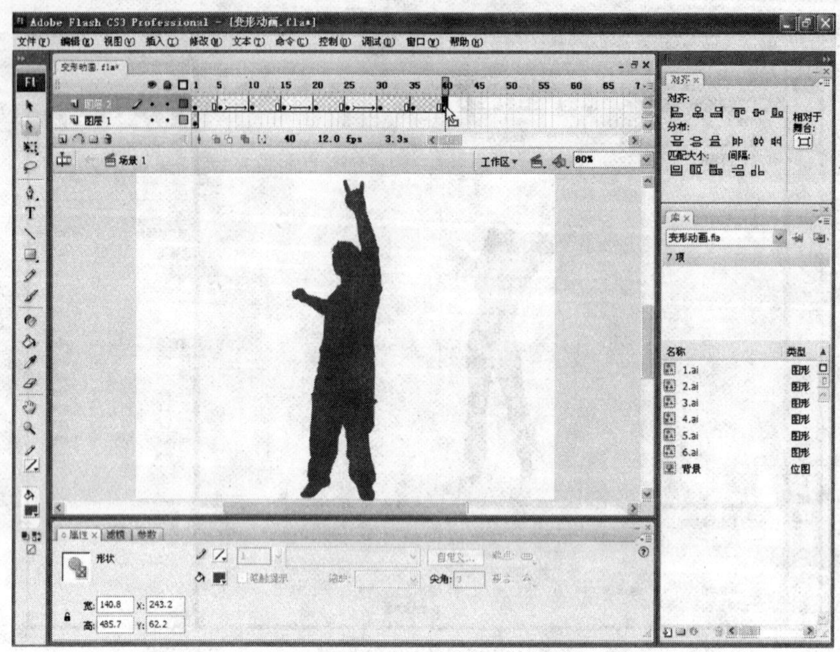

图 4 – 122 调整“5. ai”元件位置

步骤 47：选中“时间线”窗口中“图层 2”第 35 帧到第 40 帧之间的任一帧，在“属性”面板中将“补间”设为“形状”，如图 4 – 123 所示。

图 4 – 123 设置“形状”补间动画

步骤 48：至此，“4. ai”到“5. ai”的“变形”动画就创建完成了。接下来，与先前对“1. ai”到“2. ai”的变形调整一样，选中“时间线”窗口“图层 2”的第 35 帧，执行 4 次“修改”选项列表中的“添加形状提示”命令选项，为当前元件添加 4 个提示标记点。然后，如图 4 – 124 所示，将这 4 个提示标记点拖拽到相应位置。

图 4 – 124　第 35 帧和 40 帧的提示标记点

步骤 49：在第 35 帧到第 40 帧之间创建“形状”补间动画，如图 4 – 125 所示。

图 4 – 125　创建“形状”补间动画

步骤 50：如图 4 – 126 所示，此时“时间线”窗口中第 40 帧到第 45 帧即为“5. ai”元件的停顿时间。

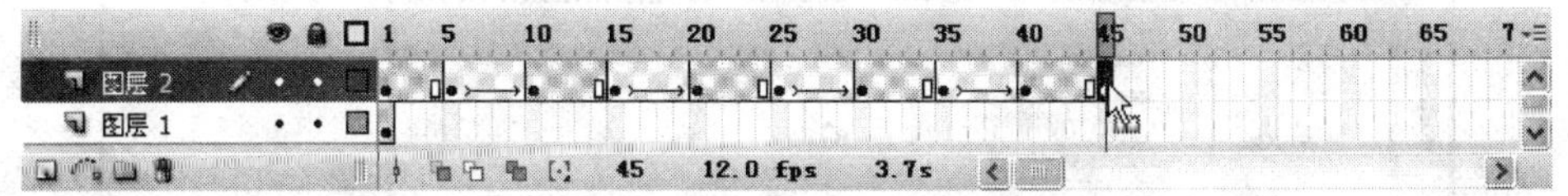

图 4 – 126　“5. ai”元件的停顿时间

步骤 51：在“图层 2”第 50 帧处执行“插入空白关键帧”命令选项。从“库”窗口中将“6. ai”元件拖拽到“场景 1”编辑窗口中，然后按照前面的步骤，将“6. ai”元件调整到“场景1”编辑窗口的合适位置，如图4－127所示。

图4－127　调整“6. ai”元件位置

步骤52：选中“时间线”窗口中“图层2”第45帧到第50帧之间的任一帧，在“属性”面板中将“补间”设为“形状”，如图4－128所示。“5. ai”到“6. ai”的“变形”动画就创建完成了。

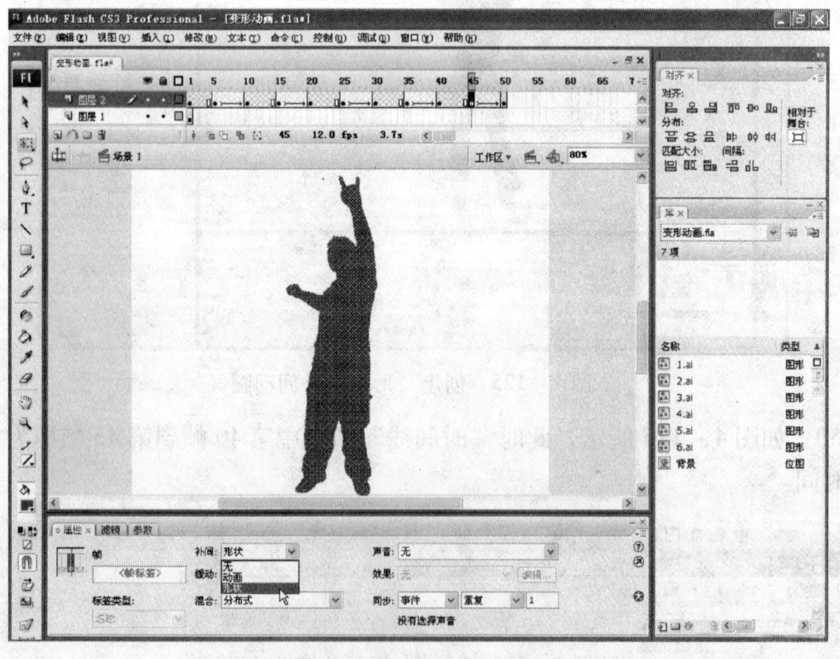

图4－128　创建“形状”补间动画

步骤53：执行4次“修改”选项列表中的“添加形状提示”命令选项，为当前元件添加4个提示标记点。然后，如图4－129所示，将这4个提示标记点拖拽到相应位置。

图 4－129　添加提示标记点

至此，由“1. ai”到“2. ai”，由“2. ai”到“3. ai”，由“3. ai”到“4. ai”，由“4. ai”到“5. ai”，由“5. ai”到“6. ai”五个“变形”动画都已经完成了。最后，为了使整个过程连贯，我们需要在“6. ai”停留到第 55 帧后再由“6. ai”重新变成“1. ai”的状态。

步骤 54：在第 55 帧处执行“插入关键帧”命令选项，为“6. ai”创建停留时间。如图 4－130 所示为第 55 帧“插入关键帧”后的“时间线”窗口效果。

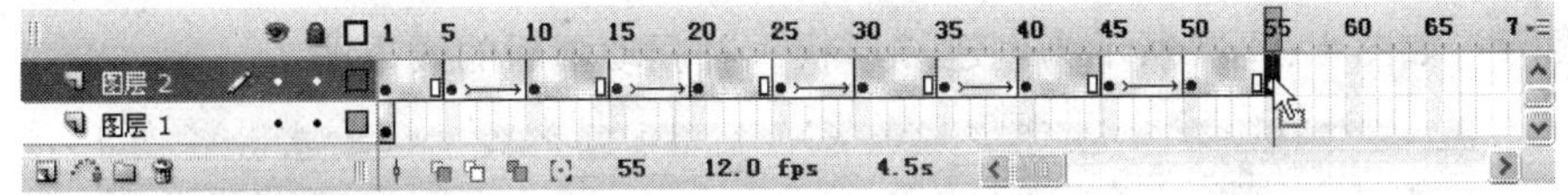

图 4－130　第 55 帧“插入关键帧”后的“时间线”窗口效果

步骤 55：如图 4－131 所示，在第 60 帧处执行“插入空白关键帧”命令选项，然后将“库”窗口中的“1. ai”元件再次拖拽到“场景 1”编辑窗口中，并调整其位置。

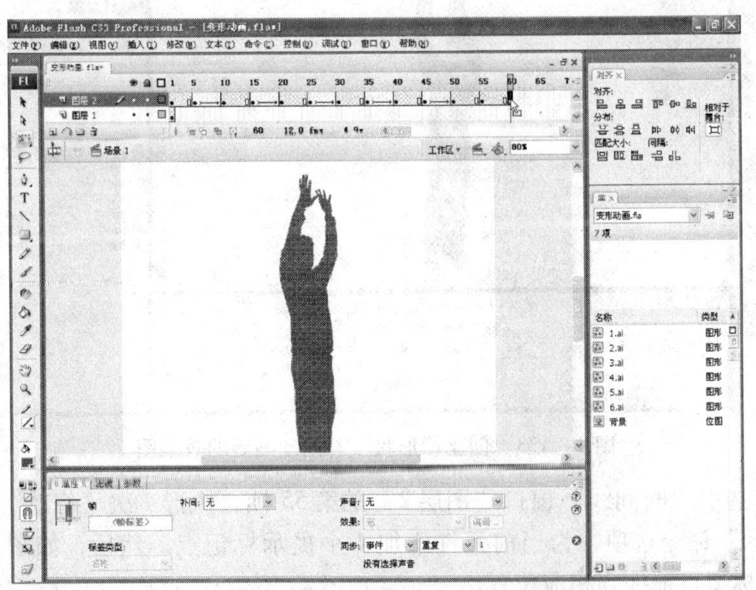

图 4－131　在第 60 帧“插入空白关键帧”后导入元件

步骤 56：重复执行“修改”选项列表中的“分离”命令选项，将“6. ai”元件彻底分离后，创建从第 55 帧到第 60 帧之间的“形状”补间动画，如图 4 - 132 所示。

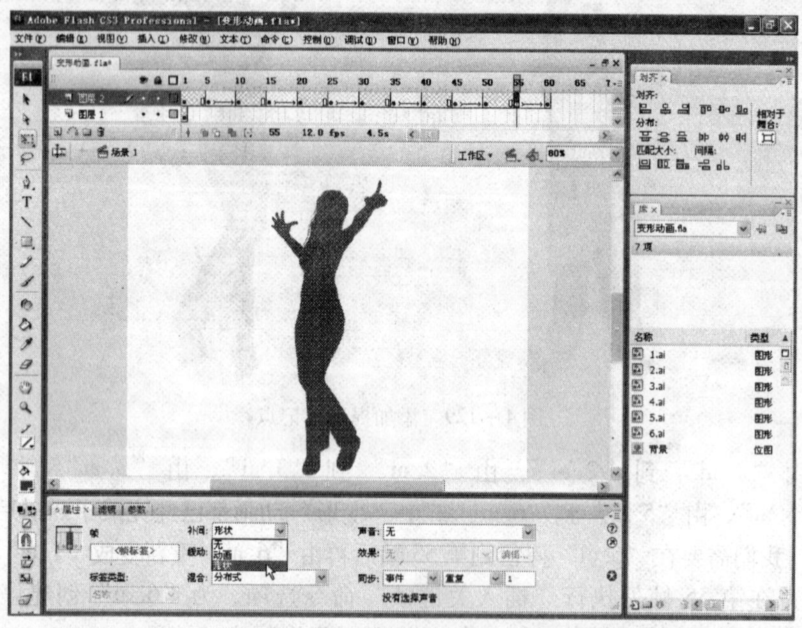

图 4 - 132 创建第 55 帧到第 60 帧的“形状”补间动画

步骤 57：如图 4 - 133 所示为创建“形状”补间动画后的效果图。

图 4 - 133 创建“形状”补间动画后的效果图

步骤 58：选中“时间线”窗口“图层 2”的第 55 帧，执行 4 次“修改”选项列表中的“添加形状提示”命令选项，为当前元件添加 4 个提示标记点。然后，如图 4 - 134 所示，将这 4 个提示标记点拖拽到相应位置。

图 4－134　添加形状提示点并调整位置

步骤 59：在“图层 1”的第 60 帧处执行“插入帧”命令，如图 4－135 所示为在“图层 1”图层中插入帧后的效果。

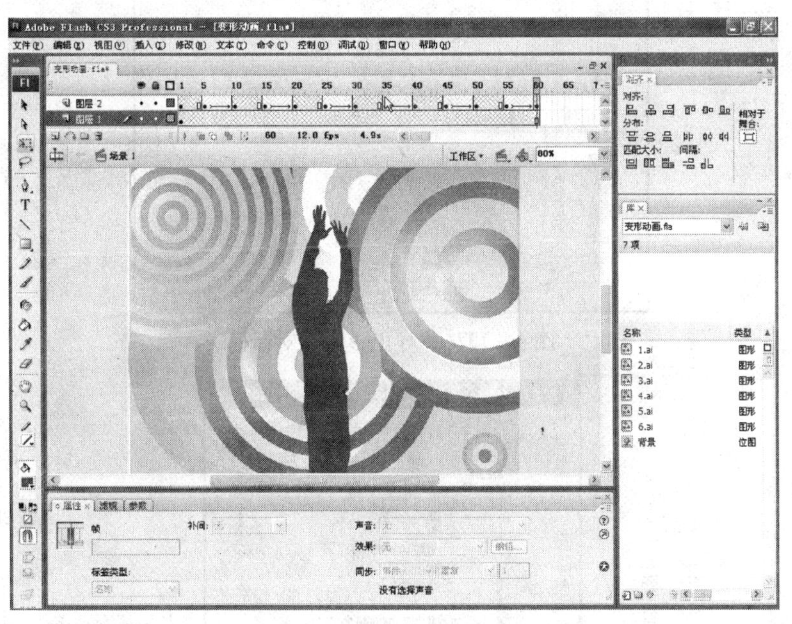

图 4－135　“图层 1”插入帧后的效果

步骤 60：至此，“变形”动画就全部制作完成了。接下来，执行“文件→导出→导出影片”命令选项将动画进行输出，如图 4－136 所示。

步骤 61：程序弹出“导出影片”对话框，如图 4－137 所示。设置好存储路径后，将动画命名为“变形动画”，保存类型默认为“Flash 影片（*.swf）”格式。

步骤 62：单击 保存(S) 按钮，程序弹出“导出 Flash Player”对话框，如图 4－138 所示。通过该对话框，可以对所输出动画文件的品质、音频等基础属性进行设置。用户根据实际需要自行设置。

图 4－136 执行“导出影片”命令选项

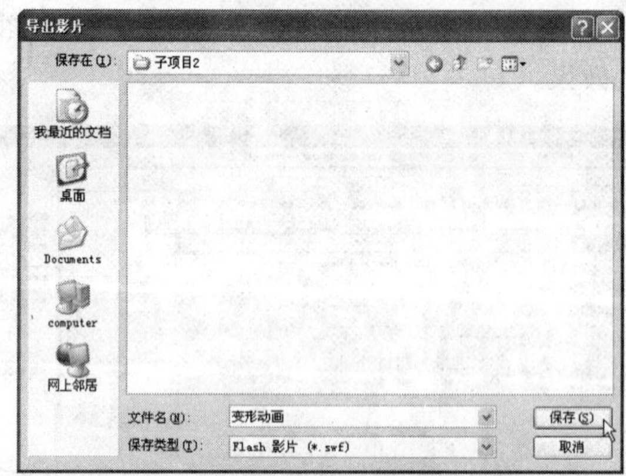

图 4－137 “导出影片”对话框

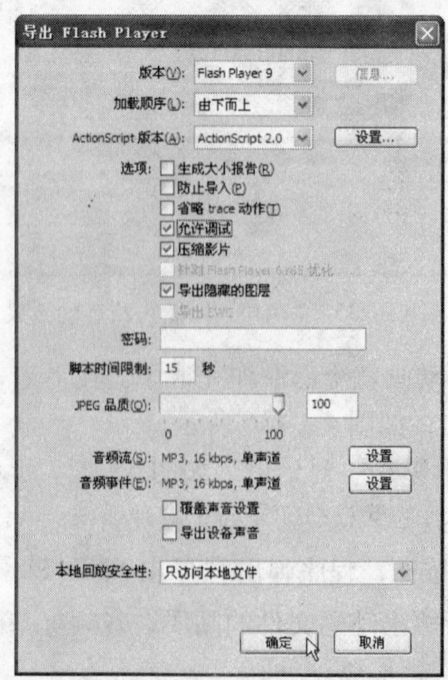

图 4－138 “导出 Flash Player”对话框

步骤 63：设置完毕单击 确定 按钮，输出动画文件。在相应的存储路径下，可以看到导出的动画文件，如图 4 - 139 所示为“变形”动画中的几帧。

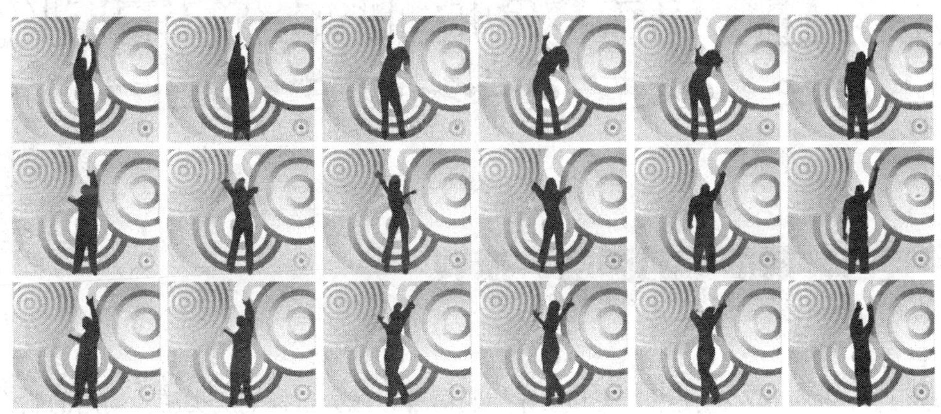

图 4 - 139　“变形动画”中的几帧

项目练习

制作一个简单的形状变换动画。具体变换内容为：由“□”变换成“◇”，接着由“◇”变换成“○”，再由“○”变换成“△”，然后由“△”变换成“☆”，最后由“☆”重新变换到“□”。

项目五　游戏动画的设计与制作

子项目　制作“打强盗”游戏

项目目的：

深入了解 Flash MX 的使用方法和动作控制语言，体会鼠标响应类游戏动画的制作特色，掌握 Flash MX 制作鼠标响应类游戏动画的基本制作流程和制作方法。

项目实例：

制作一个“打强盗”的游戏动画。

项目要求：

游戏时间为 30 秒。如图 5－1 所示，游戏一开始，强盗随机从麦田中探出头，然后再缩回去。要求游戏者要在强盗“探头”的时候用“榔头”敲打强盗的头部。每打中一个强盗，会得到 5 分。

图 5－1　“打强盗”的游戏情景

如果在 30 秒内有 5 个强盗逃过了“敲打”，则游戏自动结束。如图 5－2 所示，游戏者可以单击界面上的提示按钮重新开始游戏。

如果在 30 秒内，游戏者没有让 5 个以上的强盗逃掉，则游戏会在结束时给出游戏者此

次的成绩单（即共得了多少分，有多少只强盗逃掉），如图 5 - 3 所示。

图 5 - 2　“打强盗”游戏的失败界面

图 5 - 3　“打强盗”游戏的结束界面

项目分析：

在制作本项目时，强盗出现的形式、“榔头”替换鼠标的应用以及用“榔头”敲打强盗时计分的方式都是本项目的重点，在制作时要认真体会。

操作过程：

步骤 1：启动 Flash CS3 程序，在初始界面中选择“Flash 文件（ActionScript2. 0）”，如

图 5－4 所示。

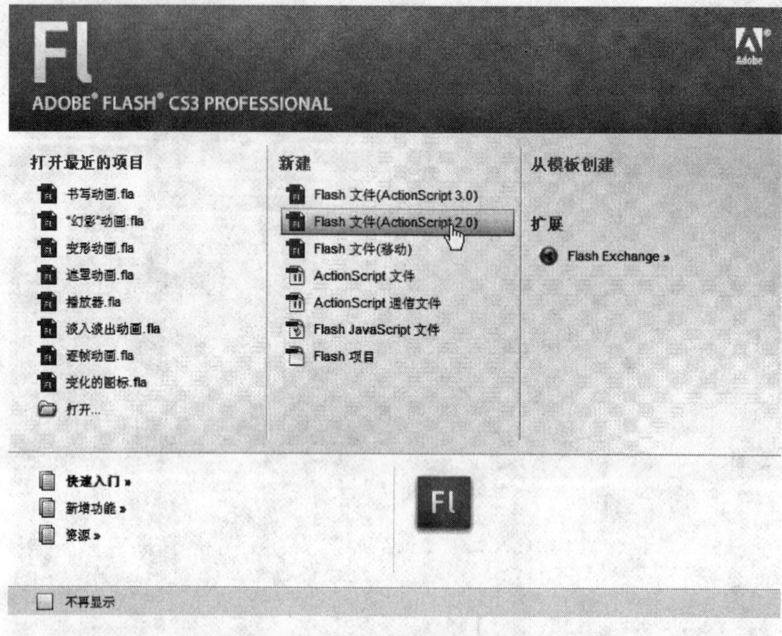

图 5－4　Flash CS3 的初始界面

步骤 2：进入操作界面后，按键盘上的 Ctrl + J 组合键，如图 5－5 所示，在弹出的“文档属性”对话框中设置文档的尺寸为“720 × 576 像素”，帧频为“12fps”，背景颜色为“白色”。设置完成后，单击 确定 按钮确认。

文档属性
标题(T):
描述(D):
尺寸(I): 720 (宽) x 576 (高)
匹配(A): 打印机(P) 内容(C) 默认(E)
背景颜色(B):
帧频(F): 12 fps
标尺单位(R): 像素
设为默认值(M) 确定 取消

图 5－5　“文档属性”对话框

步骤 3：将素材导入到库中。如图 5－6 所示，在“导入到库”对话框中，选中需要导入的“背景 . jpg”、“强盗 . png”和“榔头 . png”三个素材文件，然后单击 打开(O) 按钮，将素材文件导入到库中。

步骤 4：“强盗 . png”和“榔头 . png”两个素材会分别自动生成两个图形元件，将两个图形元件分别重命名为“强盗”和“榔头”，如图 5－7 所示。

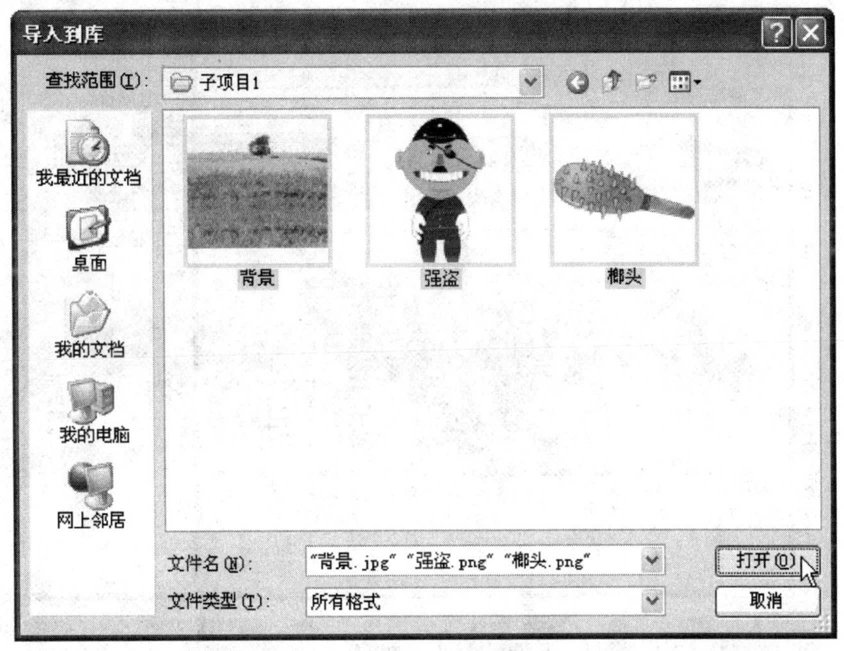

图5－6　导入素材

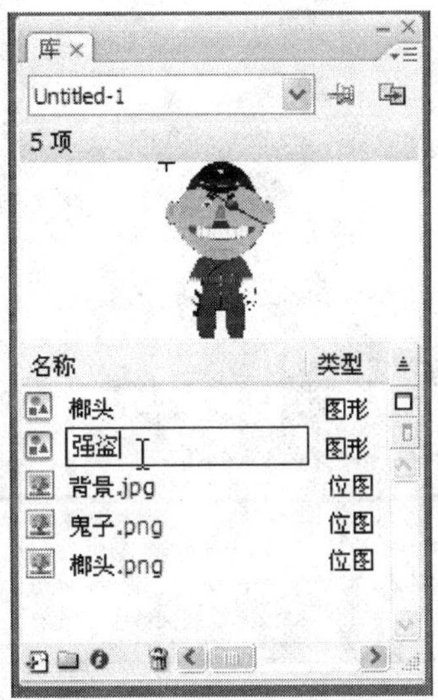

图5－7　将元件重新命名

步骤5：将当前时间线窗口中“图层1”图层更名为“背景”，如图5－8所示。

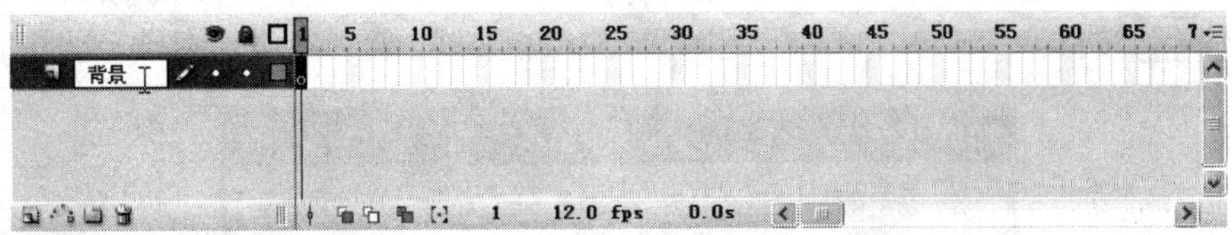

图5－8　将“图层1”图层更名为“背景”

步骤6：选中“背景”图层的第1帧，将“背景.jpg”元件导入到当前编辑窗口中，并设置居中显示，如图5－9所示。

图5-9 “背景.jpg”元件对齐属性的设置

步骤7：按键盘上的Ctrl+F8组合键创建新元件，如图5-10所示，在弹出的“创建新元件”对话框中将新元件的名称设为“鼠标榔头”，将“类型”设为“影片剪辑”，设置后单击 确定 按钮。

图5-10 创建一个名为“鼠标榔头”的影片剪辑

步骤8：进入“鼠标榔头”编辑界面后，将库面板中的“榔头”元件导入到“鼠标榔头”编辑窗口中，并设置在中央。然后，在“变形”面板中设置“榔头”元件的缩放大小为“70%”，旋转角度为“30度”，如图5-11所示。

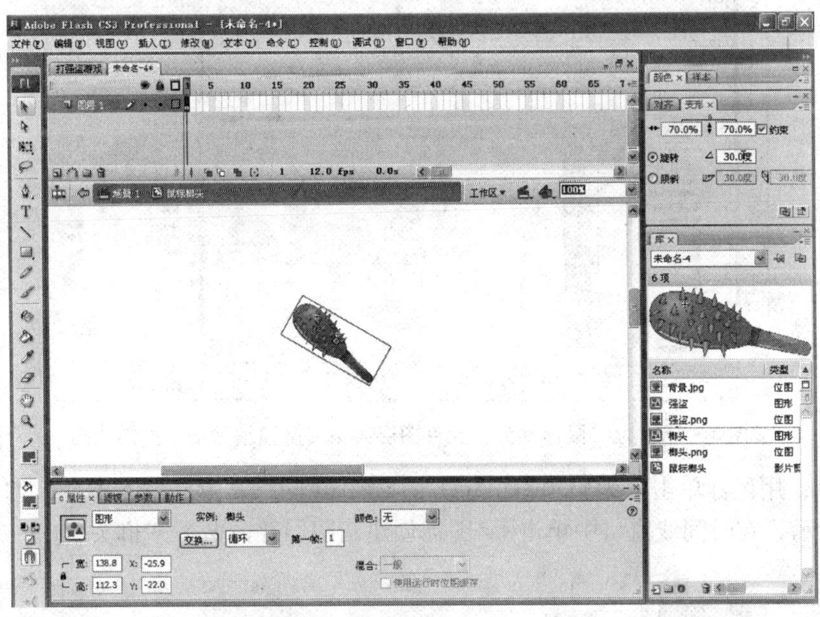

图5-11　“榔头”元件的变形调整

步骤9：在“鼠标榔头”元件图层的第2帧处按F6键插入关键帧，然后在“鼠标榔头”编辑窗口中将“榔头”元件的旋转角度调整为“-20度”，如图5-12所示。

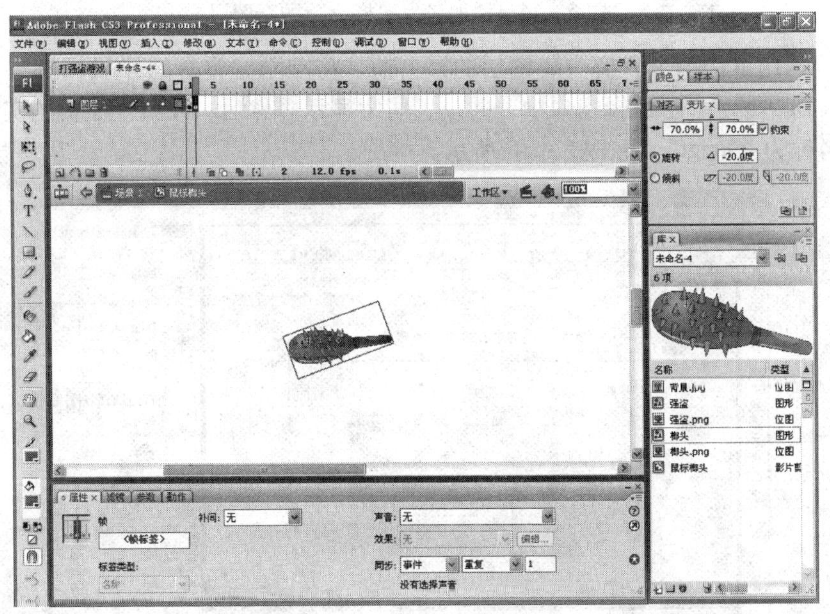

图5-12　“鼠标榔头”元件图层第2帧的调整效果

步骤10：选中第1关键帧，按F9键打开“动作”窗口为第1关键帧输入动作控制代码为“stop（）;”，如图5-13所示。

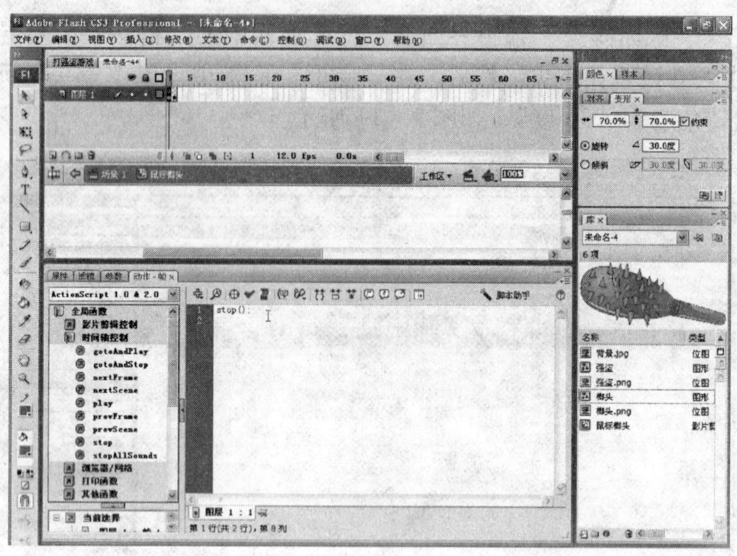

图 5－13　为“鼠标榔头”元件图层第 1 关键帧编写动作控制代码

步骤 11：用鼠标单击“编辑窗口”上方的 场景 1 图标，返回“场景 1”编辑界面。如图 5－14 所示，在时间线窗口中单击 图标创建新图层并命名为“榔头”。

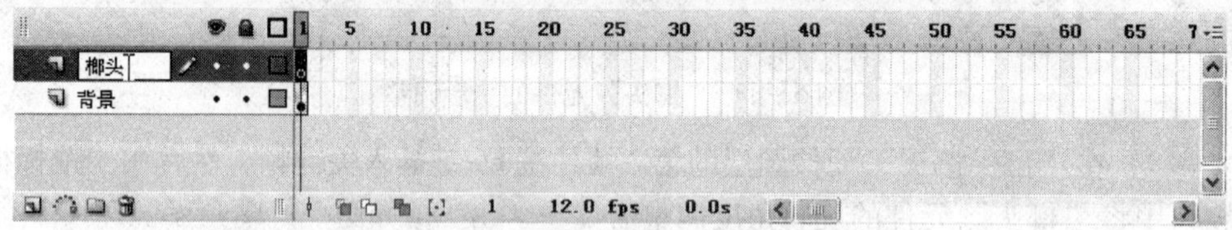

图 5－14　添加名为“榔头”的新图层

步骤 12：用鼠标单击“榔头”图层的第 1 帧，将刚刚编辑好的“鼠标榔头”元件从库窗口中导入到“场景 1”编辑窗口中，并设置居中显示。然后，在属性面板的实例名称输入栏中输入名称为“langt”，如图 5－15 所示。

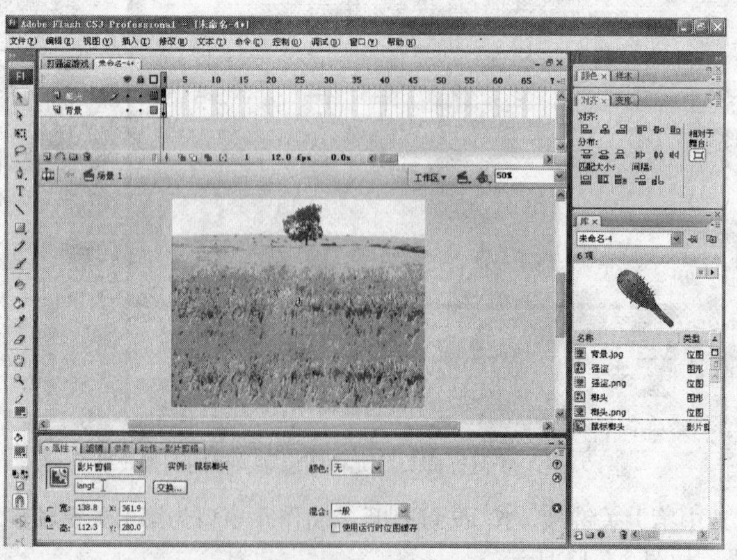

图 5－15　“鼠标榔头”元件的导入设置

步骤 13：按 Ctrl + F8 组合键创建新元件，如图 5 - 16 所示，在弹出的“创建新元件”对话框中将新元件的名称设为“强盗动画”，将类型设为“影片剪辑”，设置完成单击 确定 按钮。

图 5 - 16　新建一个名为“强盗动画”的影片剪辑

步骤 14：进入“强盗动画”编辑界面后，将“强盗”图形元件从库面板中导入到“强盗动画”编辑窗口中，设置居中显示，并设置其缩放大小为“45%”，如图 5 - 17 所示。

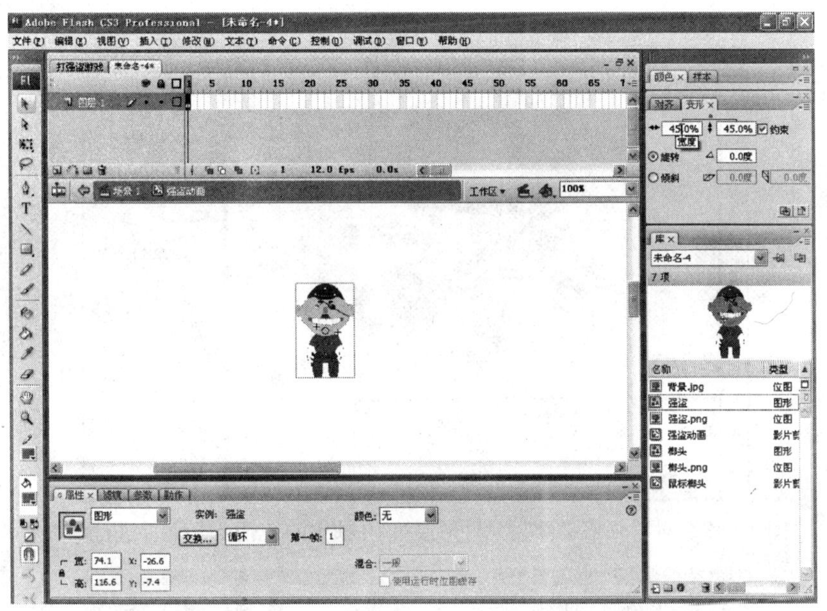

图 5 - 17　“强盗”图形元件的属性设置

步骤 15：在“强盗动画”元件的第 10 帧处插入关键帧。然后，选中第 10 帧中的“强盗”元件，连续三次按键盘的 Ctrl + B 组合键，将“强盗”元件进行三次分离操作，再用“套锁”工具选择到“强盗”的眼球，将其移动到眼睛的边缘处，如图 5 - 18 所示。

步骤 16：使用工具栏中的 工具，选择“强盗”眼睛中白色的部分，并用 工具以“#E7E8EA”的颜色填充白色的部分，如图 5 - 19 所示。

步骤 17：“强盗”的眼球调整完毕，在“强盗动画”元件图层的第 20 帧插入帧，如图 5 - 20 所示。

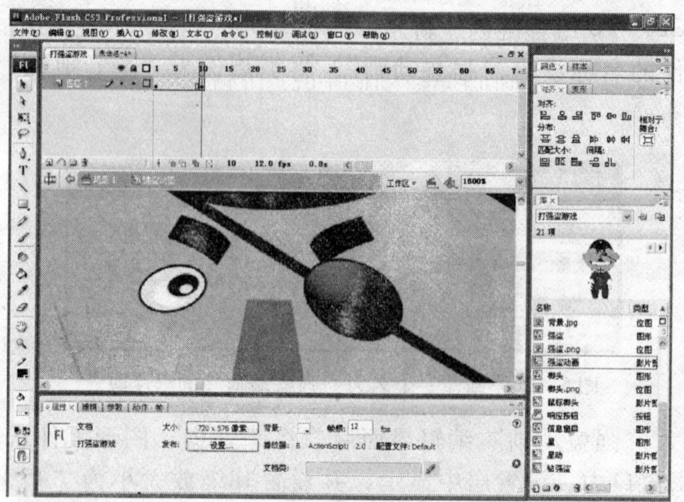

图 5 - 18　移动“强盗”的眼球

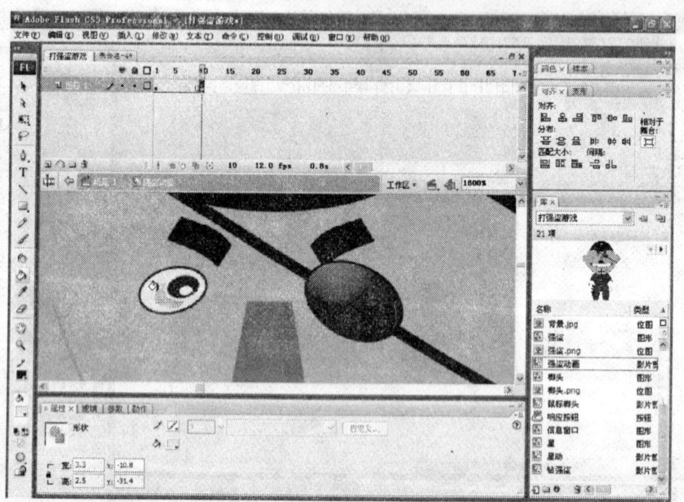

图 5 - 19　对“强盗动画”元件图层第 10 帧中的“强盗”元件进行调整

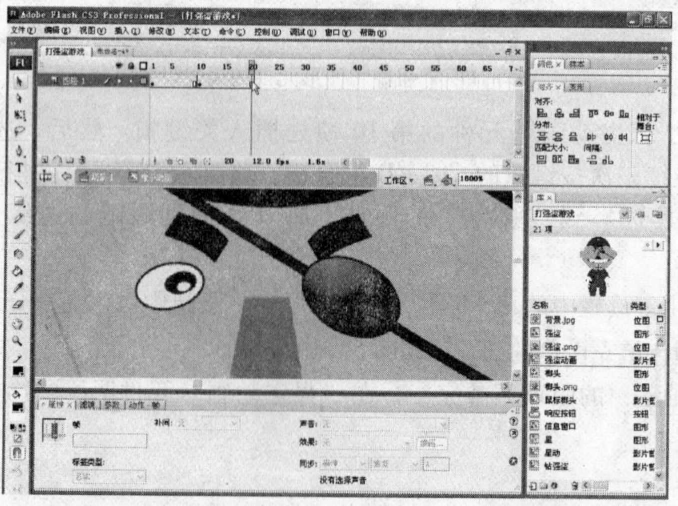

图 5 - 20　“强盗动画”元件图层第 20 帧的编辑效果

步骤 18：按 Ctrl + F8 组合键创建新元件，如图 5 - 21 所示，在弹出的“创建新元件”对话框中，设置新元件的名称为“钻强盗”，类型为“影片剪辑”，设置完毕后，单击 确定 按钮。

图 5 - 21　创建一个名为“钻强盗”的影片剪辑

步骤 19：进入“钻强盗”编辑界面后，将图层 1 更名为“强盗”。然后从库中将“强盗动画”元件导入到当前“钻强盗”编辑窗口中，并将其调整至窗口中心定位点的正下方，如图 5 - 22 所示。

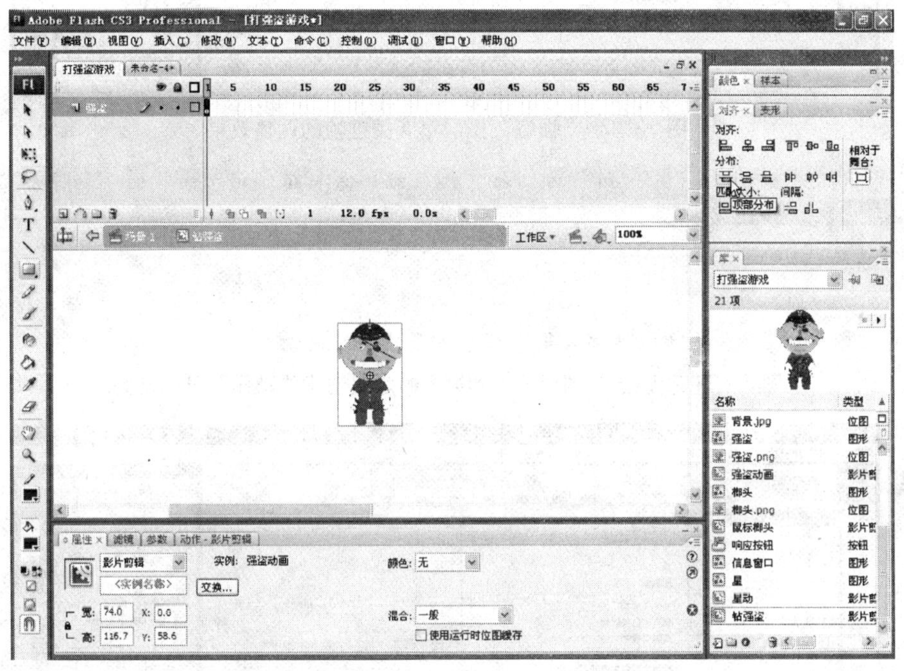

图 5 - 22　“强盗动画”元件导入后的效果

步骤 20：在“强盗”图层的第 5 帧处插入关键帧，将编辑窗口中的“强盗动画”元件全部移至中心定位点的正上方，如图 5 - 23 所示。

步骤 21：“强盗”图层第 5 关键帧编辑完毕，在第 1 到第 5 帧之间创建“动作”补间动画。如图 5 - 24 所示为创建“动作”补间动画后的时间线窗口效果。

步骤 22：在“强盗”图层的第 10 帧处插入关键帧，在第 14 帧处插入空白关键帧。然后在“强盗”图层的第 1 帧处单击鼠标右键，如图 5 - 25 所示，在弹出的选项列表中单击执行“复制帧”命令选项。

图 5－23 “强盗”图层第 5 关键帧的调整效果

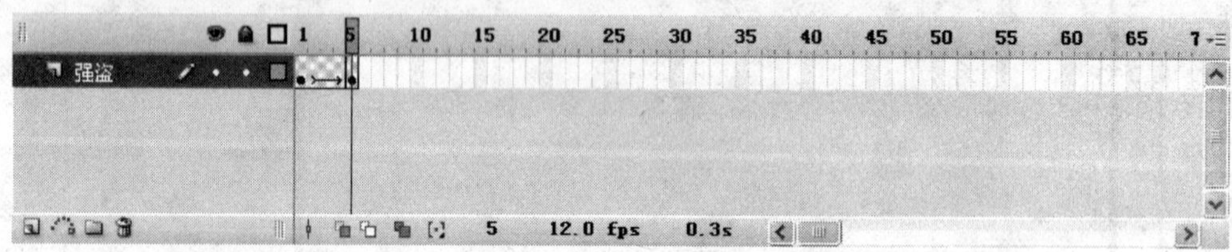

图 5－24 “强盗”图层第 1 到第 5 帧之间创建“动作”补间动画

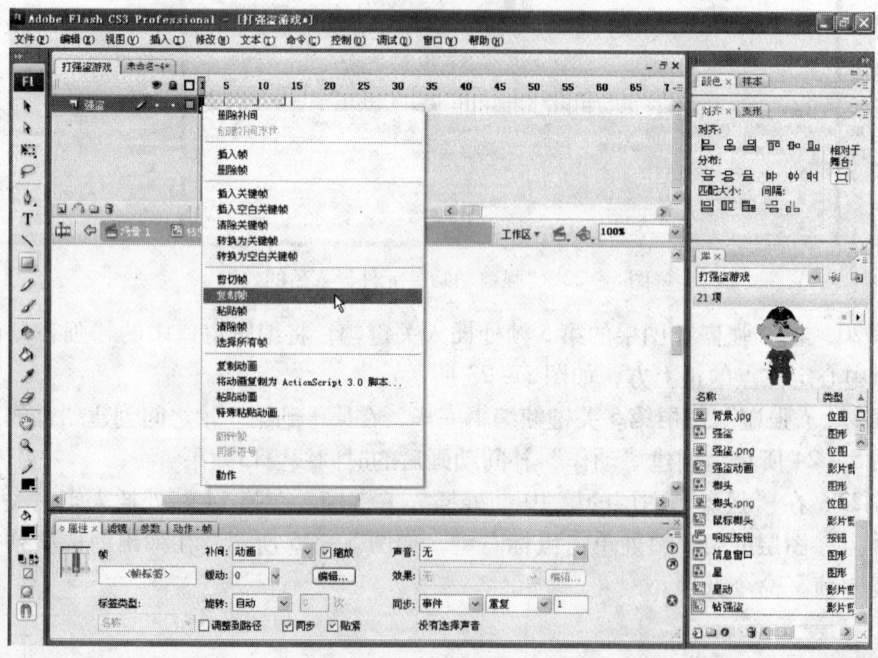

图 5－25 在“强盗”图层第 1 帧处执行复制帧命令选项

步骤 23：在“强盗”图层第 14 帧处单击鼠标右键，然后在弹出的选项列表中单击执行“粘帖帧”命令选项，如图 5 – 26 所示。

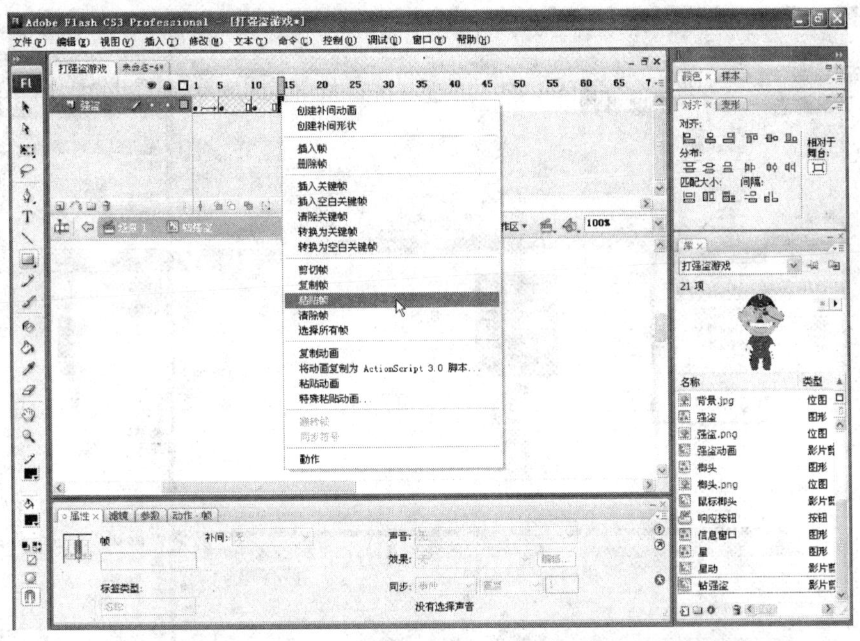

图 5 – 26　在“强盗”图层第 14 帧处执行“粘贴帧”命令选项

步骤 24：创建“强盗”图层第 10 帧到第 14 帧的“动作”补间动画。

步骤 25：用鼠标单击时间线窗口中的 图标添加新图层并将其更名为“遮罩层”。然后选中“遮罩层”图层的第 1 帧，并通过工具面板上的 □ 矩形工具在当前编辑窗口中绘制一个比“强盗动画”元件稍大的矩形，具体位置及效果如图 5 – 27 所示。

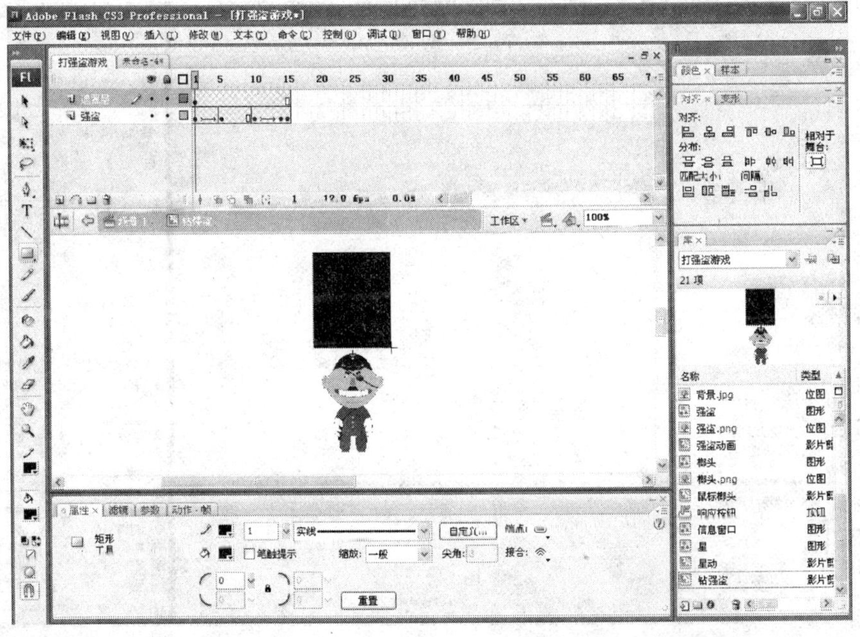

图 5 – 27　绘制“遮罩层”图层第 1 帧中的矩形效果

步骤 26：如图 5－28 所示，在“遮罩层”图层上单击鼠标右键，然后在弹出的选项列表中执行“遮罩层”命令选项。

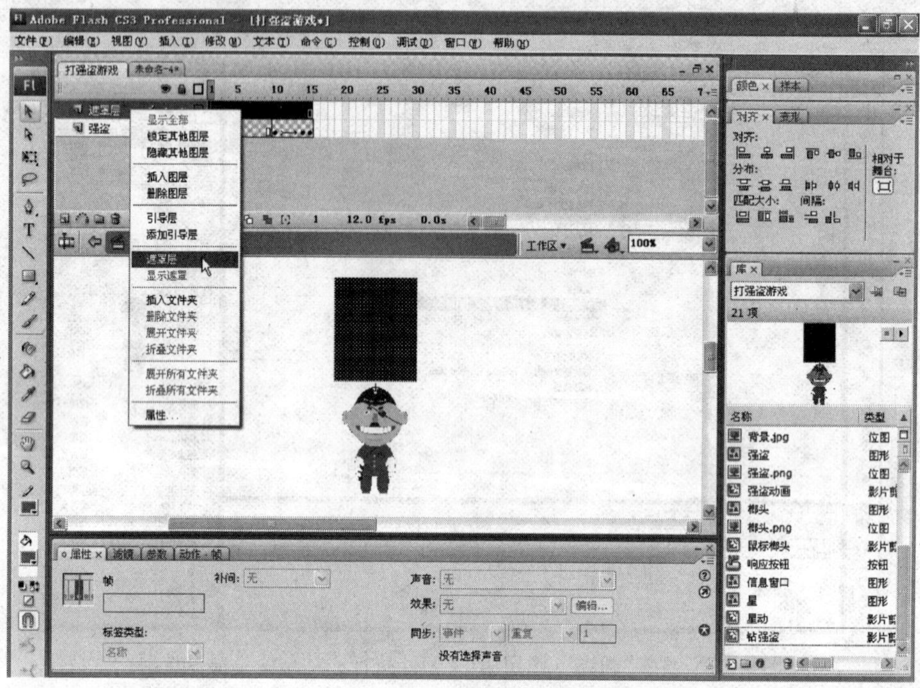

图 5－28　执行“遮罩层”命令选项

步骤 27：至此，“钻强盗”元件就编辑完成了。如图 5－29 所示为“钻强盗”元件第 4 帧的效果，可以看到，通过遮罩设置，强盗好像是从地下钻出来的。

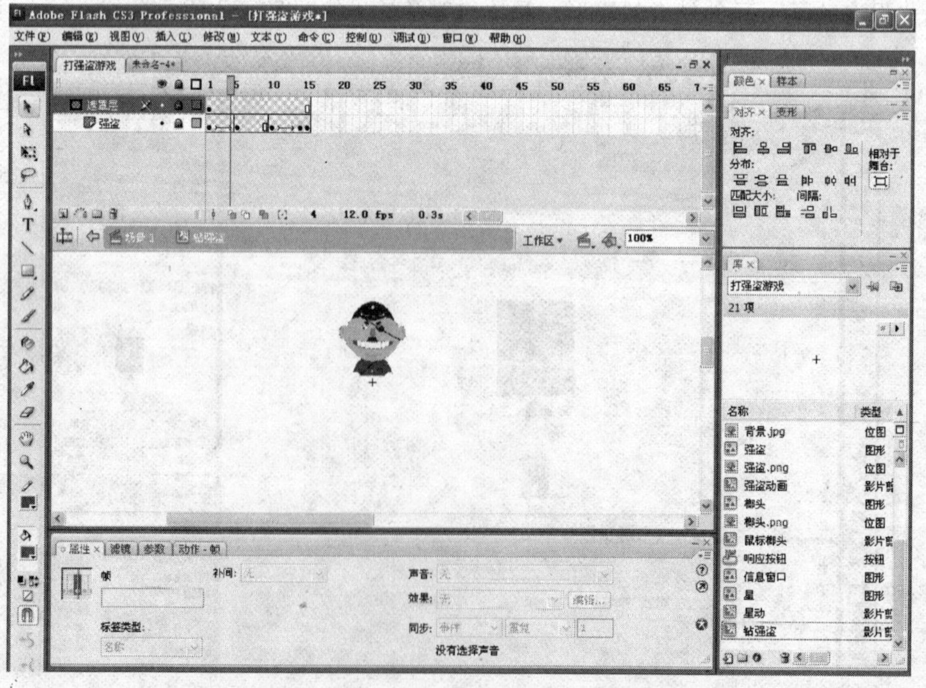

图 5－29　“钻强盗”元件第 4 帧的效果

步骤28：按 Ctrl + F8 组合键创建新元件，如图 5 – 30 所示，在弹出的“创建新元件”对话框中，将新元件的名称设为“响应按钮”，将类型设为“按钮”，设置完毕后，单击 确定 按钮。

图 5 – 30　创建一个名为“响应按钮”的按钮元件

步骤29：在“响应按钮”编辑界面中，用鼠标选中“弹起”处的关键帧，然后在当前编辑窗口中绘制一个矩形。如图 5 – 31 所示，矩形绘制好后，在时间线窗口的“点击”处插入关键帧。

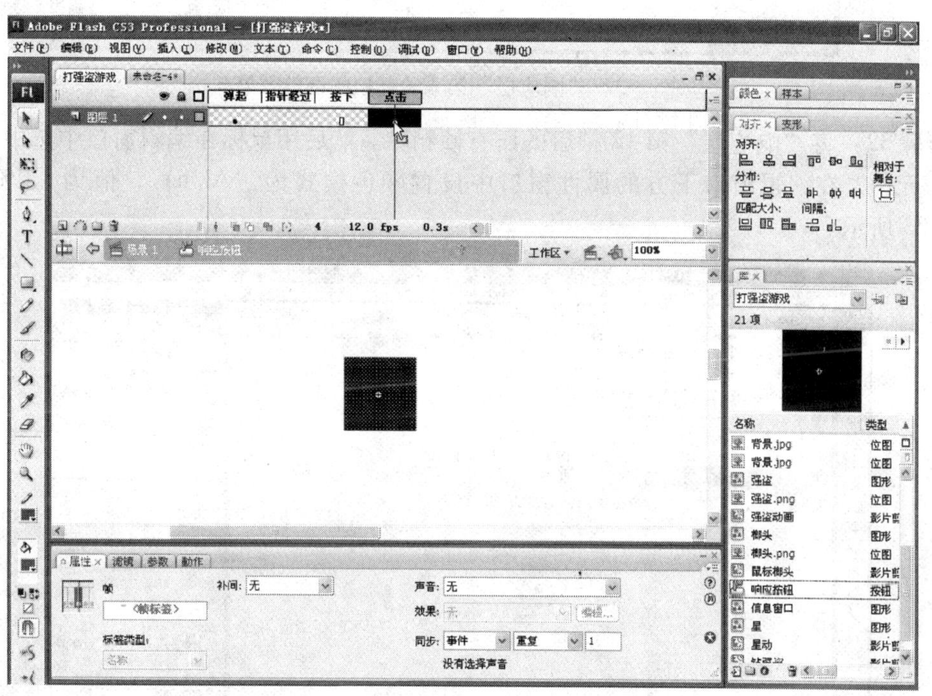

图 5 – 31　“响应按钮”元件的编辑效果

步骤30：“响应按钮”元件编辑好后，用鼠标单击位于编辑窗口右上方的图标，在弹出的下拉列表中单击选择“钻强盗”元件，使程序返回“钻强盗”编辑界面。

步骤31：在“钻强盗”编辑界面中，单击时间线窗口中的插入图层按钮，在“遮罩层”图层之上添加一个新图层，并将其更名为“响应层”。然后，在“响应层”的第 3 帧处插入关键帧。最后，将“响应按钮”元件导入到当前编辑窗口中，并对导入的“响应按钮”元件进行位置和大小调整，如图 5 – 32 所示。

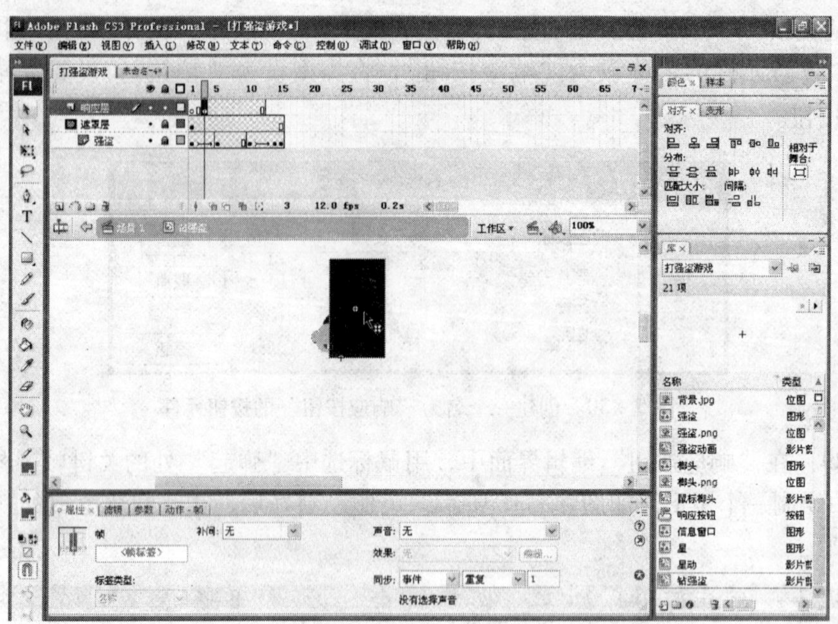

图 5－32 “响应层”第 3 关键帧的调整效果

步骤 32：将“响应层”第 12 帧后的所有帧删除。然后用鼠标在编辑窗口中选中“响应按钮”元件，在编辑窗口下方的属性窗口中设置颜色模式为“Alpha”，值为“0%”，如图 5－33 所示。

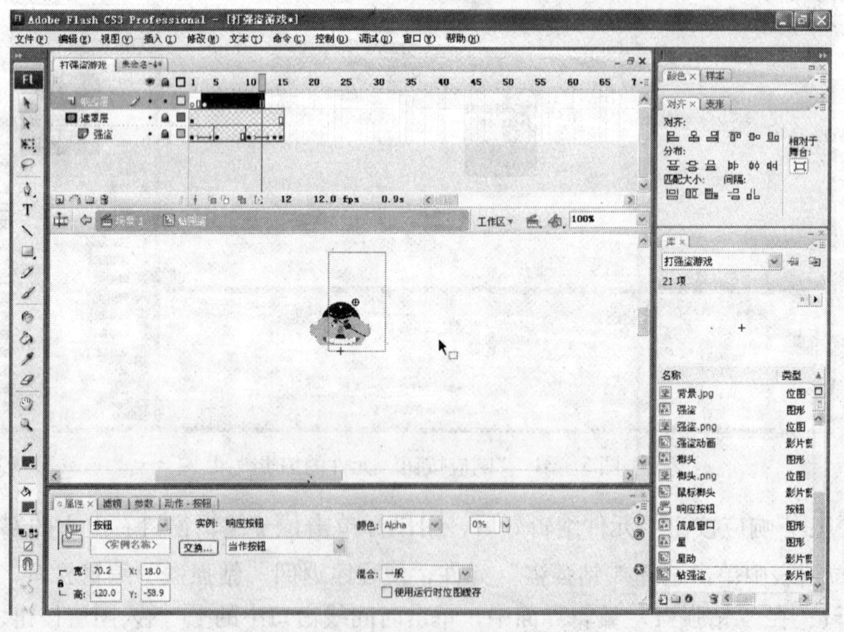

图 5－33 设置“响应按钮”元件的属性

步骤 33：按 Ctrl＋F8 组合键创建新元件，如图 5－34 所示，在弹出的“创建新元件”对话框中，将新元件的名称设为“星”，将类型设为“图形”，设置完毕单击 确定 按钮。

图 5－34 创建一个名为“星”的图形元件

步骤 34：进入“星”元件编辑界面后，在编辑窗口中绘制一个如图 5－35 所示的“星”形图案。然后通过“对齐”面板将其设置在中央位置，设置其填充颜色为“红色”，Alpha 透明度为“50%”。

说明：先绘制一个正三角形，然后通过任意变形工具对三角形的三边进行调整即可。

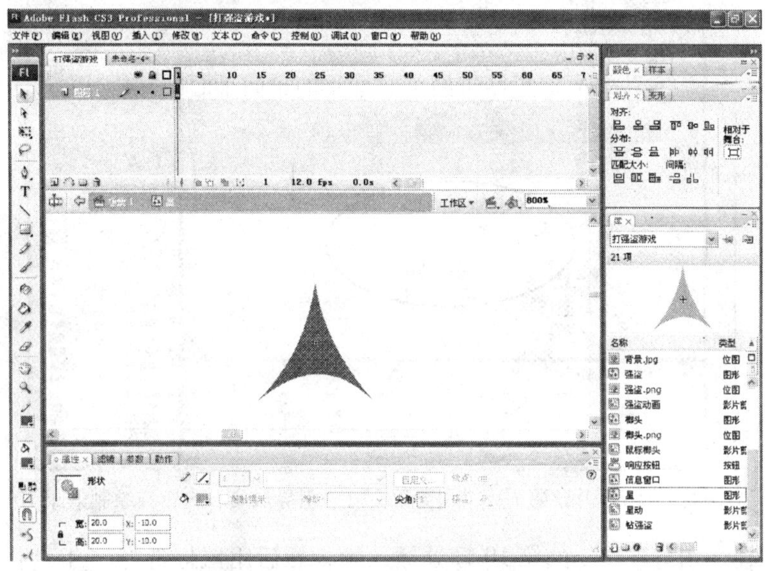

图 5－35 “星”形的绘制效果

步骤 35：按 Ctrl＋F8 组合键创建新元件，如图 5－36 所示，在弹出的“创建新元件”对话框中，将新元件的名称设为“星动”，将类型设为“影片剪辑”，设置完毕单击 确定 按钮。

图 5－36 创建一个名为“星动”的影片剪辑元件

步骤 36：进入“星动”元件编辑界面后，用鼠标单击时间线窗口中的插入图层按钮，为“星动”元件添加 5 个新的图层，并依次命名为“星动 1”、“引导层 1”、“星动 2”、“引导层 2”、“星动 3”、“引导层 3”，如图 5－37 所示。

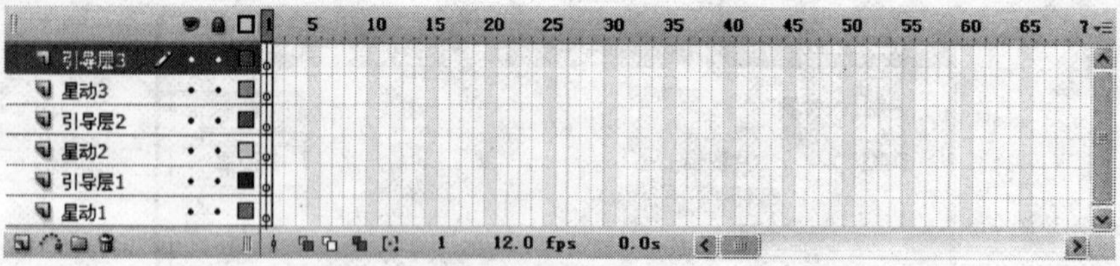

图 5－37 “星动”元件添加图层的最终效果

步骤 37：分别在“引导层 1”、“引导层 2”、“引导层 3”三个图层的第 1 帧绘制大小相等的椭圆并将其置于编辑窗口的中央位置。注意，所绘制的椭圆要求（笔触颜色）为“黑色”，（填充颜色）为，如图 5－38 所示。

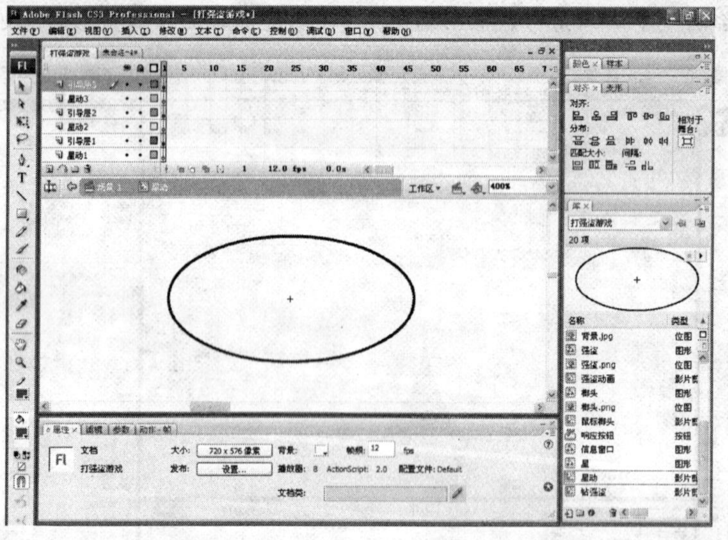

图 5－38 “引导层 1”、“引导层 2”、“引导层 3”的椭圆绘制效果

步骤 38：在“引导层 1”的第 10 帧处插入帧，然后用鼠标选择“工具栏”上的橡皮擦工具，将“引导层 1”上的椭圆擦出一个缺口，如图 5－39 所示。

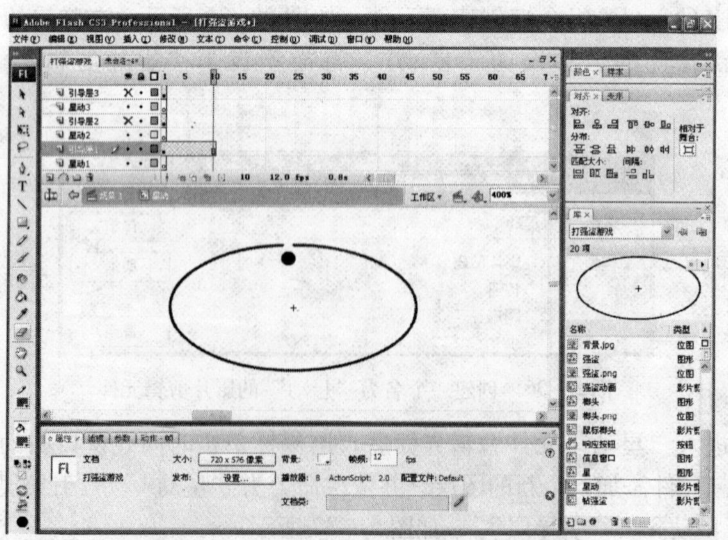

图 5－39 “引导层 1”第 10 帧的编辑效果

步骤 39：选中“星动 1”图层的第 1 帧，将“星”元件从“库”中导入到当前编辑界面中，并在“星动 1”图层的第 10 帧处插入关键帧。

步骤 40：隐藏“引导层 2”和“引导层 3”图层的显示，继续选中“星动 1”图层的第 1 帧，将导入到当前编辑窗口中的“星”元件拖放到“椭圆”引导线的起始点上，如图 5－40 所示。

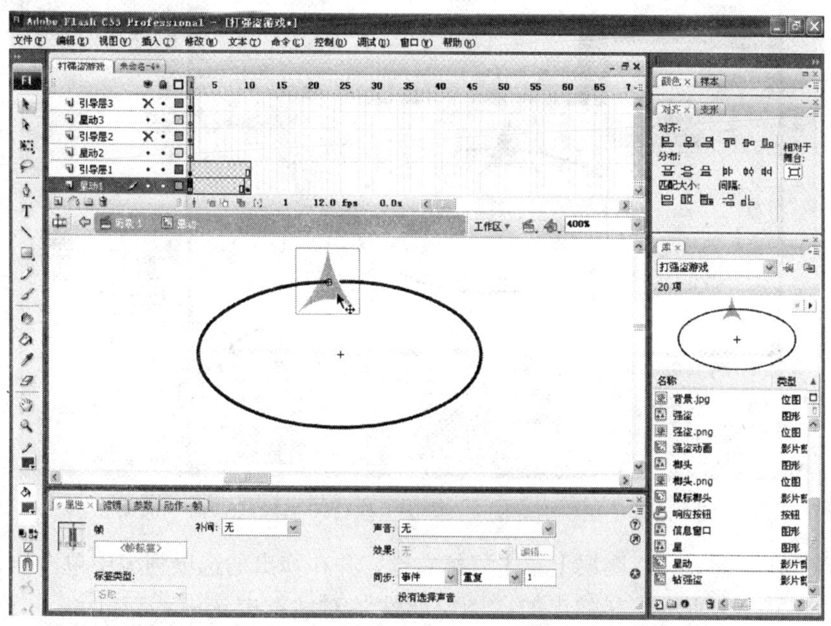

图 5－40　“星动 1”图层第 1 关键帧的编辑操作

步骤 41：选中“星动 1”图层的第 10 帧，将编辑窗口中的“星”元件拖放到“椭圆”引导线的结束点上，如图 5－41 所示。

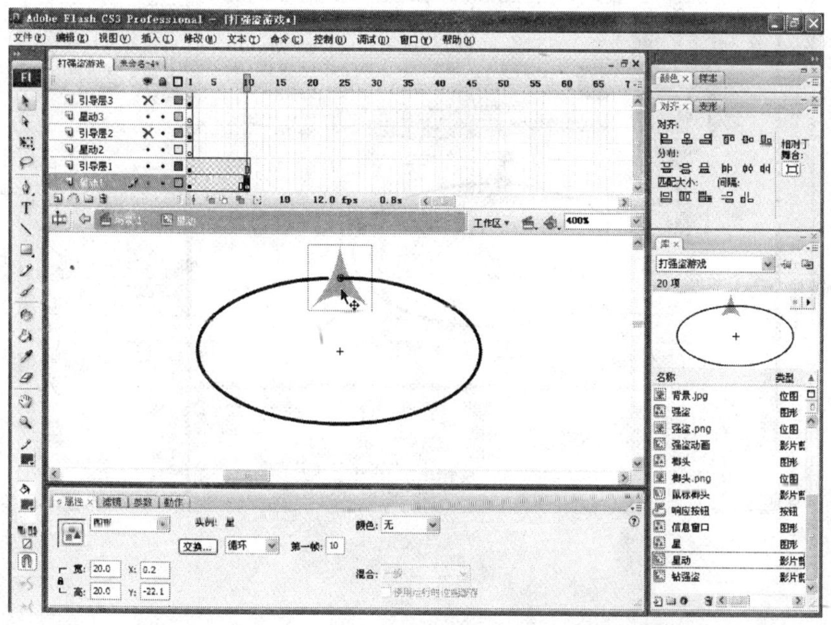

图 5－41　“星动 1”图层第 10 关键帧的编辑操作

步骤 42：如图 5－42 所示，在“引导层 1”图层上单击鼠标右键，并在弹出的选项列表中单击执行“引导层”命令选项。

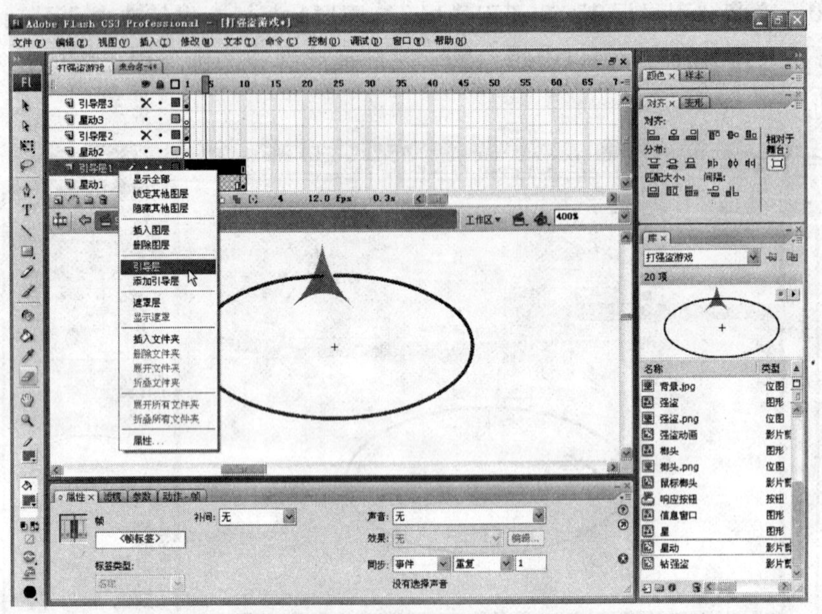

图 5－42　在“引导层 1”图层上执行“引导层”命令选项

步骤 43：在“星动 1”图层上单击鼠标右键，并在弹出的选项列表中单击执行“属性”命令选项。图 5－43 所示，在弹出的“图层属性”对话框中选中 ⦿被引导 选项，并单击 确定 按钮确认。

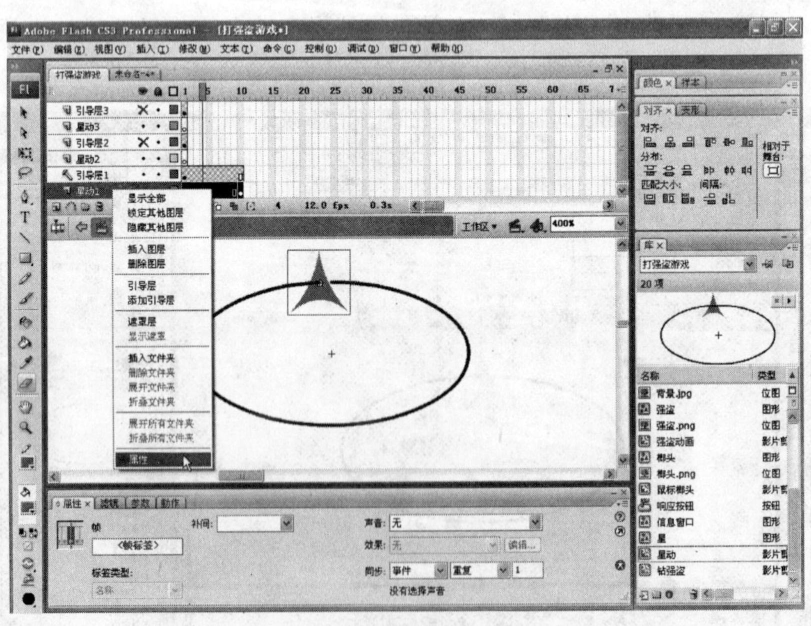

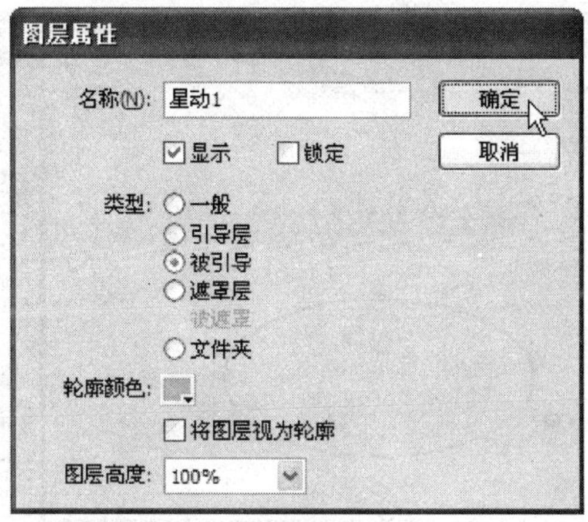

图 5 – 43　设置图层属性

步骤 44：在“星动 1”图层第 1 帧到第 10 帧之间的任意一帧上单击鼠标右键，并在弹出的选项列表中单击执行“创建补间动画”命令选项，完成对“星动 1”图层的第 1 帧到第 10 帧的补间动画创建。如图 5 – 44 所示为“星动 1”图层第 1 帧到第 10 帧的补间动画效果。

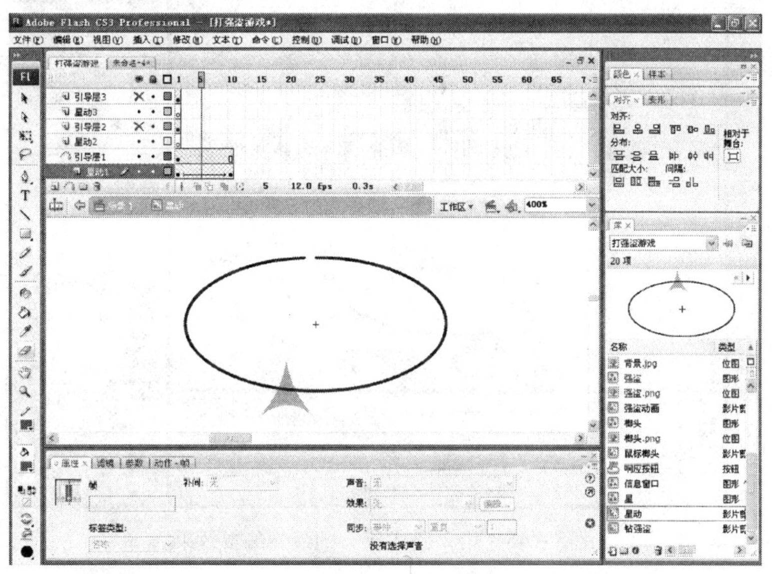

图 5 – 44　“星动 1”图层第 1 帧到第 10 帧的补间动画效果

步骤 45：至此，第 1 颗“星”的转动效果就制作完成了，接下来制作第 2 颗“星”的转动效果。显示“引导层 2”图层，隐藏“引导层 1”和“星动 1”图层，在“引导层 2”图层的第 10 帧处插入帧，然后用鼠标选择工具栏上的橡皮擦工具，将“引导层 2”图层上的椭圆擦出一个缺口，如图 5 – 45 所示。

步骤 46：重复步骤 39 到步骤 44 的操作，完成第 2 颗“星”的转动效果。如图 5 – 46 所示为第 2 颗“星”的编辑效果。

说明：制作第 2 颗“星”的路径动画时要注意，起始点和结束点的选取要与第 1 颗“星”的转动方向保持一致。

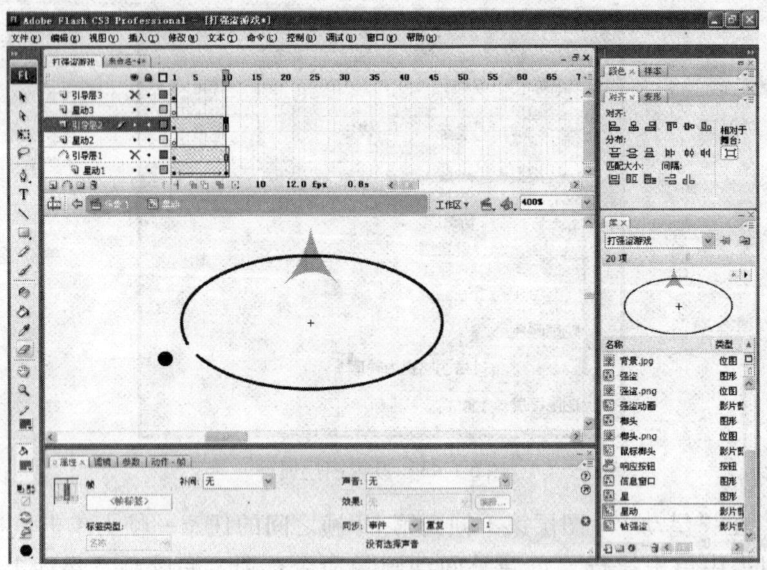

图 5－45 “引导层 2” 图层第 10 帧的编辑效果

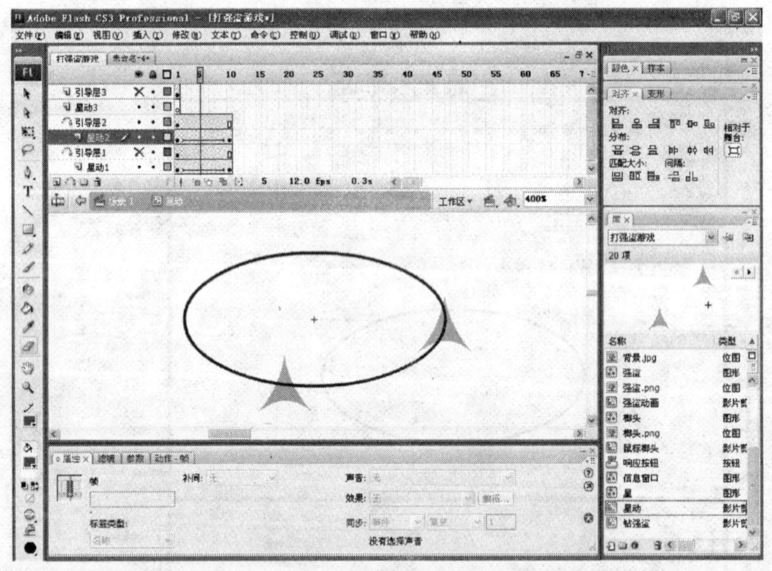

图 5－46 第 2 颗 “星” 的最终编辑效果

步骤 47：第 2 颗 “星” 的转动效果制作完成，继续制作第 3 颗 “星” 的转动动画。按照步骤 45 的操作方法，在 “引导层 3” 图层的第 10 帧处插入帧，然后对 “椭圆” 进行擦除操作，如图 5－47 所示。

步骤 48：重复步骤 39 到步骤 44 的操作，完成第 3 颗 “星” 转动效果的制作。如图 5－48 所示为第 3 颗 “星” 的编辑效果。

步骤 49：至此，“星动” 元件就编辑完毕了。单击编辑窗口右上方的 图标，选择 “钻强盗” 选项即可进入 “钻强盗” 元件的编辑界面。如图 5－49 所示，在 “钻强盗” 元件编辑界面中，在 “强盗” 图层的第 15 帧插入空白关键帧，在 “遮罩层” 图层的第 25 帧插入帧，如图 5－49 所示。

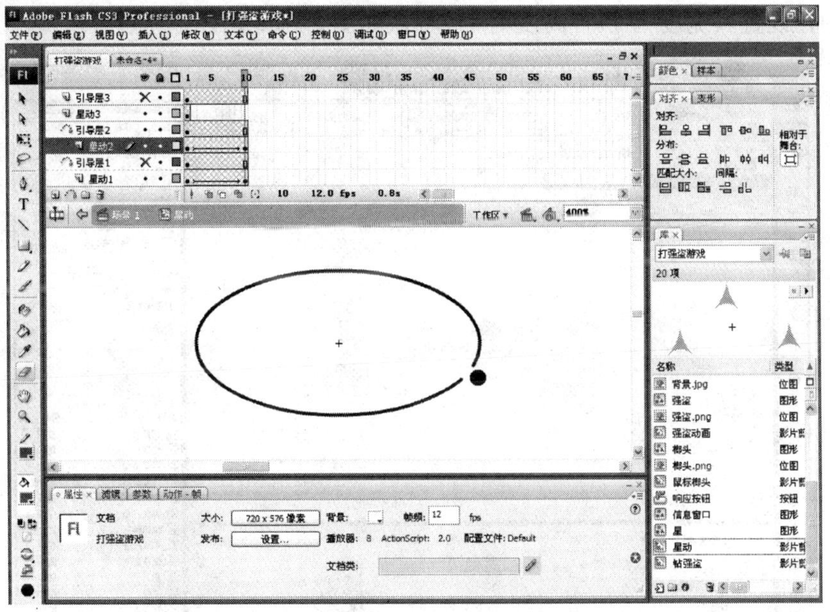

图 5－47　“引导层 3”图层第 10 帧的编辑效果

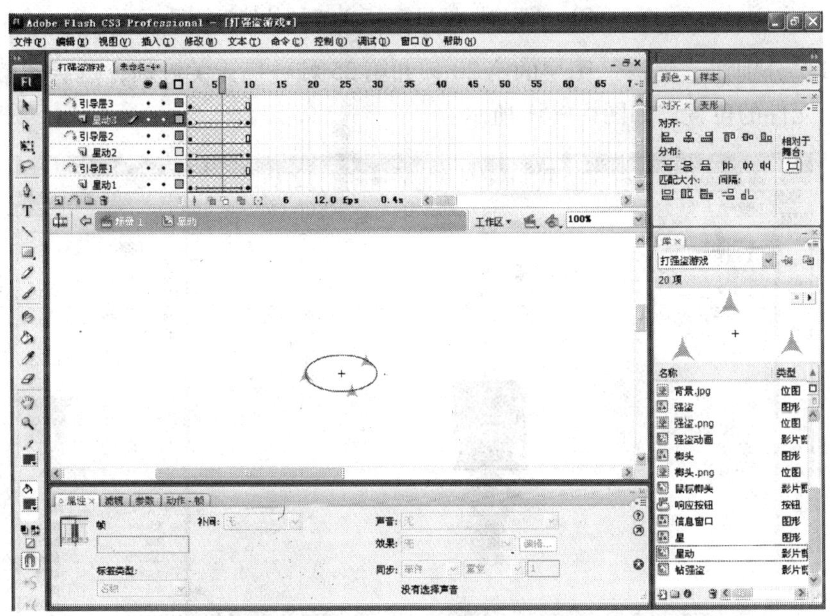

图 5－48　第 3 颗“星”的编辑效果

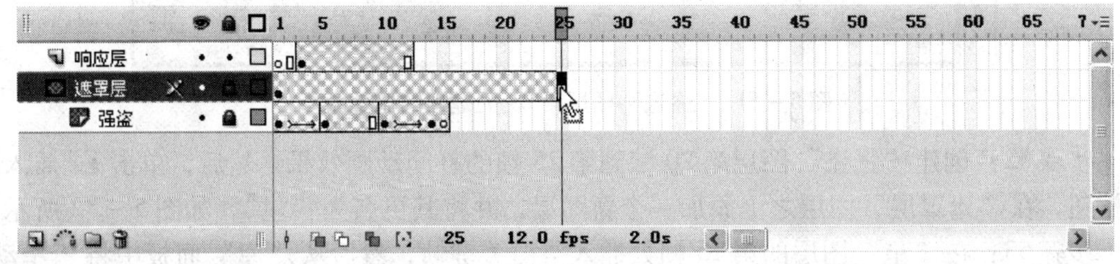

图 5－49　插入帧

步骤 50：选中“强盗”图层的第 15 帧，然后将“强盗”元件从“库”中导入到当前编辑窗口中，设置其宽度为74，高度为116.7，如图5-50所示。

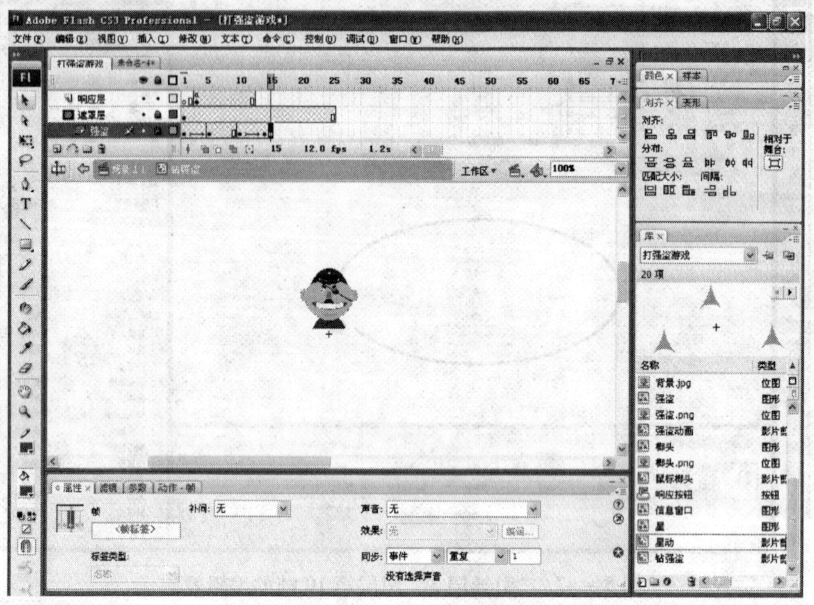

图5-50 “强盗”图层第15关键帧的编辑效果

步骤51：分别在“强盗”图层的第20帧和第25帧处插入关键帧，然后调整第25帧上的“强盗”元件的位置，如图5-51所示。

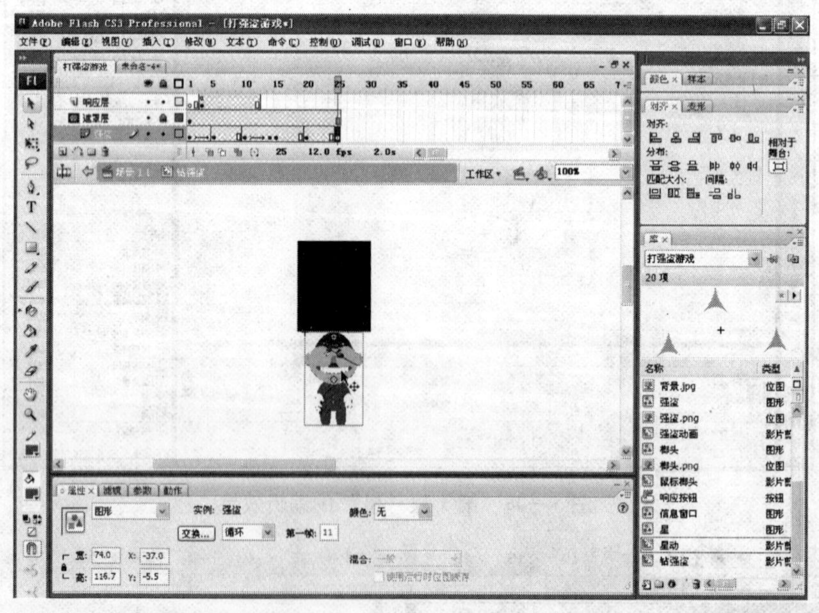

图5-51 “强盗”图层第25关键帧的调整效果

步骤52：创建“强盗”图层第20帧到第25帧的补间动画效果。然后，单击 插入图层按钮，在“遮罩层”图层之上添加一个新图层，并将其更名为“星”，如图5-52所示。

步骤53：在“星”图层的第15帧处插入空白关键帧，然后从“库”面板中将“星动”元件导入到当前编辑窗口中并设置其位置及大小，如图5-53所示。

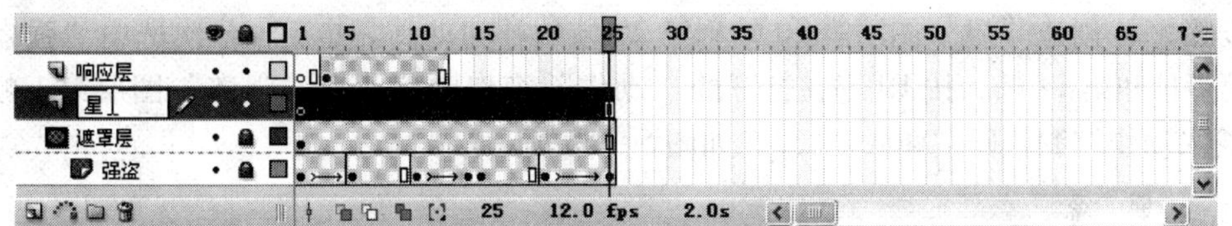

图 5－52 在“遮罩层”图层之上添加一个名为“星”的图层

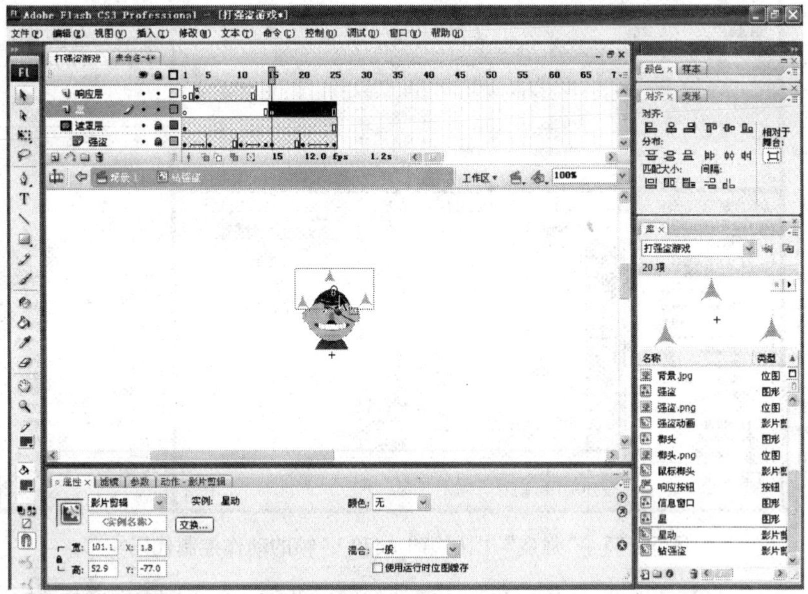

图 5－53 “星”图层第 15 关键帧的设置效果

步骤 54：依次在“星”图层的第 20 帧和第 25 帧处插入关键帧，然后对“星”图层第 25 帧上“星动”元件的位置大小以及“Alpha”颜色模式进行设置，如图 5－54 所示。

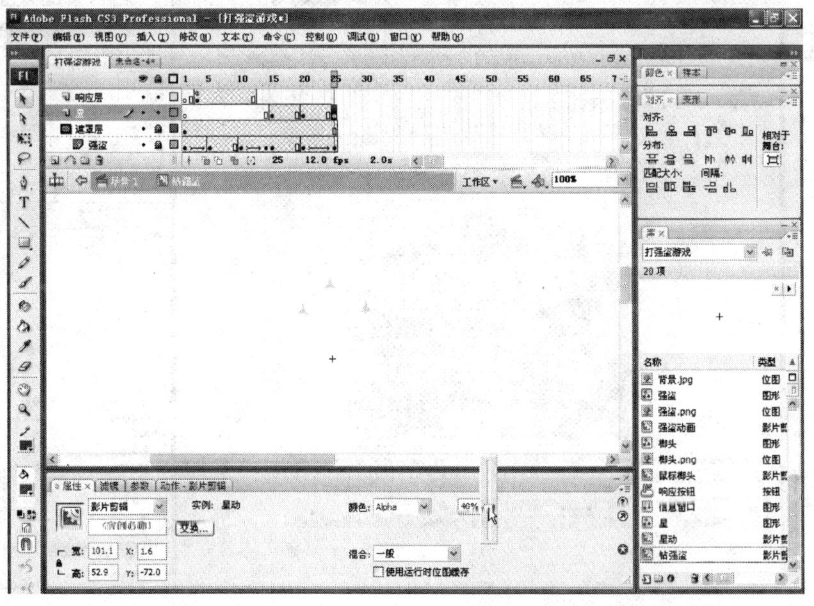

图 5－54 “星”图层第 25 关键帧的设置效果

步骤55：创建“星”图层第20帧到第25帧的补间动画。然后，依次选中“强盗”图层的第1帧和第14帧，按F9键在打开的“动作”窗口中分别为“强盗”图层第1帧和第14帧输入动作控制代码“stop（）;”，如图5－55所示。

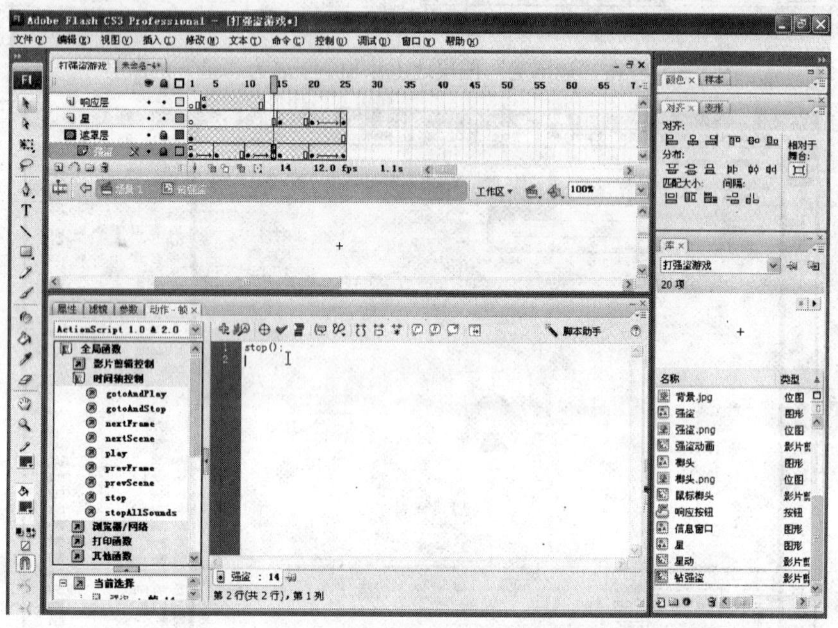

图5－55 “强盗”图层第1帧和14帧的动作控制代码

步骤56：用鼠标单击位于当前编辑窗口右上角的按钮，选择“场景1”返回到“场景1”编辑窗口中。用鼠标单击时间轴中的按钮添加新图层，并更名为“强盗”。然后将“钻强盗”元件拖放到“场景1”编辑窗口中，如图5－56所示。

图5－56 “强盗”图层的操作效果

步骤57：在当前“场景1”的编辑窗口中，选中刚刚导入的“钻强盗”元件，然后在

“属性”面板上的实例名称输入框中输入“gz”作为该元件的实例名称，如图 5 – 57 所示。

图 5 – 57　命名“钻强盗”元件的实例名称为“gz”

步骤 58：用鼠标单击时间轴窗口中的按钮添加新图层，并将其更名为“实现代码”。然后，分别在“实现代码”图层的第 3 帧、第 4 帧、第 5 帧、第 30 帧及第 31 帧处插入空白关键帧，如图 5 – 58 所示。

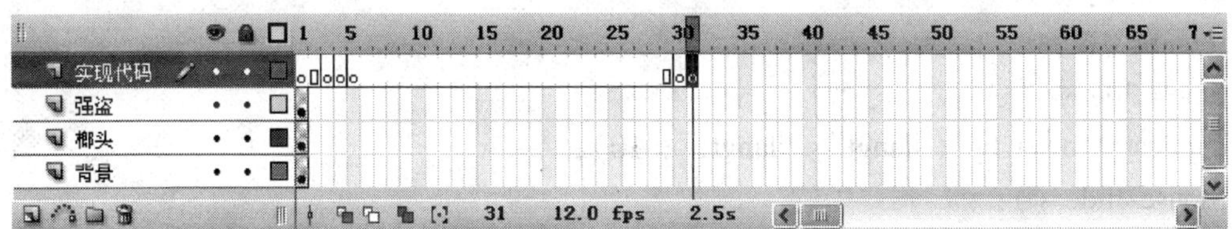

图 5 – 58　“实现代码”图层的插入关键帧效果

步骤 59：选中“实现代码”图层的第 1 帧，按 F9 键，在打开的“动作”窗口中输入如下动作控制代码，如图 5 – 59 所示。

```
langt._visible = false;
gz._visible = false;
n = 0;
for (i = 0; i < 3; i++) {
    for (j = 0; j < 3; j++) {
        duplicateMovieClip ("gz", "gz" + n, n);
        setProperty ("gz" + n, _x, 130 + 240 * j);
        setProperty ("gz" + n, _y, 200 + 192 * i);
        n = n + 1;
    }
}
```

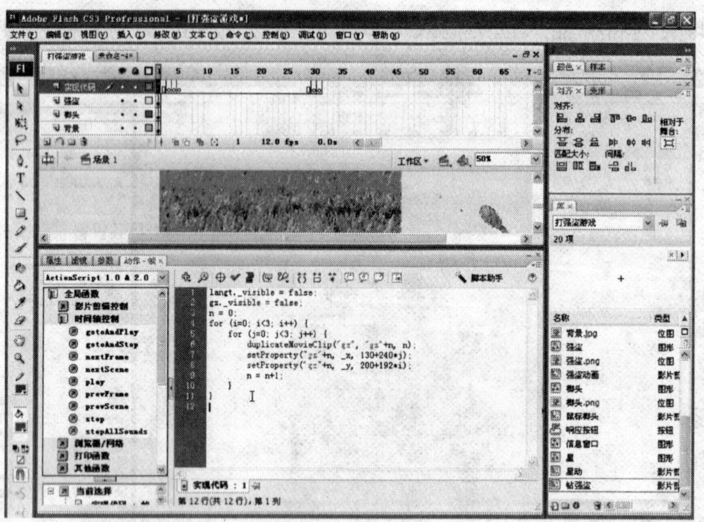

图 5－59 “实现代码”图层第 1 帧的动作控制代码

步骤 60：选中“实现代码”图层的第 3 帧，并在“动作”窗口中输入如下动作控制代码，如图 5－60 所示。

```
l=0;
score=0;
点击=0;
miss=0;
round=0;
time=30;
duplicateMovieClip（"langt"，"langt1"，10）;
Mouse. hide（）;
startDrag（langt1，true，0，0，720，576）;
stop;
```

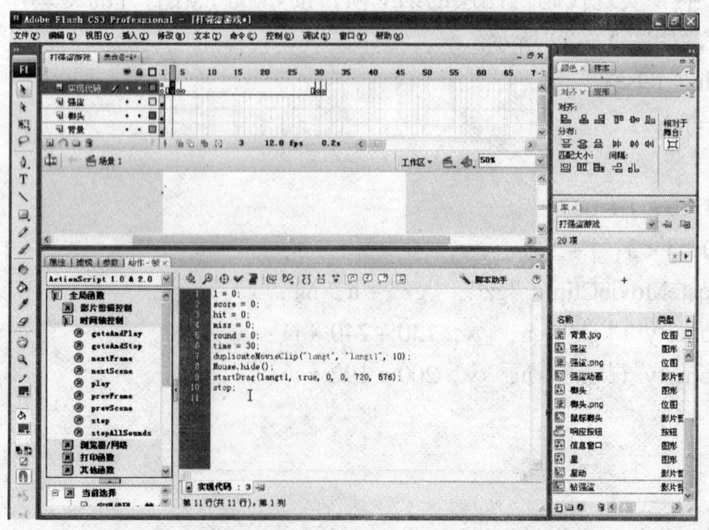

图 5－60 “实现代码”图层第 3 帧的动作控制代码

步骤61：选中“实现代码”层的第4帧，并在“动作”窗口中输入如下动作控制代码，如图5-61所示。

```
miss =1-点击;
if (miss >5) {
        gotoAndStop (31);
}
```

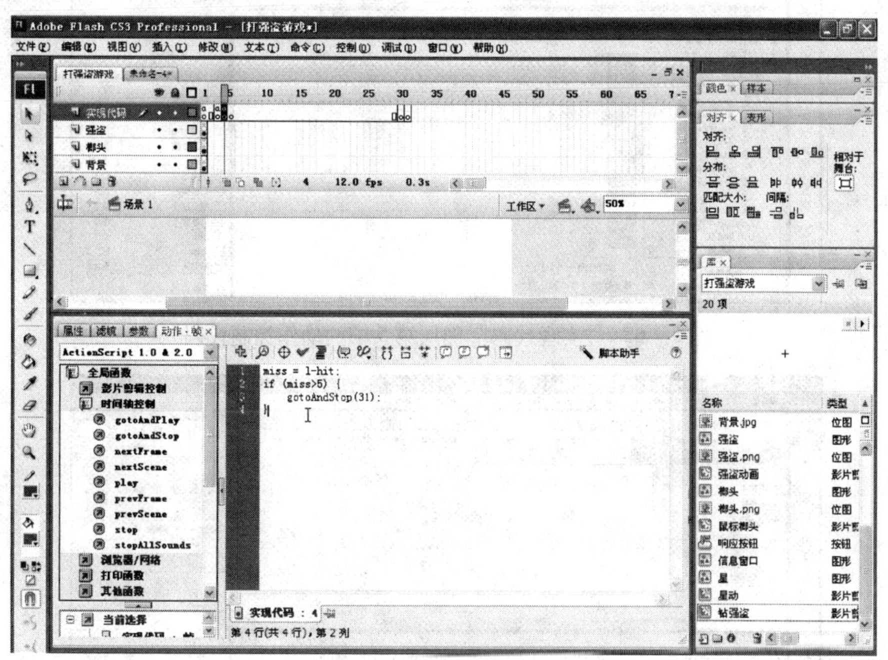

图5-61　“实现代码”图层第4帧的动作控制代码

步骤62：选中“实现代码”层的第5帧，并在“动作”窗口中输入如下动作控制代码，如图5-62所示。

```
tellTarget ("/gz" + random (9)) {
    gotoAndPlay (1);
}
```

步骤63：选中“实现代码”层的第30帧，并在“动作”窗口中输入如下动作控制代码，如图5-63所示。

```
time = time -1;
round = Number (round) +1;
if (Number (round) <30) {
    gotoAndPlay (4);
} else {
    gotoAndPlay (30);
}
```

图 5-62 “实现代码”图层第 5 帧的动作控制代码

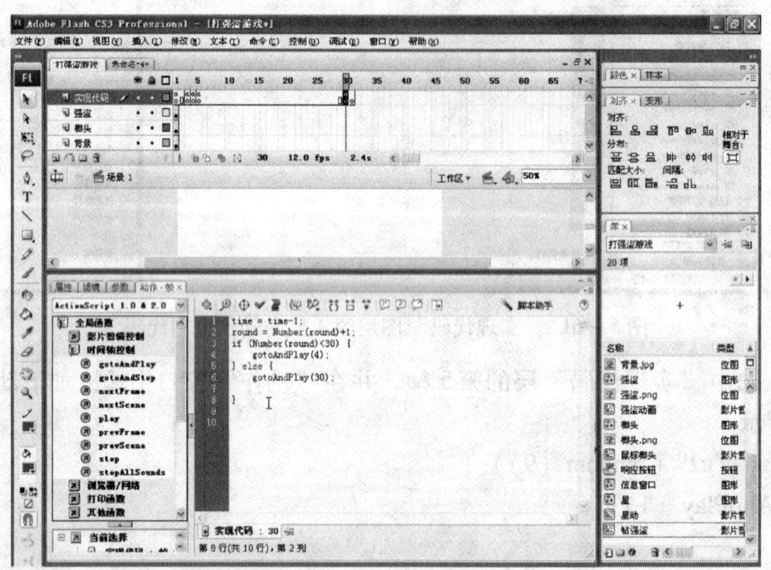

图 5-63 “实现代码”图层第 30 帧的动作控制代码

步骤 64：选中“实现代码”图层的第 31 帧，在“动作”窗口中输入动作控制代码“stop（）;”，如图 5-64 所示。

步骤 65：在当前“场景 1”编辑窗口中，选中“鼠标榔头”元件，在“动作”窗口中为“鼠标榔头”元件输入如下动作控制代码，如图 5-65 所示。

```
onClipEvent（mouseDown）{
    gotoAndStop（2）;
}
onClipEvent（mouseUp）{
    gotoAndStop（1）;
}
```

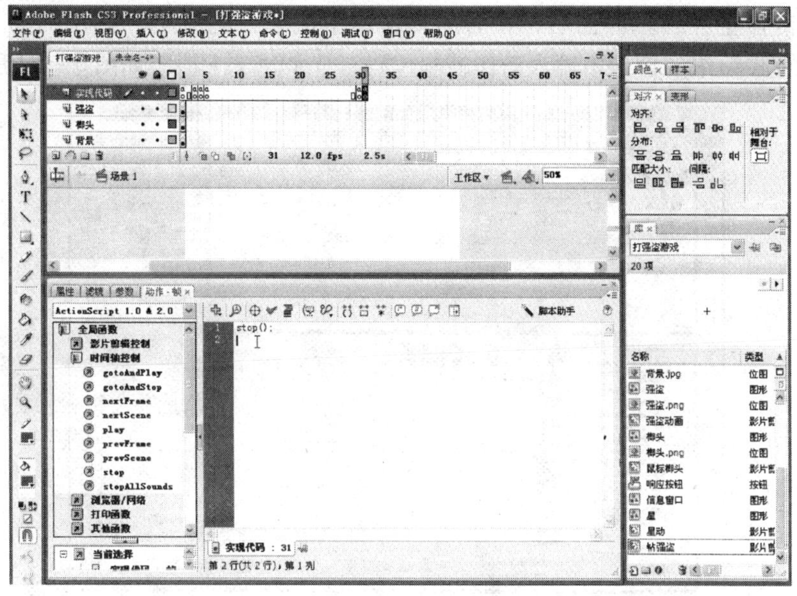

图 5 - 64　“实现代码”图层第 31 帧的动作控制代码

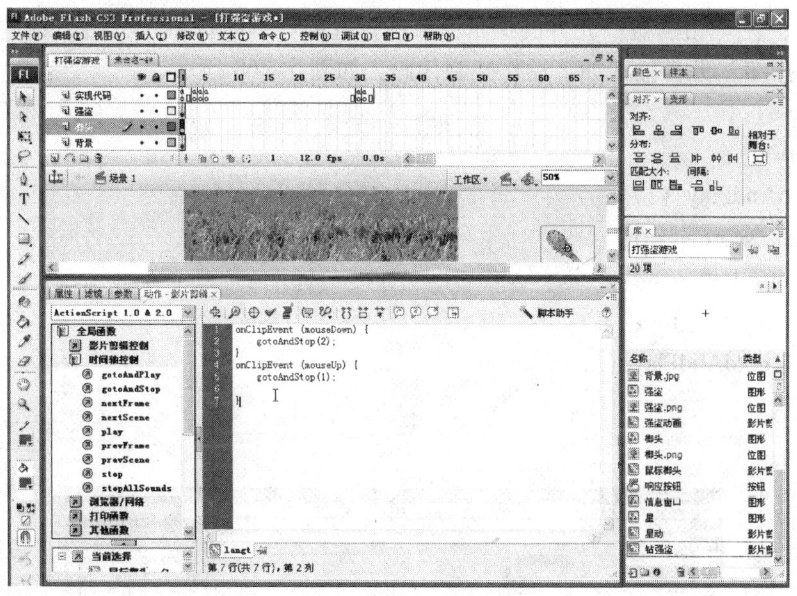

图 5 - 65　“鼠标榔头”元件的动作控制代码

步骤 66：分别在“背景”图层、“榔头”图层、“强盗”图层的第 31 帧处执行“插入帧”操作，如图 5 - 66 所示。

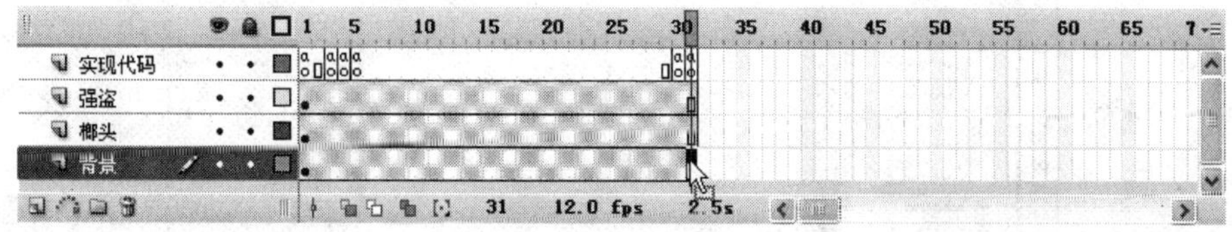

图 5 - 66　在“背景”、“榔头”、“强盗”图层第 31 帧处插入帧

步骤 67：单击“场景 1”编辑窗口上的 图标，并在下拉列表中选择“钻强盗”选

项。进入“钻强盗”编辑界面后，在时间轴窗口中选中“响应层”图层的第 3 帧，按 F9 键，在打开的“动作”窗口中输入动作控制代码“_root. l+ +;”，如图 5 - 67 所示。

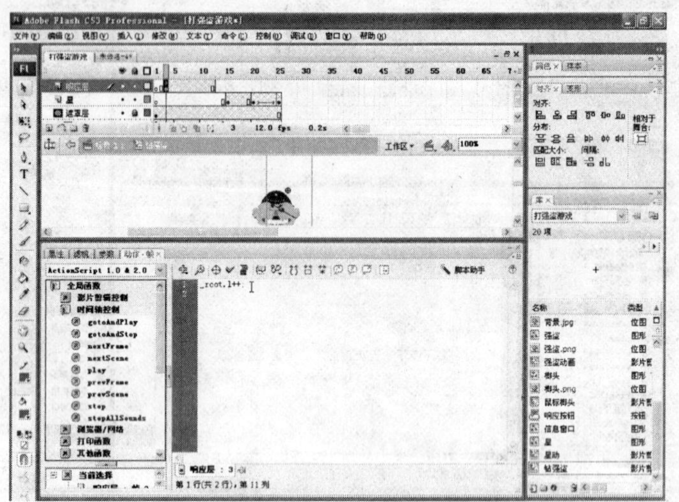

图 5 - 67 “响应层”图层第 3 帧的动作控制代码

步骤 68：在“钻强盗”元件的编辑窗口中，选中“响应按钮”元件，在“动作”窗口中为“响应按钮”元件输入如下动作控制代码，如图 5 - 68 所示。

```
on (press) {
    stop ();
    gotoAndPlay (17);
    _root. score + =5;
    _root. 点击 + =1;
    tellTarget (_root) {
        gotoAndPlay (26);
    }
}
```

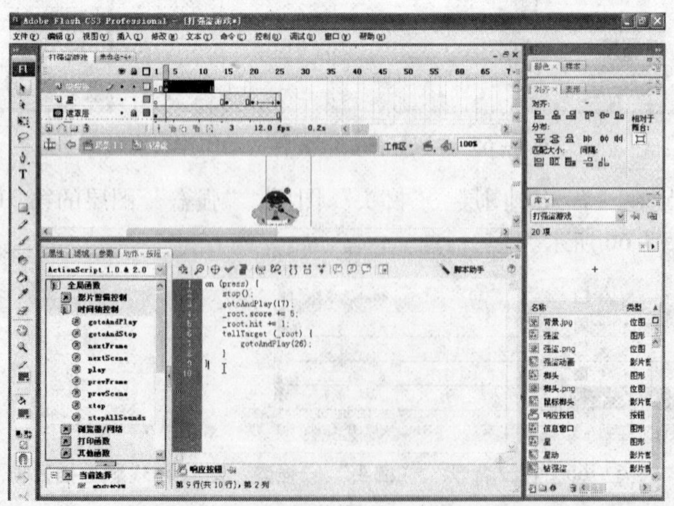

图 5 - 68 “响应按钮”元件的动作控制代码

步骤 69：单击编辑窗口右上方的 场景 1 按钮返回“场景 1”编辑界面。单击时间轴窗口中的图标在“实现代码”图层之上添加一个新的图层并将其更名为“参数显示”，如图 5 - 69 所示。

图 5 - 69　添加一个名为“参数显示”的新图层

步骤 70：使用“工具”面板中的 A 文本工具，设置字体为“方正综艺简体”，大小为“25”，颜色为“#BC981D”，在当前编辑窗口的背景界面上依次添加“Time”、“Score”、“Hit”、“Miss”提示文字，如图 5 - 70 所示。

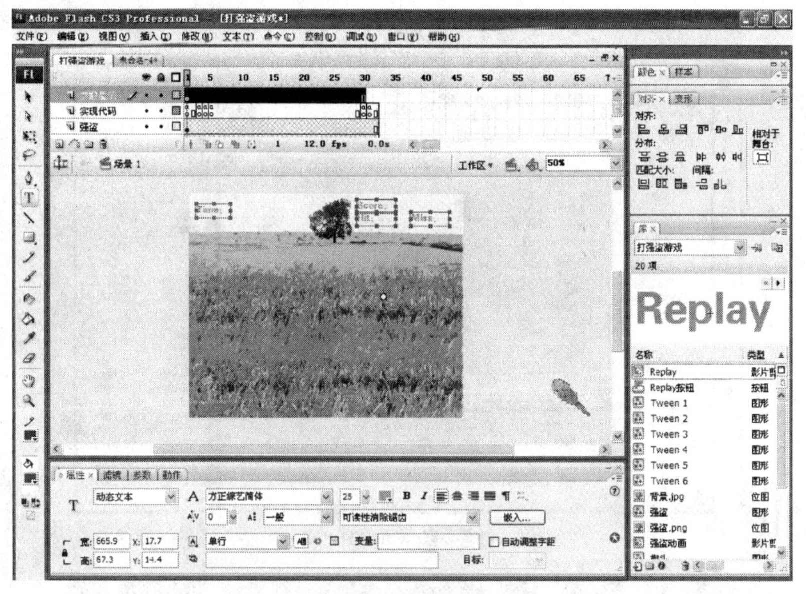

图 5 - 70　添加提示文字

步骤 71：在“Time”、“Score”、“Hit”和“Miss”文字后分别拖拉出一个文本框。其中“Time”后面的文本框用于提示时间进度；“Score”后面的文本框用于显示分数；“Hit”后面的文本框用于显示打击强盗的个数；“Miss”后面的文本框用于提示放跑强盗的个数。由于提示文字后的内容都是变化的，所以，当文本框添加完成后，选择“Time”后面的文本框，然后在编辑窗口下方的属性面板中，设置该文本框的属性为“动态文本”，如图 5 - 71 所示。

步骤 72：文本属性转换为“动态文本”后，继续用鼠标单击“变量”图标后的文本框并在其中输入“time”变量（“time”变量已经在前面的程序中定义过），如图 5 - 72 所示。

步骤 73：按照上两步的方法，选择“Score”后面的文本框，然后通过属性面板设置该文本框的属性为“动态文本”，并设置该文本框的变量名称为“score”，如图 5 - 73 所示。

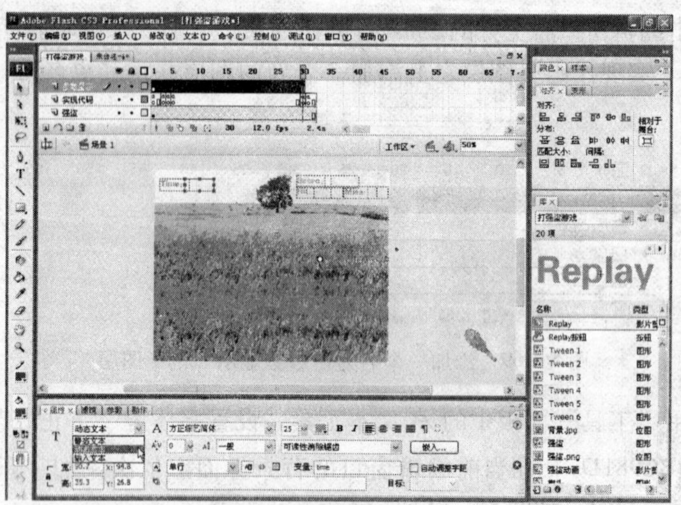

图5－71　设置文本框

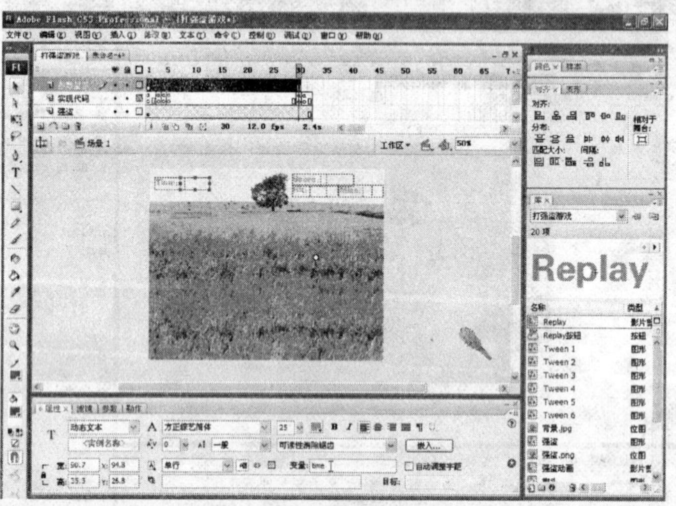

图5－72　输入变量“time”

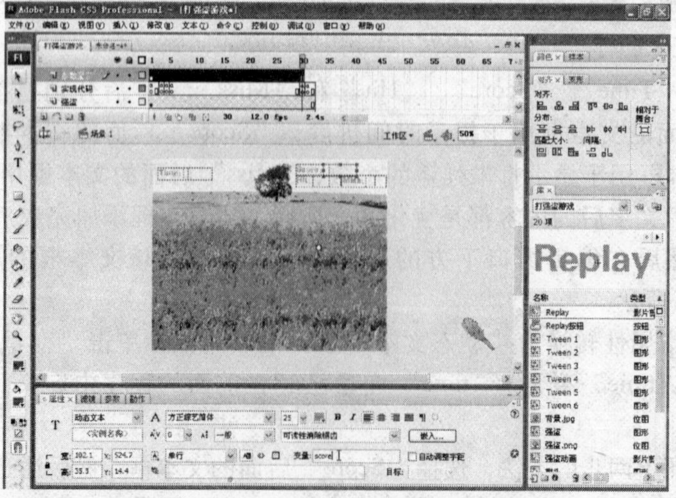

图5－73　设置“Score”后面的文本框变量

步骤74：按照同样的方法，设置“Hit”后面的文本框属性为“动态文本”，变量为“hit”，如图5－74所示。

图5－74 设置“Hit”后面文本框的变量

步骤75：同样，设置“Miss”后面的文本框属性为“动态文本”，变量为“miss”，如图5－75所示。

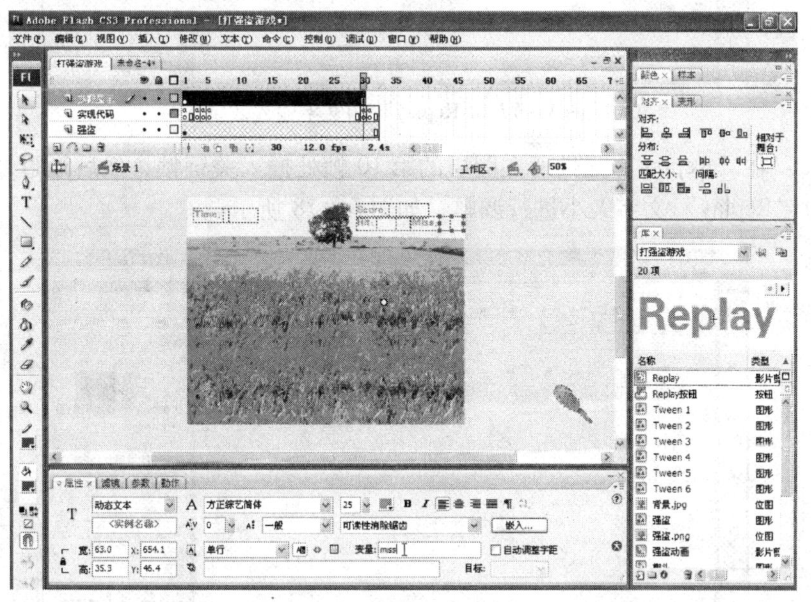

图5－75 设置“Miss”后面文本框的变量

步骤76：按Ctrl＋F8组合键创建新元件，如图5－76所示，在弹出的“创建新元件”对话框中，将新元件的名称设为“Replay”，将类型设为“影片剪辑”，设置完毕单击 确定 按钮。

图 5－76　创建一个名为“Replay”的影片剪辑元件

步骤 77：使用工具面板上的 A 文本工具，在当前“Replay”编辑窗口中输入“Replay”文字。输入完毕选中该文字对象，在“对齐”面板上分别单击垂直中齐按钮和水平中间分布按钮，使文本处于当前编辑窗口的中央，如图 5－77 所示。

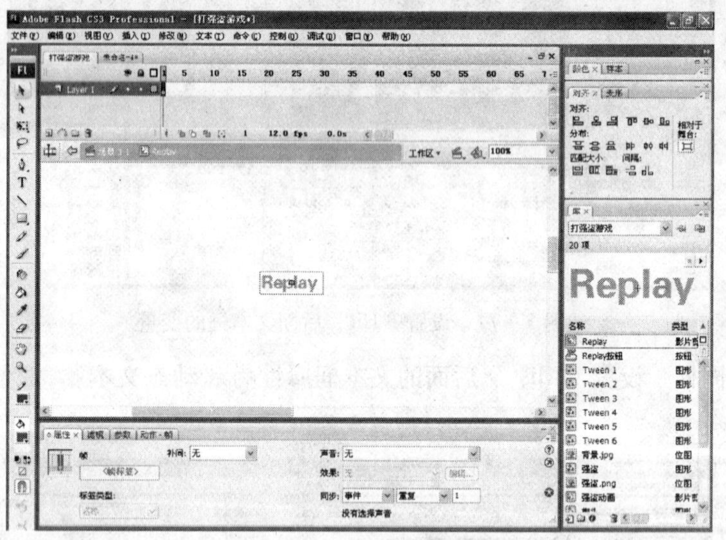

图 5－77　“Replay”的文字输入效果

步骤 78：在“Replay”元件所在图层的第 10 帧处插入关键帧，然后通过变形面板对编辑窗口中的“Replay”文字大小进行调整，如图 5－78 所示。

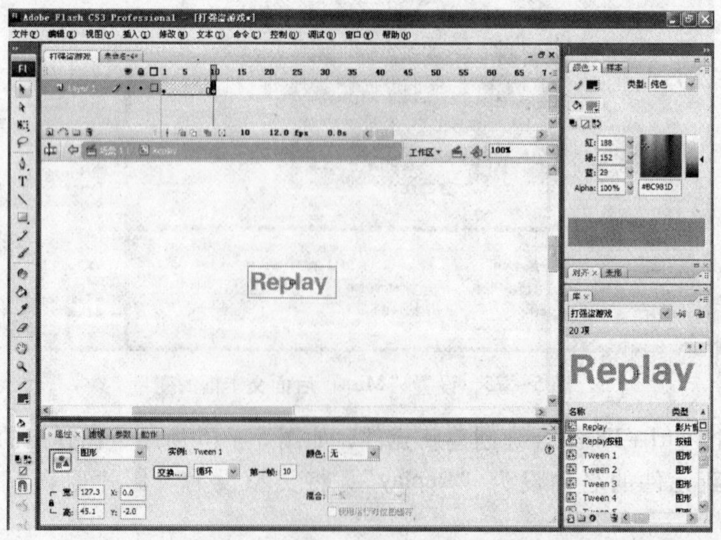

图 5－78　“Replay”元件所在图层第 10 关键帧的调整设置

步骤79：创建“Replay”元件所在图层第1帧到第10帧的补间动画，完成“Replay”元件的编辑。继续按Ctrl+F8组合键创建新元件，如图5－79所示，在弹出的“创建新元件”对话框中，将新元件的名称设为“Replay按钮”，将类型设为“按钮”，设置完毕单击 确定 按钮。

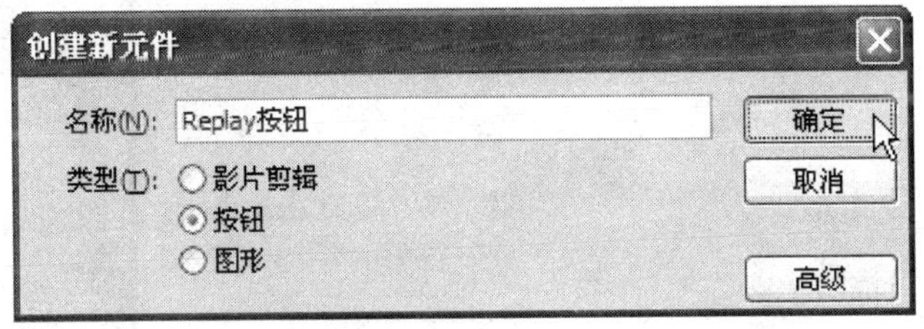

图5－79　创建一个名为“Replay按钮”的按钮元件

步骤80：进入“Replay按钮”元件编辑界面，选中“弹起”处的关键帧，然后使用□矩形工具在当前的编辑窗口中绘制一个Alpha值为“0%”的透明矩形，并设置其位置居中，如图5－80所示。

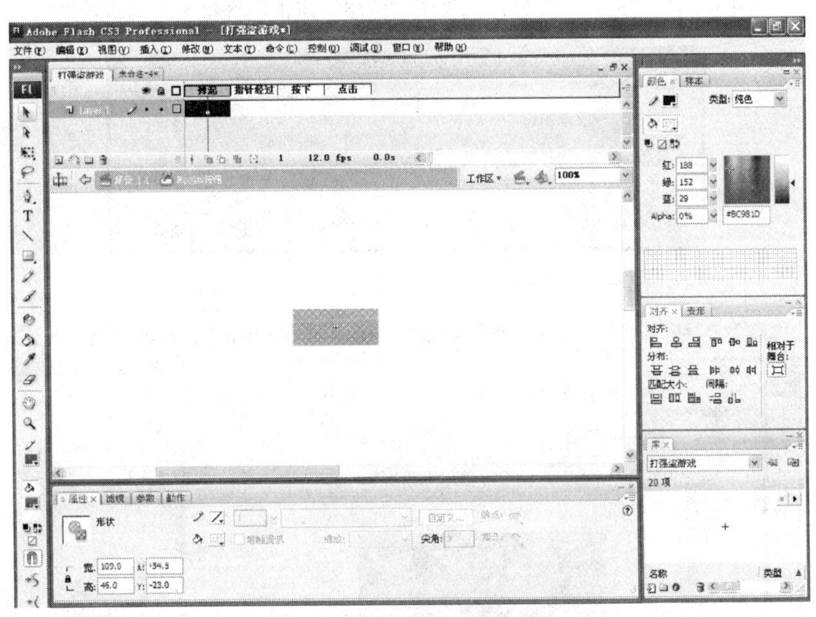

图5－80　“Replay按钮”元件所在图层“弹起”关键帧的编辑效果

步骤81：在“点击”处插入关键帧，如图5－81所示。

步骤82：按Ctrl+F8组合键创建新元件，如图5－82所示，在弹出的“创建新元件”对话框中，将新元件的名称设为“信息窗口”，将类型设为“图形”，设置完毕单击 确定 按钮。

步骤83：进入“信息窗口”元件编辑界面后，在时间轴窗口中将“图层1”更名为“背景层”。然后，在“背景层”图层的第3帧处插入帧，并使用工具面板中的□矩形工具在当前编辑窗口中绘制出矩形信息窗口的效果，如图5－83所示。

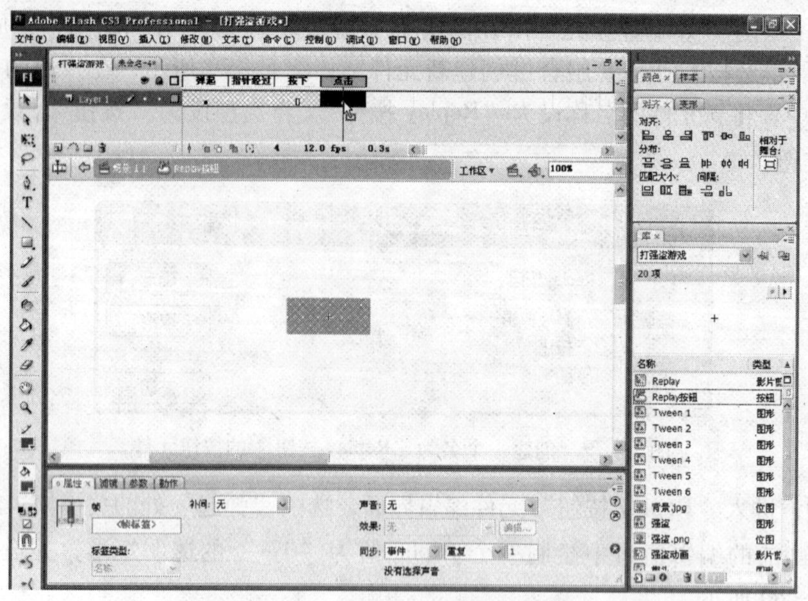

图 5－81　“Replay 按钮”元件所在图层“点击”关键帧的编辑效果

图 5－82　创建一个名为“信息窗口”的图形元件

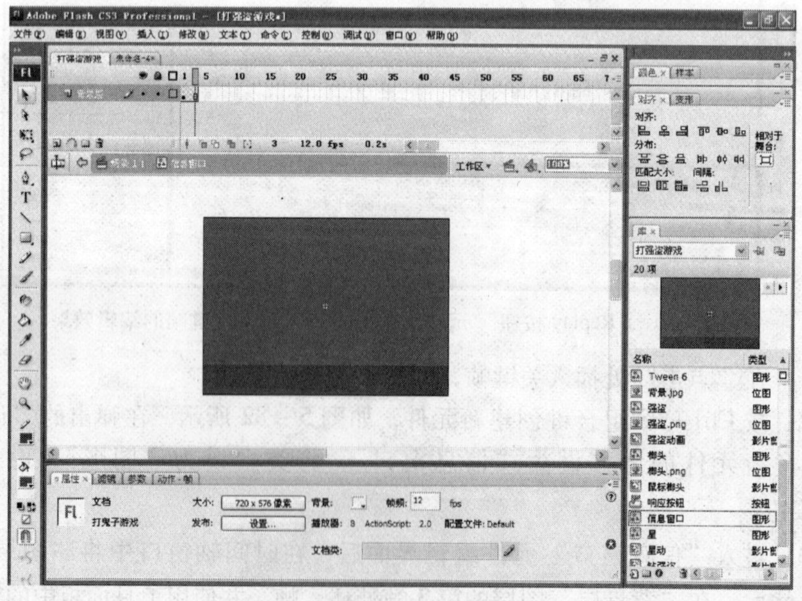

图 5－83　信息窗口的绘制效果

步骤 84：用鼠标单击时间轴窗口中的图标添加一个新的图层，并将其更名为“文字层”。接着在“文字层”图层的第 2 帧处插入空白关键帧。然后选择“文字层”图层的第 1

帧，使用工具面板中的 A 文本工具，在当前编辑窗口中输入“信息窗口”中所要出现的游戏成功后的文字信息，如图 5 - 84 所示。

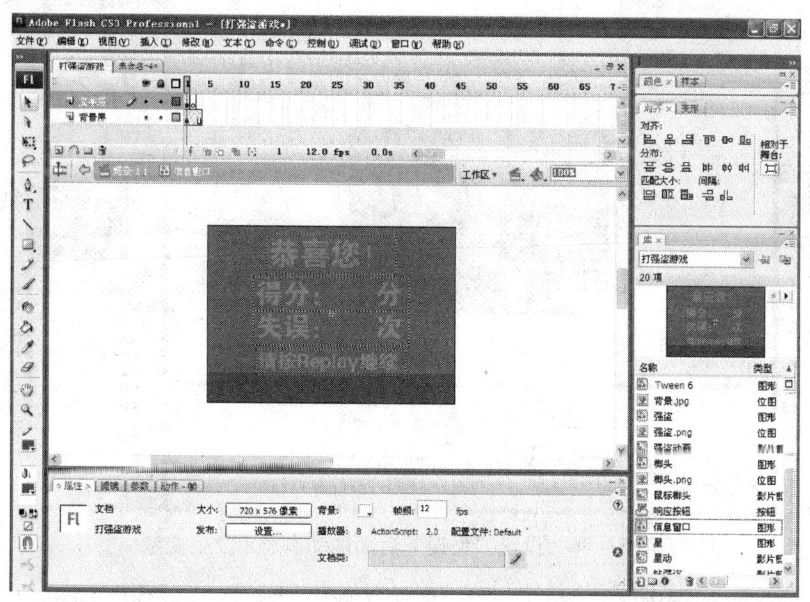

图 5 - 84　“文字层”图层第 1 帧的文字输入效果

步骤 85：参照步骤 73 的操作方法，使用 A 文本工具在“得分”（Score）提示文字的后面拖拉出一个文本框，然后通过属性面板设置“得分”后面的动态显示文字变量为“_root. score”,如图 5 - 85 所示。

图 5 - 85　设置“得分”后面的动态显示文字变量

步骤 86：使用 A 文本工具在“失误”（Miss）提示文字的后面拖拉一个文本框，然后通过属性面板设置“失误”后面的动态显示文字变量为“_root. miss”，如图 5 - 86 所示。

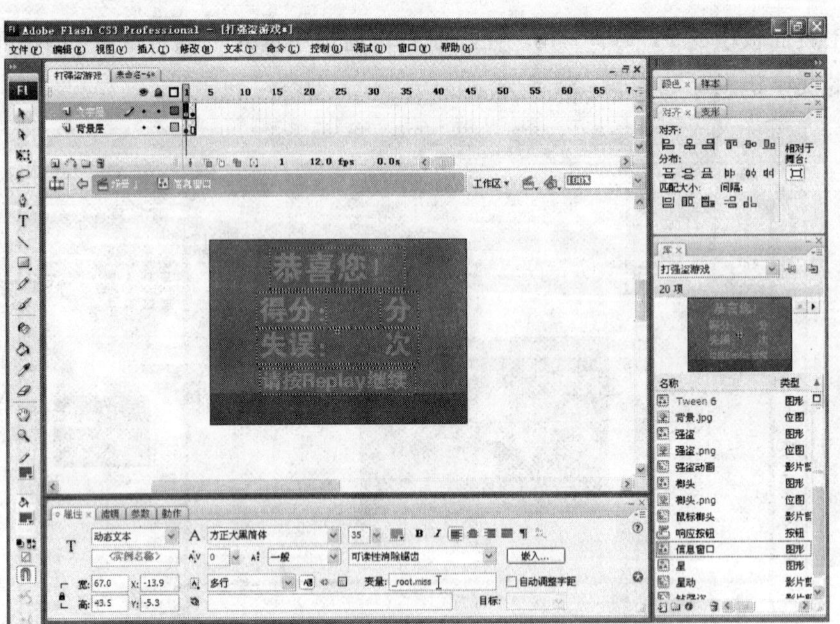

图 5－86　设置“失误”后面的动态显示文字变量

步骤 87：用鼠标选中“文字层”图层的第 1 帧，然后在“动作”面板中为“文字层”图层的第 1 帧输入动作控制代码“stop ( );”，如图 5－87 所示。

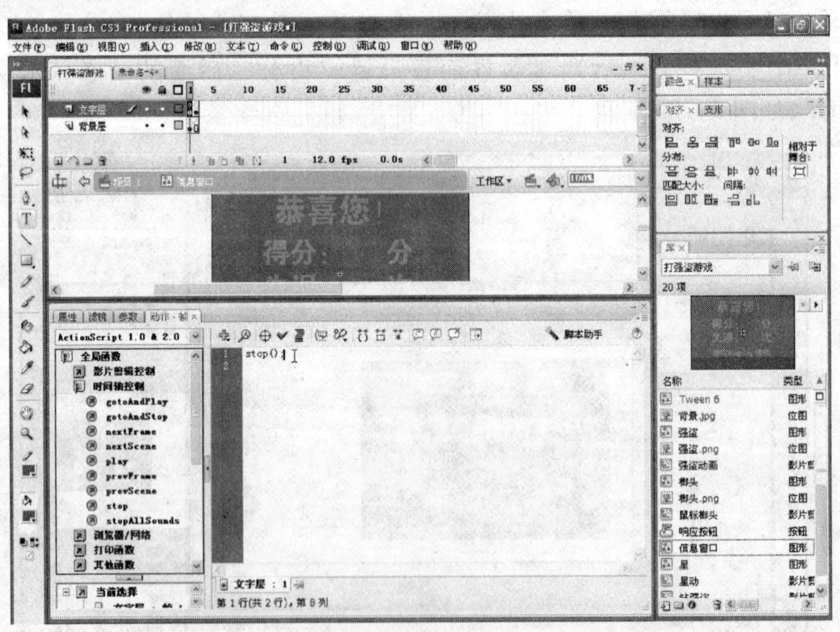

图 5－87　“文字层”图层第 1 帧的动作控制代码

步骤 88：用鼠标选中“文字层”图层的第 2 帧，然后参照步骤 84，使用工具面板中的 A 文本工具，在当前编辑窗口中输入“信息窗口”中所要出现的游戏失败时的文字信息，如图 5－88 所示。

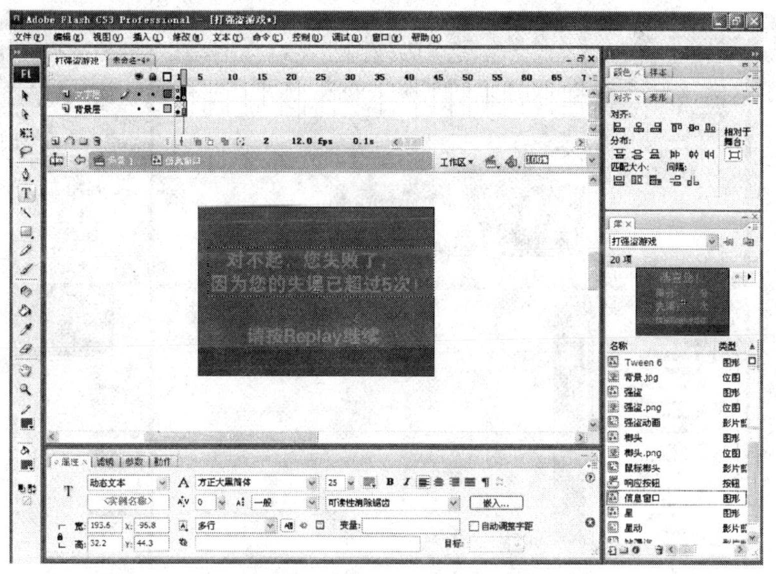

图 5－88 “文字层”图层第 2 帧的文字输入效果

步骤 89：用鼠标单击时间轴窗口中的插入图层按钮，在“文字层”图层之上添加一个新图层，并将其更名为“Replay”。然后，将“Replay”影片剪辑元件从库中导入到当前编辑窗口中，并通过对齐面板调整其显示位置，再将“Replay 按钮”元件从库中导入到当前编辑窗口中，并设置其大小和位置，如图 5－89 所示。

图 5－89 “Replay”和“Replay 按钮”元件的导入及调整效果

步骤 90：确认“Replay 按钮”元件仍处于选中状态，按 F9 键，在打开的动作窗口中为“Replay 按钮”元件输入如下动作控制代码，如图 5－90 所示。

```
on (press) {
    _root.gotoAndPlay (3);
}
```

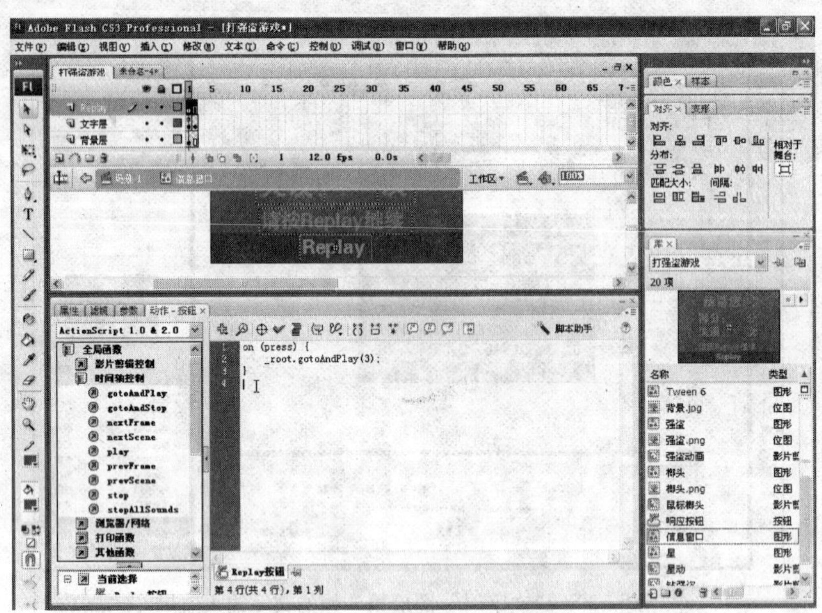

图 5－90　设置“Replay”图层第 1 帧中“Replay 按钮”元件的动作控制代码

步骤 91：选中“Replay”图层的第 2 帧并插入关键帧，这样在“Replay”图层第 2 帧上也看到了“Replay 按钮”元件。单击选中该元件并在动作窗口中输入如下动作控制代码，如图 5－91 所示。

```
on (press) {
    _root. gotoAndplay (3);
}
```

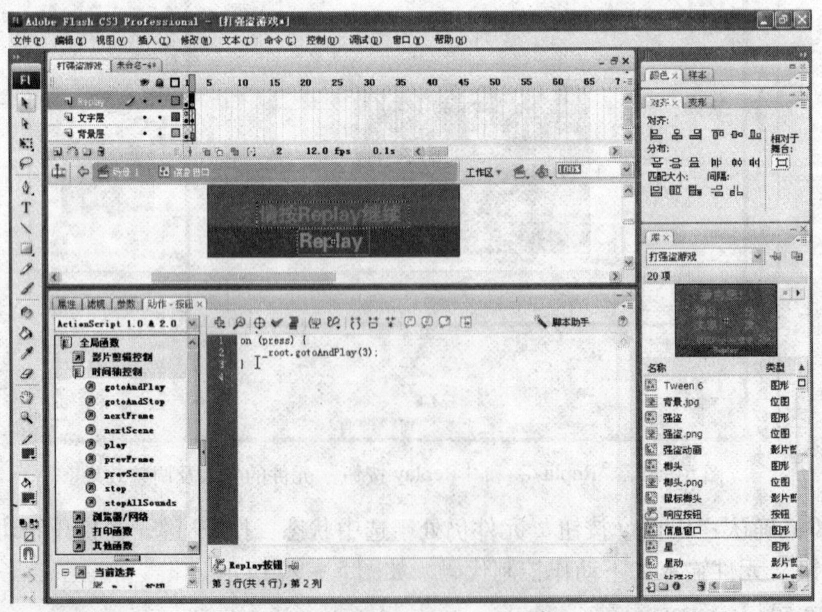

图 5－91　设置“Replay”图层第 2 帧中“Replay 按钮”元件的动作控制代码

步骤 92：“信息窗口”元件编辑完毕，用鼠标单击编辑窗口上方的 场景 1 按钮返回“场景 1”编辑界面。接着在“参数显示”图层的第 31 帧处单击鼠标右键，并从弹出的选项列表中单击执行“转换为空白关键帧”命令选项，如图 5 - 92 所示。

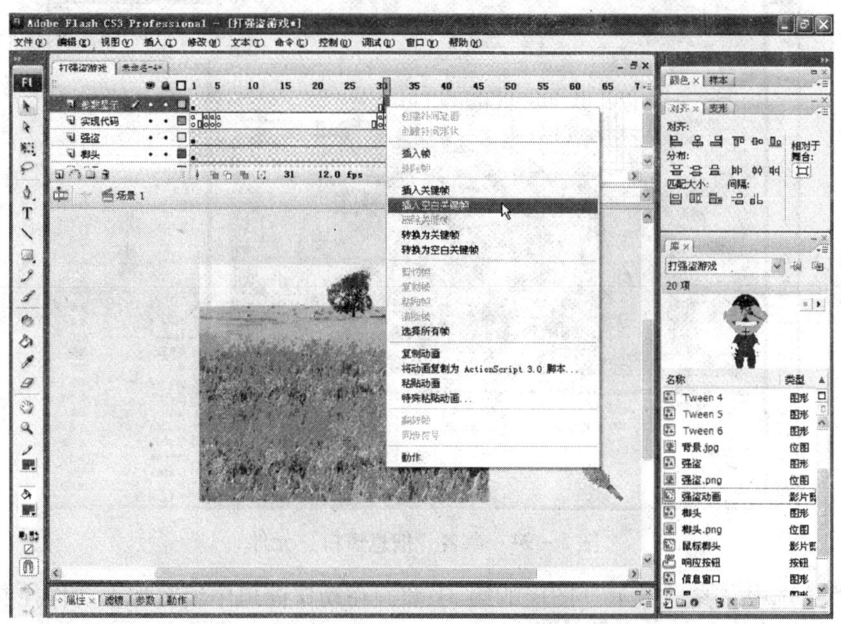

图 5 - 92　“参数显示”图层第 31 帧执行“转换为空白关键帧”命令选项

步骤 93：用鼠标将“信息窗口”元件从“库”面板中拖放到当前“场景 1”编辑窗口中，并通过“对齐”面板将“信息窗口”元件设置在当前编辑窗口的中央，如图 5 - 93 所示。

图 5 - 93　“参数显示”图层第 31 关键帧的编辑效果

步骤 94：选中“信息窗口”元件，在编辑窗口下方的属性面板中设置该元件的实例名称为“result”，如图 5 - 94 所示。

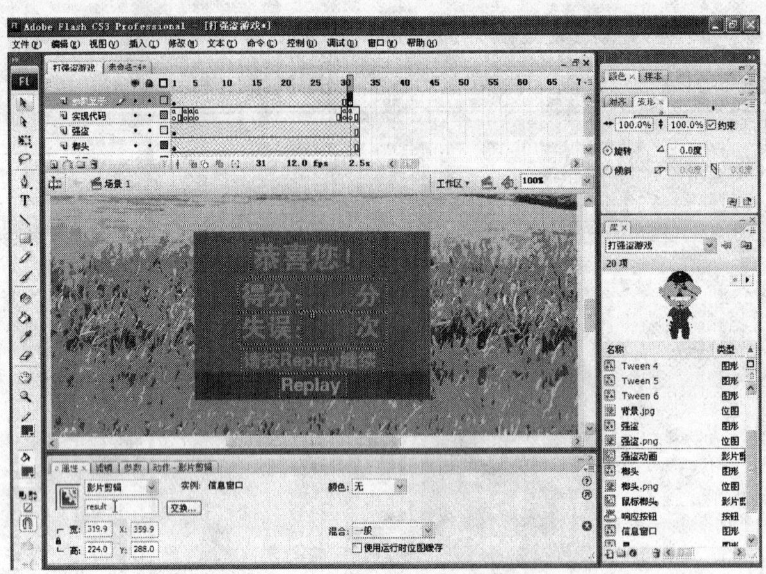

图 5－94 命名“信息窗口”元件

步骤 95：选中“参数显示”图层的第 31 帧，在动作窗口中编写如下动作控制代码，如图 5－95 所示。

```
removeMovieClip (langt1);
Mouse. show ();
if (miss >5) {
    result. gotoAndStop (2);
}
if (time = =0) {
    result. gotoAndStop (1);
}
```

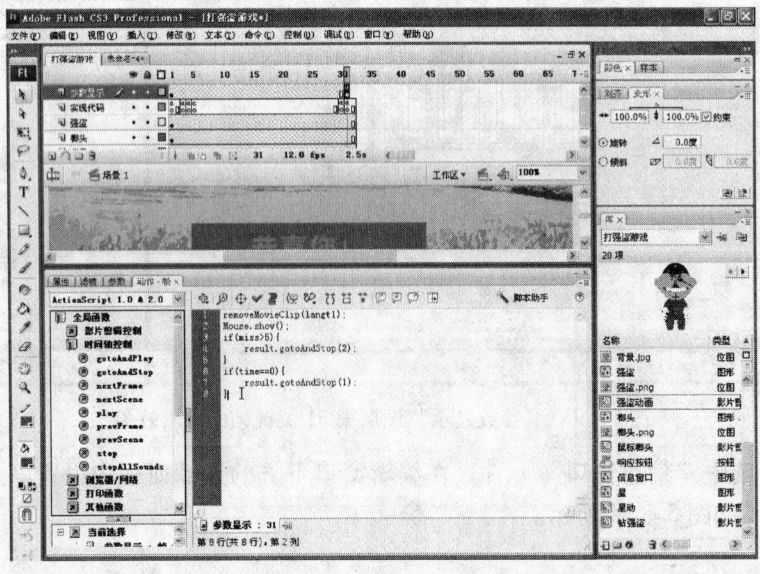

图 5－95 “参数显示”图层第 31 帧的动作控制代码

步骤 96：至此，“打强盗”的小游戏制作完成，按键盘上的 Ctrl + S 组合键保存文件。如图 5 – 96 所示，在“另存为”对话框中，将该动画存储为“打强盗游戏 . fla”。

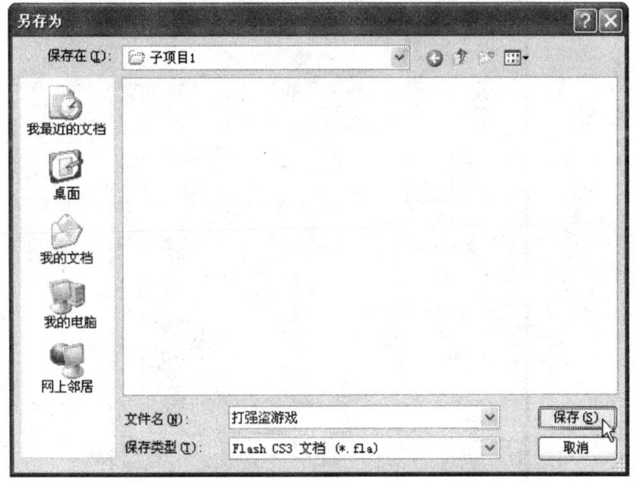

图 5 – 96　“另存为”对话框

步骤 97：在“文件”选项列表中执行“导出影片”命令选项，如图 5 – 97 所示，在“导出影片”对话框中，将该动画以“打强盗游戏 . swf”格式进行输出。

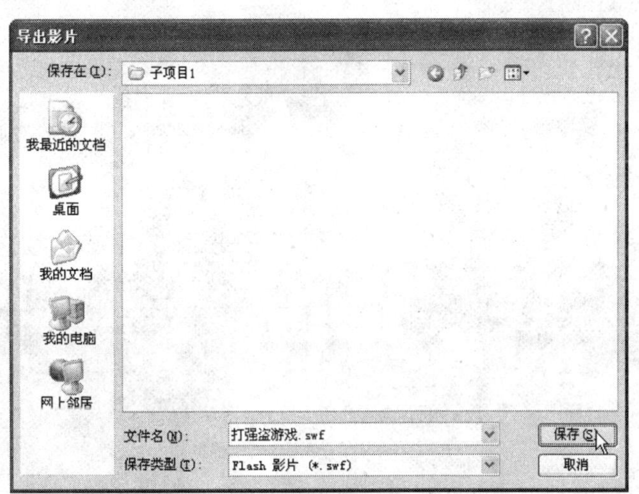

图 5 – 97　“导出影片”对话框

步骤 98：在弹出的“导出 Flash Player”对话框中设置“JPEG 品质”为 100，如图 5 – 98 所示。

步骤 99：“打强盗游戏动画”制作完成，用鼠标双击“打强盗游戏 . swf”文件，即可进行游戏。如图 5 – 99 所示为游戏运行画面。

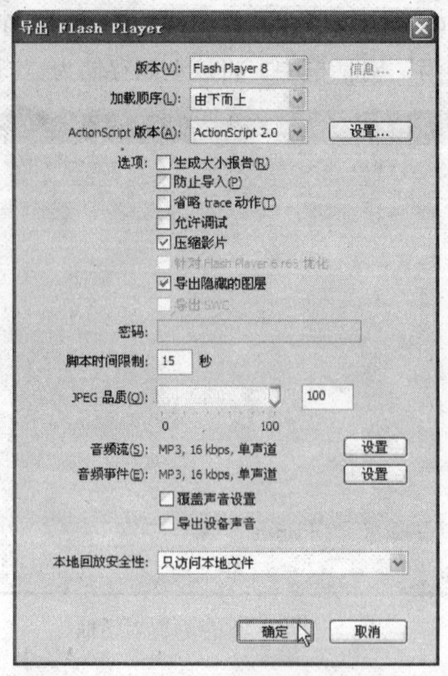

图 5－98　设置导出影片品质

图 5－99　“打强盗游戏”运行画面

项目练习

1. 根据本子项目介绍的“打强盗”游戏制作过程，思考制作鼠标响应类游戏动画的基本制作流程以及这类动画的特点。

2. 运用本子项目中学到的知识，自行制作一个鼠标响应类型的游戏动画。动画的内容、形式不限。